遥感图像特征提取的智能化方法研究

宋 岚 著

北京邮电大学出版社
www.buptpress.com

内 容 简 介

本书围绕遥感图像处理中的智能化方法展开，既结合了理论分析，也注重实践应用，全面介绍了目标检测和特征提取的核心技术。本书详细讨论了遥感图像的预处理、特征提取、目标检测、分类与变化检测等，提供了大量的算法示例和案例分析，提出了一些创新的技术手段，旨在提升遥感图像处理的精度和效率。

同时，本书也强调了两项关键技术：神经网络架构搜索技术有助于优化模型结构，提升检测和分类效果；并行处理技术可以加速神经网络训练，显著提高模型处理大规模遥感数据的效率。实验结果表明，这些技术在实际应用中表现出色，推动了遥感图像处理领域的智能化进程。本书不仅为研究人员提供了深入的理论分析，还为工程技术人员提供了具体的技术方案和实践指南，适用于遥感图像处理相关领域的研究与应用。

图书在版编目（CIP）数据

遥感图像特征提取的智能化方法研究 / 宋岚著.
北京 ：北京邮电大学出版社，2025. -- ISBN 978-7
-5635-7495-7

Ⅰ. TP751

中国国家版本馆 CIP 数据核字第 2025V0383J 号

责任编辑：王晓丹　杨玉瑶　　**责任校对**：张会良　　**封面设计**：七星博纳

出版发行：北京邮电大学出版社
社　　址：北京市海淀区西土城路 10 号
邮政编码：100876
发 行 部：电话：010-62282185　传真：010-62283578
E-mail：publish@bupt.edu.cn
经　　销：各地新华书店
印　　刷：保定市中画美凯印刷有限公司
开　　本：787 mm×1 092 mm　1/16
印　　张：12
字　　数：260 千字
版　　次：2025 年 2 月第 1 版
印　　次：2025 年 2 月第 1 次印刷

ISBN 978-7-5635-7495-7　　定价：69.00 元

·如有印装质量问题，请与北京邮电大学出版社发行部联系·

前　言

随着遥感技术的快速发展及其应用领域的不断扩展，遥感图像已经成为获取地球表面信息的重要手段。然而，如何从大量的遥感图像中快速、准确地提取有用的特征信息，始终是遥感领域面临的核心挑战之一。近年来，人工智能和机器学习技术的飞速进步为遥感图像特征提取提供了新的思路和方法。

本书的编写目的为系统性地介绍和分析基于智能化方法的遥感图像特征提取技术，帮助读者深入理解遥感图像特征提取领域的理论基础、关键技术及遥感图像特征提取技术在实际生活中的应用。本书内容包括但不限于：遥感图像预处理及增强技术、基于深度学习的遥感图像分类方法、遥感时间序列变换预测方法，以及这些技术和方法在不同遥感应用中的实践案例分析。

本书的特点在于：理论与实践相结合，通过丰富的图表和算法案例，深入剖析遥感图像特征提取的各类智能化方法，并针对每种方法的优缺点进行详细讨论。此外，本书还特别关注了如何将这些方法应用于具体的遥感任务中，如土地覆盖分类、目标检测、变化检测等，为研究人员和工程技术人员提供了从理论到实践的全面指导。

在编写方法上，本书采用了理论阐述与实例分析相结合的方式。首先，从基础理论出发，对各类特征提取方法进行系统的介绍；其次，通过具体的实验案例，展示这些方法的实际应用效果及优化策略，以便读者可以进行进一步的实验和研究。

本书适用于从事遥感图像处理与分析的研究人员、工程技术人员及高等院校相关专业的本科生和研究生。无论读者是希望了解智能化方法在遥感图像特征提取中的应用前景的初学者，还是希望在该领域深入研究的研究人员和工程技术人员，本书都将为其提供有价值的参考。

我们希望，本书能够为遥感图像特征提取的研究与应用提供新的思路，推动该领域的发展，为社会各界相关领域的研究人员带来启发和帮助。

特别感谢国家自然科学基金（项目编号：62341204）和“先进网络计算”江西省重点实验室（项目编号：2024SSY03071）的资助和支持。此外，在编写本书的过程中，作者得到了诸多老师和同事的帮助。首先，我要感谢我在攻读博士期间的导师丁立新教授和 Weimin Huang 教授，是他们引领我走进遥感图像分析的殿堂，使我领略了图像数据建模的魅力，并在这一领域不断深耕；其次，我特别感谢北京科技大学的涂序彦先生和中国科学院物理所的汪蔚霄教授，在他们的鼓励和支持下，我才能将这些年的研究工作整理和完善，形成本书，他们的鼓励和支持像一盏明灯，照亮了我前行的道路；再次，我的同事黄清华、周美玲、张昕、朱志明和廖辉传对本书进行了审校，金意和刘张亮对本书的例子进行了分析和计算，凌仕勇和吴锐帮助我完成了本书的部分图表，感谢他们的辛苦付出，没有他们，本书不可能完成；最后，我要感谢我的家人，他们在我的研究和本书编写过程中给予了我莫大的理解与支持！

由于本人水平有限，不足之处在所难免，恳请各位读者指正，以便及时勘误，并在再版时更正。

目　　录

插图目录

插表目录

第1章　绪　　论

1.1　研究背景及意义

随着信息技术的迅猛发展，不论工业界还是学术界都对遥感数据的获取、处理和应用提出了更高的要求。国际上，卫星数据对外开放的力度逐渐加大，促进了遥感图像的应用，吸引了世界各国的学者们聚焦于遥感图像研究。遥感图像种类繁多，航拍图像、热红外图像、合成孔径雷达图像等都是遥感图像。其主要分为两大类，光学遥感图像和微波遥感图像：光学遥感图像是利用传感器在可见光和部分红外波段进行成像，有多个波段，以灰度值的形式表示像素；微波遥感图像在微波频段采集回波信息，可使用灰度图像表示。与光学遥感图像不同的是，微波遥感图像中的每个像素均以复数形式存储：实部为振幅信息，可用于确定图像中像素的亮度或强度；虚部为相位信息，可用于确定目标表面的形状和结构。相较于可见光成像，微波遥感图像所含的信息量比可见光成像多了相位信息，但由于分辨率较低，信噪比较低，故振幅信息无法达到可见光成像水平。因此，在特征处理时，微波遥感图像与普通光学遥感图像的处理有很大的不同。

遥感图像处理面临的主要问题是待处理的数据量多和成像场景复杂。一方面，不论何种类型的遥感图像，处理时都面临着海量的数据计算问题，而传统的遥感图像处理主要依赖于该领域专家的先验知识，自动化程度低。因此，实现海量遥感图像处理是一项艰巨的任务。另一方面，遥感图像覆盖面积较大，包含大量的待识别信息。遥感图像的主要特点是灰度级多、易受到噪声干扰、信息量巨大等。成像的干扰因素较多，相较于普通图像，遥感图像的自动解译难度更大。

遥感图像与普通图像的特征提取方式的相同之处在于，其也遵循从低层特征提取到高层特征提取这样一个过程。低层处理步骤包括图像在计算机中的输入和输出处理、噪声处理、信息增强等操作。在遥感图像的特征提取中，对于高分辨率遥感图像，其分辨率较高，接近自然图像的分辨率。区别一幅图像中多个物体的边界的操作称为分割，分割是在像素级别进行的，目的是区分出不同目标的边界。对于多高光谱等分辨率较低的遥感图像，相较于自然图像，其一个像素所代表的物理意义更丰富，因此，对于此类图像，通过应用分类描述图像的物理意义更为合适，分类是在对象级别进行的，主要针对遥感场景进行分类。图像分割在预处理操作步骤之后，完成从背景中分离物体及物体间的分离。分割好图像后，对图像中的物体进行描述与分类，该操作称为高层图像特征理解。与普通的图像处理相比，遥感图像特征提取的过程与机理比普通图像更复杂，该过程要依据目标对电磁波特征的差异性在物理及数学模型上进行分析。如何实现遥感图像从视觉到语义上的映射，理解待处理图像的中高层语义信息是其中一项关键工作。遥感图像高层任务主要指对遥感图像中的地物或地物类别进行语义解释和理解，涉及对地物的分类、识别和解释，以及对地物之间的关系和语义信息的理解。如地物分类与识别，即将遥感图像中的像素或图像区域分类为不同的地物类别（建筑物、农田、森林、水体等）；地物变化检测与分析，即通过对多期遥感图像进行比较和分析，得到目标属性的变化情况，常用于监测自然环境变化、城市扩张和土地利用变化等。

深度学习支持端到端处理，在统一框架中学习从输入数据到输出预测的整个工作流程，而使用传统方法进行数据处理时需要多个步骤。相比于传统方法，深度学习方法简化了数据处理的操作步骤。从经典的模式识别分类方法，如最小距离法、最大似然法等，再到机器学习方法，如支持向量机、人工神经网络等，越来越多的深度学习方法出现在数据量日益剧增的遥感图像处理中。无监督学习依赖的人工信息较少，使用特征聚类、降维等方法进行图像分类。有监督学习需要专家在该领域的先验知识，提前对信息进行标注，这样一来，增加了人工成本，但结果相比较于无监督学习，在精度上有所提升。不管使用哪种方法，遥感图像分类都将面临如何利用图像的特征来提取更多的信息，提高分类精度及计算效率等主要问题。

图像特征提取方面，相较于其他传统方法，深度学习方法具有从数据中学习特征的能力，故其得到的结果更准确和稳健。深度学习方法将机器学习方法推上了一个新台阶，也为遥感图像的准确解译提供了有效的解决途径。若将深度与学习拆开，那么学习指对特征的学习，特征学习描述为从给出的数据中提取到数据的内在高层信息；而深度指网络的层次结构，网络中拥有多层隐藏节点，其功能不仅包含线性变换，而且对非线性变换进行了扩展，增强了网络对复杂模型的拟合能力。一方面，图像特征提取的精度提高了；而另一方面，相较于浅层网络，深度学习网络的计算量增大了很多。除庞大数量的训练图像外，全连接层也常常含有数以亿计的参数，如何解决高维信息处理中精度与效率之间的矛盾成为图像分类中一个急需解决的问题。对于卷积网络计算量大的问题，研究了网络训练的并行方法。遥感图像并行处理算法与普通的图像并行处理算法存在差异，一方面，遥感图像数据存在多个通道，对这些通道的数据进行划分时，需要采用合理的策略进行粒度分割，以充分发挥并行作用；另一方面，为保证并行进程间的同步和通信机制的可靠性和安全性，研究卷积神经网络下的遥感图像数据处理并行框架的形式化表示及通信协议验证方法也是确保并行机制可靠稳定实施的一项重要工作。

深度学习擅长捕捉遥感图像中的上下文信息，通过从大规模数据集中学习，深度学习模型能够学习空间上下文特征、对象间的关系等,为土地覆盖、变化检测提供有价值的信息。遥感时间序列来自一个复杂动力系统的输出,受多个相互作用的变量(如传输和处理过程中产生的误差、云层及大气效应等)影响,系统的动力学随时间变化表现出混沌运动,对这类系统的预测具有重要的应用价值。由于云层覆盖、传感器故障以及空间和时间分辨率有限等原因,高质量遥感数据的可用性受到了限制。为了重建缺失数据,提高遥感时间序列数据的整体质量,预测未来的趋势和变化,利用实际系统某一状态的输出时间序列,在系统运动方程未知的情况下,建立描述遥感时间序列变化规律的数学模型具有科学意义。遥感图像分类与遥感时间序列预测的关系在于前者可以为后者提供有价值的输入数据。如遥感图像分类得到的土地覆盖和土地利用信息可以作为遥感时间序列预测模型的输入数据,这些输入数据提供了有关环境变化驱动因素的信息,有助于提高遥感时间序列预测的准确性。

将深度学习应用于遥感图像处理的高层任务,利用图像的空间信息、光谱信息和时间序列信息,构建适用于遥感图像特征提取的神经网络模型。卷积神经网络包含多层网络结构,参数多样,计算量大,这些将导致训练耗时较长及易出现过拟合现象。因此,研究数据增强等对抗过拟合的方法,以及神经网络架构搜索方法,以降低人工参与度。同时,从软件加速的角度,探索卷积神经网络并行训练方法,研究适用于遥感大数据处理的并行框架,并验证其形式化表示的正确性。

1.2 国内外研究现状

航空和航天技术的发展使获得大量的遥感数据成为可能,但研究表明,相较于获得的遥感数据数量,被使用的只是相当少的一部分,这表明自动特征提取技术的发展与数据量的增长并不匹配。本节将从遥感图像去噪、遥感图像分割、基于深度学习的遥感图像分类、神经网络架构搜索、深度学习并行化及遥感时间序列变化预测方法 6 个方面阐述目前的国内外研究现状。

1.2.1 遥感图像去噪的国内外研究现状

遥感图像采集过程中出现的噪声阻碍了图像信息提取,遥感图像去噪的目的是从含噪图像中重建高质量的图像,属于计算机视觉领域中的低层特征提取步骤。去噪后图像中保留的细节和边界特征对于更高级别的信息分析、提取和解译具有重要的意义。在过去的几十年时间里,研究人员提出了许多去噪方法,希望能从扭曲的图像中估计出图像的有用特征,尽可能还原真实的图像信息。去噪算法有光谱域去噪、空间域去噪、变换域去噪,基于统计和概率分布的去噪和几种方法混合去噪。

多光谱图像既反映了目标的空间特征,又反映了目标的光谱信息。空间-光谱相结合的去噪方法受到广大学者的欢迎。3D 块匹配(Block-Matching and 3D Filtering，BM3D)方法结合了非局部均值及变换域去噪两种方法。首先，寻找与当前块有最小欧几里得距离的 2D 相似块，将它们堆叠成一个 3D 块；然后，将 3D 块变换到频域进行协同滤波；最后，根据不同块的质量对每个块赋予不同的权值进行加权平均得到去噪图像，该方法被广泛应用于灰度图像去噪。BM3D 方法直接应用于多光谱图像通常有两种解决途径：一是将原始图像转换为相关性较低的色彩空间来独立对每个通道去噪；二是充分利用光谱相关性，进行多波段图像的协同去噪。徐平等在 2021 年提出一种遥感图像的空间-光谱域去噪法 IBM3DGF，该方法分析了多光谱图像的谱间相关性，依据谱间相关性分组遥感图像波段。相邻的 3 个波段为一个插值图像，引入 3D 块匹配方法对插值图像去噪。通过对合成图像和真实遥感图像仿真，验证了所提方法在保留图像细节及抑制光谱噪声上的有效性。

单波段图像去噪常借鉴一些可见光的图像去噪方法。由于小波无平移不变的特性，故输入端的微小幅度变化，在频域也能反映出较大的小波系数波动。多尺度多方向的时频分析工具受到广泛关注。Shahdoosti 等在 2019 年使用具有平移不变性的剪切波(Shearlet)，提出一个使用深度神经网络来保留图像边界的去噪方法。首先，通过 Canny 算子得到无噪声图像的边界图；其次，利用非下采样剪切波变换，将含噪图像转换为若干低频与高频子带，并沿特定方向堆叠高频子带的 2D 块来形成 3D 块。与边界的位置和方向对应的 3D 块被归为边界类，反之，被归为噪声类。将每个 3D 块馈入到经过训练的深度卷积神经网络中，以确定它是否与边界相关。将不属于边界类的高频系数保留下来，而对属于边界类的高频系数使用自适应阈值法去噪。该方法在保留图像的细节上有较好的效果。

闫成刚等在 2021 年利用图像的稀疏、低秩和自相似性特征，提出了核范数和学习图的方法来解决图像去噪问题。该方法用交替方向乘子法求解非凸函数，并使用基于正则化的图学习技术构造拉普拉斯矩阵，在描述图像的自相似性属性上比基于树的生成式方法更有效。

1.2.2 遥感图像分割的国内外研究现状

遥感图像分割是根据图像的同质性等特征，将图像划分成多个相似区域的过程，是遥感图像处理任务的预处理步骤。例如，在 SAR 图像中先用 CFAR 区分出原始图像中目标的前景与背景，再使用分类技术进行语义识别，这是二分类分割；或者使用图像分割方法进行遥感图像的多区域目标分割，再进行高层特征分类。令集合 X 为待分割图像，使用图像分割方法将 X 划分为互不相交的多个子区域 $\{X_1, X_2, \cdots, X_{N_{reg}}\}$，使得 $\bigcup_{i=1}^{N_{reg}} X_i = X$，$X_i \cup X_j = \varnothing (i \neq j)$，其中 N_{reg} 表示划分区域的个数。二分类分割中，N_{reg} 为 2；多目标分割中，$N_{reg} \geqslant 2$。

近年来，研究人员提出了许多遥感图像分割方法，归纳分析这些方法，大致可将其分为3类：基于阈值的图像分割、基于边界的图像分割和基于区域的图像分割。它们的实现原理虽然不同，但不论是哪一类，基本是根据图像像素的颜色、纹理和形状等信息进行区域属性划分的。

基于阈值的图像分割是直接对图像像素灰度值进行阈值划分。这是一种比较简单的分割方法，前提是假设相同对象的灰度值相似，而不同对象的灰度值不相似，确定阈值时，可根据直方图曲线找到灰度值的波峰和波谷，阈值位于两个波峰的谷中。图像像素的灰度值用图像直方图的横坐标表示，图像像素的纵灰度级频数用直方图的纵坐标表示，反映图像像素分布情况，是图像特征的一个重要指标。阈值法常用于二值图像分割，先将目标的前景与背景分离出来，这样做的好处是简化了识别和分类过程。Al-Amri 等在2010年研究了直方图阈值法，根据不同的遥感场景，将均值法、P-tile 法分别运用在遥感图像分割中。均值法使用图像像素的平均值作为阈值，前提条件是图像中约一半的像素属于目标像素而另一半属于背景像素，只有在这种情况下，均值法才能得到好的分割效果。P-tile 方法的使用前提是背景的亮度比目标的更暗，即目标在图像区域表现为更亮的区域。根据这一特点推断出目标在整幅图像中所占的面积比，从而得到图像灰度直方图。目标占图像区域的固定百分比定义为 $p\%$，$p\%$为图像分割的阈值。仅依赖灰度值进行图像前景和背景的阈值分割，无法体现图像像素的空间相关性。Abutaleb 等在1989年研究了图像像素及其直接邻域的灰度值，将基于熵的阈值算法扩展到二维直方图。Abutaleb 等引入二维熵准则，找到最大化的二维熵向量作为二维阈值，将阈值变为一个向量，该向量包含了像素的灰度级及直接邻域的平均灰度级的信息。实验结果证明二维熵方法在图像分割上优于一维熵方法。

如果一幅图像中待分割的目标有多个，阈值技术就需要扩展到多级阈值，原始的穷举搜索多级阈值面临计算量大、计算机时间长的缺点。随着阈值的增加，分割问题就转化为了优化问题，通过优化算法在搜索空间中定位全局最大值。Khalek 等在2017年提出先使用熵度量图像的二维直方图中包含的信息，再使用遗传算法最大化该二维熵。针对遥感图像的特点，恒虚警检测技术（CFAR）常被用于检测极化的 SAR 图像的前景和背景，CFAR 基于 SAR 图像噪声进行统计分析，建立噪声分布的累积概率密度函数，设定阈值 t，使用泛洪算法得到目标掩膜，从而分离目标和背景区域。一些方法根据目标杂波的统计特征进行建模，实现图像分割。很多情况下杂波可以用高斯分布来表示。艾加秋等提出一种双参数的 CFAR 检测方法。传统检测方法的滑动窗口数量通常设置为3个，CFAR 检测方法仅需设置两个滑动窗口，分别为目标窗口与背景窗口。由于目标是舰船，故将目标窗口的大小设置为最大船只尺寸的2倍，步长设置为目标窗口的大小，该方法可以去除大部分图斑噪声，如果仍存在噪声，那么再使用基于种子点的区域增长方法进一步去除噪声。重新统计去除噪声后的图像的均值与方差，通过求概率密度得到虚警率，再使用计算得到的阈值制作掩膜图像。

基于阈值的图像分割设计起来较为简单，但适用范围有限，仅适用于对象灰度值（特征值）差距较大的情况下。更多情况下，遥感图像是多通道的、特征值差别不大、目标在区域内重叠，这时候使用基于阈值的图像分割很难得到理想效果。

基于边界的图像分割将图像中边界区域的灰度特征视为分割依据。其划分基本思想是：首先确定图像中的边界点集合，然后将这些边界点连起来形成封闭轮廓，最后得到分割区域。常用的经典边界检测算子包含 Sobel、Roberts、Laplace、Canny 等。边界检测方法使用模板在图像的每个子区域滑动，计算每个模板区域的中心像素的梯度值，量化后得到图像中每个像素的灰度的变化率和方向。对边界分割法的研究常以经典算子为基础，再对方法进行优化，以达到提高分割效果的目的。当图像各区域间对比强烈时边界分割法能取得较好效果，但其缺点是抗噪能力较差，对于边界模糊且过多的场合，生成一个封闭的边界存在困难。近年来边界分割法的研究集中在边界检测时如何对抗噪声及提高检测的精度。

刘小平等在 2006 年针对多光谱遥感图像，提出一种边界分割方法，该方法的 4 个步骤依次为边界检测、综合、生长和区域标号。Canny 算子在不同波段提取图像的边界信息，这些信息以二值矩阵的形式存储。多个波段的二值矩阵以像元累加的方式进行边界综合，这样充分利用了多波段的信息。为了生成封闭的边界，该方法构建了 16 个结构元素模板，以检测含有断裂边界的像元点，并以该像元点为圆心，设定半径，若半径范围内存在其他邻接点则进行边界生长，形成边界图像。最后以递归的形式进行边界图像的二值区域标号。

陈秋晓等在 2006 年提出了 SUSAN 算子，它是一种检测图像边界及角点的算子。进行图像滤波的不是传统的正方形模板，而是一种圆形模板，模板的中心像素称为核。一般设定该圆形模板包含的总像素为 37，圆半径为 3.4 像素。圆形模板在图像上滑动，依次将图像每个像素的亮度与模板核亮度进行比较，若比较的值小于设定的阈值，则认为该像素与模板核具有相同的灰度，将该像素纳入吸收核同值区（USAN），USAN 的面积表示为 USAN 内与核相似的像素个数。USAN 面积越小，该灰度对应的像素区域就越有可能是角点。度量 USAN 区域的重心与模板中心像素间的距离，将大于设定阈值的视为伪角点。该方法不需要计算梯度，计算效率得到提高，算法的抗噪性能也在实验中得到了有效证明。

基于区域的图像分割主要分为两类，分别为区域生长方法与区域分裂合并方法。区域生长方法先确定一个称为种子点的像素，设定其生长准则，并将与其相似的邻域像素归为一个区域。区域分裂合并方法无须种子区域，而是将原始图像分割为互不相交的若干子图像，按一定策略分裂或合并区域。相较于边界分割方法及传统阈值法，基于区域的图像分割的优点是具有较好的抗噪力，分割后的区域形状紧凑，对复杂场景显示了较好性能，容易扩展到遥感图像多波段；但其算法复杂度高，种子点的选择、区域的生长及区域的合并规则选取困难。

由于遥感图像的散射性，不同类别的分布在特征空间中趋于超椭球散射，图像像素的分布不受各向同性或球面分布的影响，而经典的模糊 C 均值聚类(Fuzzy C-Means, FCM)算法基于欧氏距离，将其应用于各向同性聚类方法中能取得较好效果，但在遥感图像中往往无法达到预期的结果。Du 等在 2009 年将进化聚类与模糊 C 均值聚类算法结合，研究了聚类中心及聚类半径的更新策略。将图像从 RGB 空间映射到 HIS 空间，得到 3 个特征：色调、饱和度、强度。该方法在特征上使用标准协方差矩阵替代传统的欧几里得距离计算法，提出了一种优化的模糊 C 均值算法。

随着遥感图像分辨率的增加，一幅图像包含的像素个数动辄数百万，计算维度非常大。超像素分割受到许多研究人员的关注，超像素分割是将空间图像分割成若干具有相似特征的语义子区域的过程，这种按相似性分组的预处理能显著简化后续图像处理步骤。图像中相邻且特征相似的像素点组成的小区域就是超像素，它保留了其区域所包含像素的大部分特征。以超像素为单位进行图像处理，相比较于以像素为单位的图像处理，前者能实现图像降维，大大降低计算复杂度。

Achanta 等在 2012 年提出一种应用于超像素分割的线性聚类方法，每个像素用一个五维特征向量表示，该向量由颜色和坐标空间特征组成，再运用 K 均值聚类产生超像素。算法简单，输入只有一个，即超像素的个数 K。算法的计算复杂度为 $O(N)$，仅与图像的像素点个数有关，该算法具有较好的应用效果。

超像素分割方法为遥感图像处理提供了有效的解决方案。一般情况下，遥感图像存在着多个波段，其中一些可能会产生大量的噪声，直接使用超像素方法进行分割将导致高的计算成本。为解决这个问题，可以将一些降维(Dimensionality Reduction, DR)方法，如主成分分析(PCA)，应用于原始的遥感图像上，以降低计算复杂度和噪声的影响。近年来，出现了一些超像素与深度学习结合的方法，Yang 等在 2020 年将卷积神经网络应用于超像素分割。卷积神经网络由编码器与解码器两部分组成：编码器的输入是一幅原始图像，通过卷积神经网络生成该图像的高级特征图；解码器则使用反卷积法逐层对特征上采样，得到超像素分割。

对于复杂的高分辨率遥感图像多目标分割而言，其既要考虑图像分割过程中像素聚类的不确定性，又要考虑图像分割过程中像素次序依赖导致的随机性。因此，借助不确定性理论结合经典的图像分割方法，研究一种全局的高精度的图像分割方法，实现遥感图像的分割，是本书的主要研究内容之一。

1.2.3 基于深度学习的遥感图像分类的国内外研究现状

遥感图像分类根据电磁波对地面物体的反射特征，判断地面物体的属性，为遥感目标检测与识别提供辅助信息，是遥感技术应用的重要环节。基于深度学习的遥感图像分类是近年的研究热点，在应用中相较于传统的图像分类方法，其能取得更优良的效果。

有监督的遥感图像分类方法较无监督方法多了前期标注的步骤，抛开成本因素，其分类效果往往比无监督和半监督方法更好。近年来，研究人员用来进行遥感图像分类的有监督方法有支持向量机（SVM）、卷积神经网络、决策树等方法。对 SVM 的优化主要在两个方面，一方面是参数调优，另一方面是特征提取。在许多图像分类方法中，特征提取与参数调优是分开进行的。Wang 等在 2017 年提出一种将特征提取与参数调优同步进行的有监督数据集训练方法，该方法基于演化算法与群智能算法理论，将蚁群优化算法与遗传算法相结合，以提升传统 SVM 算法的性能。He 等在 2014 年提出一种改进的回归分类方法，将数据映射在核空间中进行线性的回归学习，实现数据集的分类。由于标签数据的创建是耗时和昂贵的，且遥感场景的复杂性很大，故创建标签数据的难度较高。Ji 等在 2019 年花了大约半年的时间建立遥感建筑数据集。Luo 等在 2020 年花了四个月左右的时间建立遥感的阴影数据集。为了缓解已标注训练数据少的问题，越来越多的研究聚焦在如何利用无标注数据来提高深度学习模型的性能。

半监督学习利用较少的标注数据训练模型，能降低样本标注的人工成本。常用的半监督模型分为自训练和一致性学习两个重要步骤。自训练通过少量的有标签数据训练好一个模型，并使用这个模型为无标签数据集生成伪标签，再将有标签数据集与伪标签数据集组成一个数据集训练模型。但是这个模型的准确性可能并不高，后面需要通过一致性重构等方法进行模型的一致性学习，一致性学习后的模型才是最终的分割模型。一致性正则化方法使得模型中经过不同变换的同一样本有相似的输出，能使预测与各种扰动保持一致，是近几年半监督学习的一个研究热点。平均教师方法首先构建一个监督模型，称为学生模型，并从学生模型中复制一个教师模型，构建学生模型与教师模型输出的一致性损失函数。每个训练批次完成训练后，就以加入噪声的形式对输入数据进行数据增强。学生模型使用梯度下降法更新权重，教师模型使用学生模型权重的指数移动平均值（EMA）迭代更新权重。训练后的教师模型能产生比学生模型更准确的预测。CutMix 方法通过使用与图像大小相同的二进制矩形掩码来混合两幅图像，实现数据增强。ClassMix 方法与 CutMix 方法类似，都是从一张无标注图像上切下一半的预测类别，并将其粘贴到另一张图片上，形成一个新的样本；与 CutMix 方法不同的是，ClassMix 方法提取的掩膜是实例而不是固定大小的矩形，能更有针对性地实现训练数据中实例场景的增强。He 等在 2022 年将半监督学习用于遥感图像特征提取，在数据层使用 Classmix 扰动方法，并集成语义边界信息从而生成更有意义的混合图像；在模型层则使用交叉伪装监督（CPS）方法，避免了在训练中设置额外阈值参数的操作。半监督学习中的生成对抗网络是一种生成判别式框架。该网络由两部分组成：生成器 G 与判别器 D。生成器 G 根据所给输入生成一个假数据，判别器 D 则判断输入的数据是否为真实数据。理想的训练结果是,G生成的数据尽可能真实,而D则不论G生成什么数据都能有效识别真数据与假数据。这一博弈过程持续进行,直到达到纳什均衡点。训练时要求D的目标函数尽可能大,而G的目标函数尽可能小。两个网络彼此依赖,训练时锁定(参数不进行更新)其中一个网络,训练另一个网络。深度卷积生成对抗网络(Deep Convolutional GAN, DCGAN)在原始GAN的基础上,使用卷积层替换全连接层,在每层后使用批标准化(Batch Normalization)技术,G的隐藏层使用ReLU,G的输出层使用Tanh,能有效防止梯度稀疏。谷歌大脑的张博士等在2017年提出Stack GAN,它将多个生成器与判别器进行叠加,构造生成对抗网络,从而提高网络的训练精度。

将深度学习应用于遥感图像分类中,研究主要集中在基于像素的图像分类和基于场景的图像分类。基于像素的图像分类根据图像的光谱特性为图像中的每个像素分配标签,常用的模型有CNN和FCN。基于场景的图像分类将图像作为一个整体进行分析,根据它们的空间和光谱特性为图像中的整个场景或一组像素分配标签,适用于大面积区域的分类,常用于对土地覆盖和测绘分析等任务中,涉及多源数据(如光学、雷达和高光谱图像)的融合。随着遥感数据的增多和计算资源可用性的增加,预计在遥感图像分类中的深度学习技术还将迅速发展,但其仍存在训练数据有限、深度学习模型的可解释性低及预训练模型的可迁移性低等问题。

1.2.4 神经网络架构搜索的国内外研究现状

虽然深度学习在图像处理中的应用给图像处理的效果带来了显著的提升,但深度学习过程中大部分是基于手动设计的网络架构,这种方法费时、烦琐,且不一定能找到最优框架。近年来,神经架构搜索(NAS)的研究领域引起了越来越多学术界及工业界的研究人员的关注。NAS的目标是在不依赖人类专业知识的情况下,自动为给定任务(如图像分类或机器翻译)搜索最佳神经网络架构。与传统的手动设计的网络架构相比,NAS可以节省时间和资源,并且有可能发现新的和更有效的架构。NAS有多种方法,包括强化学习、进化算法、基于梯度的方法和贝叶斯优化等。这些方法在计算复杂性、可扩展性,以及处理不同类型的搜索空间和约束的能力方面各不相同。随着NAS研究领域的不断发展,探索新的方法来提高搜索过程的效率和准确性,并将NAS的应用范围扩展到新的研究领域是一件有意义的事情。

NAS的早期工作侧重于层类型、滤波器大小和数量、激活函数等的优化配置,后受到ResNet和DenseNet等成功的手动设计的网络架构的启发,后继工作开始探索使用强化学习(RL)和进化算法(EA)搜索网络构建块或单元。谷歌的研究人员在2016年发表了论文*Neural Architecture Search with Reinforcement Learning*,该论文的作者介绍了一种新的NAS方法,该方法使用强化学习为给定任务搜索最佳神经网络架构。强化学习能够克服传统NAS算法的一些局限性,传统NAS算法通常依赖启发式或其他手动设计的方法来指导搜索过程。通过强化学习,NAS算法可以学习如何根据其生成的网络性能搜索最佳神经网络架构,从而发现优于手动设计的神经网络架构。这展示了将强化学习应用于NAS的潜力,并为该领域的进一步研究铺平了道路。在图像分类中,使用大规模进化算法的工作再次验证了自动化网络架构设计的可行性。然而这些基于RL和EA的方法采用的策略是搜索整个网络的全局,意味着NAS需要在非常大的搜索空间中搜索出一个最佳网络结构,空间越大,计算代价越大。且每个模型都是从头开始训练,这将无法充分利用现存的网络模型的结构和已经训练得到的参数。

NASnet将最佳卷积架构的搜索简化为寻找CNN的最佳单元。经过进一步改进,AmoebaNet生成了基于遗传算法的搜索架构。谷歌提出了一种高效的神经网络架构搜索方法——ENAS。该方法使用一个控制器在一个大的计算图中搜索最好的子图来展示神经网络架构,而子图彼此共享参数。这些算法依赖于强大的硬件,带来了巨大的计算开销。

来自CMU和DeepMind的研究人员在2018年提出的可微分架构搜索(Differentiable Architecture Search, DARTS)算法对NAS领域的发展做出很大贡献,在降低神经网络架构搜索的计算成本方面取得了重大进展。DARTS引入了连续松弛的概念,对原始离散搜索空间使用Softmax松弛以允许可微分优化,故架构搜索过程可被视为一个连续的优化问题,类似于Finn等在2017年使用的梯度近似技术,这使得DARTS能够克服传统NAS算法的局限性,只在一个超网络上就可以完成整个模型的搜索,无须反复训练多个模型。DARTS对NAS领域产生了重大影响,并激发了大量后续研究。许多新的NAS算法都是在DARTS中引入的思想的基础上提出的,并且该领域在不断发展和壮大。部分连接DARTS(Partially-Connected DARTS,PC-DARTS)在DARTS基础上使用了部分通道连接的技术,即随机采样通道子集来实现搜索过程,同时使用了边界规范化技术来预防网络连通性搜索的不稳定。DDSAS是一种动态可微分空间架构搜索,采用基于上置信区间的动态空间采样优化技术来避免算法陷入局部最优。

NAS算法面临的挑战之一是它可能具有较差的鲁棒性并且容易出现性能崩溃。当搜索过程中超网络的性能非常好,但推断的子网络具有大量跳跃连接(Skip Connection)时,NAS算法可能会发生性能崩溃,这会削弱最终模型的性能。跳跃连接是神经网络中绕过一层或多层并直接将输入连接到输出的连接。它们通常用于改善训练期间的梯度流动并防止梯度消失问题,能使网络朝着更深更大的方向发展。但是,如果使用过多的跳跃连接,它可能会导致子网络具有大量难以训练的参数,并可能导致过度拟合。为了解决这个问题,研究人员提出了几种解决方案,例如,使用正则化技术来防止使用过多的跳跃连接,使用更复杂的搜索算法来更好地平衡性能和鲁棒性之间的权衡,以及使用其他技术来提高搜索过程的稳定性。

1.2.5　深度学习并行化的国内外研究现状

在深度学习训练过程中，为取得较高的精度，除海量的训练图像外，全连接层也常常含有大量的数以亿计的参数，导致网络训练要耗费巨大的时间。因此，深度学习并行化的研究吸引了广大学者，他们致力于突破深度学习应用的瓶颈，将深度学习推向实用。

前向传播是指从第一层到最后一层，生成以自变量为权重和偏置的输出函数；而后向传播是指从最后一层到第一层，生成以自变量为权重和偏置的损失函数。然后通过计算最小损失，不断更新权重和偏置。因此，深度学习并行化研究前期的许多工作主要针对前向传播与后向传播，进行并行算法设计。随机梯度下降（Stochastic Gradient Descent，SGD）算法是一种网络训练方法，具有串行性质，难以在大规模的 CPU 或 GPU 集群上并行化。Tang 等于 2017 年在分布式 DNN 的训练过程中研究了在数据并行方式的随机梯度下降过程中阻碍深度学习并行化的 3 个方面，为深度学习的并行化提供了有效的建议。Oyama 等在 2016 年研究了 DNN 中加速训练的方法和分布式算法中并行的可能性及实现方法，讨论了随机梯度下降算法中的同步和异步情况及分布式系统架构中的通信方法。

深度学习应用于图像的最常见的并行处理模式是数据并行，该模式把大的数据集分割为多个小批次（Batch），使用多个工作节点（工作节点可以是 CPU 或 GPU）进行计算，在每个工作节点上计算一个小批次，最后将所有工作节点的梯度结果进行汇总，并加权平均，得到总梯度估计值。一些数据并行的应用取得了较高的效率，这表明通信开销在合理的范围内；另一些数据并行的应用会受到过多的设备间通信开销。因此，降低通信开销是提高并行化性能的一个重要手段。Chen 等在 2016 年采用数据划分的方式，将互不相交的子数据划分给不同的工作节点，每个工作节点并行计算梯度。为减少训练时数据交换的通信代价，研究人员采取了两种措施，一是将 32 位单精度浮点数压缩为 1 位，二是在工作节点间不进行模型参数的交换，仅进行梯度的交换。由于将单精度浮点数压缩成 1 位，损失了精度，故为了减小数据压缩带来的误差，实行了误差补偿技术，即将上一次计算的误差叠加在本次计算得到的梯度上，再进行量化。这一方法能实现在几乎不损失模型精度的情况下，大幅提高训练速度，但该方法不能够保证随着并行工作节点数量的增加，训练速度能实现线性增加。训练速度能否实现线性增加是衡量模型并行化性能的一个重要指标。

通常情况下，当模型太大而无法放入单个设备的内存中时，使用模型并行方式。根据模型部署，将训练模型划分为多个子模型分别装入不同的工作节点，每个工作节点都使用同一批样本数据训练自己的模型。在模型并行化方面，一些著名的公司相继实现了各自的并行化框架，如 Google 的 Tensorflow、DistBelief，百度的 PADDLE，腾讯的 Mariana，脸书的 DLRM，NVIDIA 的 Megatron 和微软的 DeepSpeed。模型并行的计算量和通信量依模型结构而定，实现起来较数据并行复杂。可以充分利用现有的模型并行化框架，进行遥感图像处理。当前的一些主流框架如 PyTorch、Tensorflow 等都有为处理普通二维样本图像而设计的并行运算,但其不能直接用于处理多光谱图像的多维特征。遥感图像通常包含多个波段,尤其是高光谱图像,甚至达数百个波段。不仅这些波段间存在相关性,而且图像中的邻近像素也是高度相关的,一些研究将光谱信息与光谱空间信息融合在一起作为特征源,以提高分类的精度。例如,Cube-CNN-SVM 模型将深度学习应用于多光谱遥感图像分类,提出了相邻像素(8 个相邻像素)的光谱空间数据立方体,即将目标像素及其邻域的光谱信息组织成光谱空间多特征三维信息立方体。该模型使用 CNN 进行特征提取,再用 SVM 进行分类,能得到较高的分类精度,但是训练耗时非常长,训练数据量大,这意味着计算迭代的次数更多。Lu 等在 2020 年提出了一个在 GPU 上运行的遥感图像光谱三维信息立方体的训练框架,该训练框架不需要进行 3D 到 2D 的转换,卷积层能处理多光谱三维数据的直接输入,用 CUDA 编程,实现了 PC 机上多 GPU 并行计算。

大部分神经网络是序列化模型,模型并行中可以并行化处理的部分不多,造成资源的浪费。受 CPU 执行指令时流水操作的启发,研究人员提出了流水线并行模式。流水线并行是将不同工作节点的小批次数据分割为微批次数据,用不同的工作节点计算不同的流水线批次,前后阶段的流水线以一种类似接力的方式工作。它本质上依赖数据并行,在批次尺寸远大于 GPU 数量的情况下,流水线并行的效率通常能得到提高。流水线并行常和模型并行一起使用,能有效克服模型并行空洞的问题。流水线并行采用的批间并行策略,使每一个工作节点不用像数据并行那样必须聚合所有的梯度信息进行平均,而是仅需要点对点地进行上下游工作节点间的梯度信息通信。该方法使得计算与通信时间重叠,能提高并行训练吞吐量。基于这一思想,2019 年微软提出了 PipeDream 方法,它是一种异步流水线方法;谷歌提出了 Gpipe 方法,它是一种同步流水线方法。在边界设备上进行图像处理面临着计算参数数量多的问题,而对边界设备实行并行化时,由于通信成本和同步开销较大,负载平衡效果不理想。现有的并行技术从平衡负载、降低通信成本等方面进行改进。Goel 等在 2022 年设计了流水线并行在低功耗的边界设备中的分配方法,提出一种在边界设备上实现图像识别的流水线并行方法,提高了计算机视觉在边界设备网络的可部署性。

随着深度模型向着更深层发展,网络参数的数量也随之呈指数级增长,对与数据增长相匹配的计算能力的要求也相应提高。并行计算作为一种常用策略,对计算能力和训练速度的提升是显而易见的。计算机资源的简单堆砌,不能保证训练的线性加速及模型性能。算法的串行改并行涉及各种资源的划分,由此衍生出了不少并行优化方法,相应的优化方法主要集中在减少工作节点间的通信量,平衡负载等方面。

1.2.6 遥感时间序列变化预测方法的国内外研究现状

除空间信息与光谱信息外,遥感图像还具有时序属性。遥感图像的时序信息常用来监测农作物的生长周期、植被的覆盖率及天气的变化情况等指标。深度学习算法作为一种"数据驱动"技术，在基于时间序列的遥感图像变化检测中发挥了重要作用。当遥感数据以时间序列的形式出现时，研究人员常采用循环神经网络(RNN)训练要学习的模型。前馈神经网络与循环神经网络的区别在于任务的类型，前馈神经网络主要用于处理静态(非时间)数据(单个数据即使按顺序给出也是独立进行处理)，如基于对象的遥感图像分类。这是因为单个输入图像是独立的，所以不需要捕捉输入图像之间的相关性。循环神经网络更适合处理动态(时间)数据，递归连接允许网络在连续的输入数据中捕捉时间特征，可以将输入的时间依赖嵌入其动态行为。Wu 等在 2017 年研究了高光谱数据的特征，针对高光谱图像样本的高维输入向量，从序列的角度分析高光谱数据，将每个高光谱(像素)视为一个数据序列，通过循环神经网络对其进行建模，从而找到目标像素在不同波段之间的依赖关系。研究人员提出了卷积循环神经网络(CRNN)，由于卷积运算更容易对局部依赖建模，因此，使用卷积运算提取输入数据的中间层和局部不变特征。由于循环神经网络更适合对序列依赖性进行建模，因此使用循环层从卷积层生成的中级特征中提取光谱依赖关系。尽管 RNN 中的循环连接对于处理 RNN 中输入信号的时间动态很有用，但在计算误差时，RNN 采用链式规则计算梯度，而当前的状态不仅取决于当前的输入，还取决于以前的状态和输入，这些操作增加了训练网络的计算成本。长短期记忆(Long Short-Term Memory, LSTM)网络由时间递归神经网络发展而来，能够实现时序数据的非线性预测，适合处理和预测时间序列中包含长距离依赖的问题。人工神经网络(Artificial Neural Network, ANN)是一种非线性预测工具，常用于预测具有混沌特征的时间序列。自回归综合移动平均模型(Autoregressive Integrated Moving Average, ARIMA)是捕捉时序序列数据中时间结构的模型。但单独使用 ARIMA 很难对变量之间的非线性关系进行建模。ARIMA-ANN 模型整合了 ARIMA 和 ANN 的优势，能够对数据集的线性和非线性行为进行建模。

20 世纪 80 年代，研究人员在对灵长类动物皮层和皮质纹状体系统的神经生理学的解剖研究中发现，在锥体细胞和抑制性中间神经元之间存在大量极短距离、局部及循环的连接。猴子在训练学习的过程中，其皮质纹状体中的神经元具有按顺序排列的空间特征。Barone 和 Joseph 等于 2021 年发现灵长类动物的 300 个脑细胞中有一半的细胞显示了任务的空间和时间维度的复杂组合。储备池计算(Reservoir Computing, RC)则产生于这一行为神经生理学研究。储备池计算是一种适用于时间或顺序数据处理的计算框架，且易于硬件实现。它源自回声状态网络(Echo State Networks, ESN)和液体状态机(Liquid State Machine, LSM)等循环网络模型，这两种方法与传统 RNN 的不同之处在于，其不需要训练 RC 中输入层及隐藏层的权重，这些权重是固定的，只训练读出(Readout)层的权重。RC 满足低训练成本和实时处理的需求，其中 ESN 是 RC 中用得比较多的一种网络模型。ESN 基于离散神经元组成储备池，计算时常使用线性回归或简单的机器学习法求解;而 LSM 常用于与生物学习有关的 RC 框架,计算时常使用类感知器局部法或非对称突触法求解。尽管 RC 适用于时间模式识别,但它可以通过将图像转换为像素值序列来对图像进行识别。

在高维非线性动力系统中,瞬态阶段包含高阶相互关联的变量,随后的稳定动态阶段包含低阶与时间相关的变量。在时间序列分析中,获得大量的低维时间序列数据后,在对系统进行重构或预测的过程中,利用短时样本进行数据预测面临着很大困难。这是由于短时样本的获得常常是不完整的,不能够反映系统动力学行为的统计规律。Ma 等在 2018 年研究了非线性动力系统的未来状态预测框架,命名为随机分布嵌入(Randomly Distributed Embedding, RDE),它能够实现短期高维数据的未来状态预测。RDE 随机生成足够多的“非延迟嵌入”,并将它们中的每一个映射到一个“延迟嵌入”。这些较低维的延迟吸引子和高维的非延迟吸引子以不同的方式保存了整个系统的动态信息。根据嵌入理论中的“微分同胚映射”原理,重构的高维非延迟吸引子和低维延迟吸引子与原始吸引子间存在共轭关系。统计预测到的多个延迟嵌入的分布情况,从而得到未来状态的准确预测。Chen 等在 2020 年提出了一个自动储备池神经网络(Auto-Reservoir Neural Network, ARNN),该网络可以实现短期高维时间数据的多步预测,将高维空间数据通过时空信息 STI 变换映射到目标变量的未来时序值上。

遥感时间序列预测是一个值得深入的研究领域,它一直是农业、林业、气候变化、环境监测等诸多领域的重要课题。目前,有许多研究工作集中在利用机器学习和深度学习技术提高遥感时间序列数据预测的准确性。通过结合多个数据源(如天气数据、地形数据和土壤数据),不仅能提高预测的准确性,也能更好地理解不同环境因素之间的关系。

1.3 研究内容

由于土地覆盖、地形和气候的变化,遥感图像通常表现出较大的空间尺度异质性,同时具有通道数量多、易受到噪声干扰等特点,相较于普通图像,遥感图像的特征提取难度更大。本书的研究内容分为以下 8 个部分,分别对应本书第 3 章至第 10 章的内容。

(1) 基于小波变换的遥感图像去噪方法研究

由于遥感图像采集机理的特殊性,故其不可避免地会存在噪声,这些噪声对图像解译带来很大干扰。如果误将噪声信息作为区域种子点,将会出现误分割。因此,在图像分割前有必要尽可能地减弱图像的噪声。第 3 章基于小波变换域提出一种阈值去噪方法,该方法基于粗糙集理论,利用属性重要度的概念,找出对信号特征敏感性较强的尺度小波能量,实现了自适应阈值的选取,最终达到遥感图像去噪的目的。

(2) 基于区域的遥感图像分割方法研究

第 4 章在第 3 章的基础上,优化了选取种子点的策略,研究了区域生长与区域合并的方法。基于小波变换，第 4 章对分水岭分割方法进行了优化；针对传统分割方法中无法兼顾图像的全局信息和分割时次序依赖引起的随机性和不确定性，依据相关性测度，基于图论与互信息，探索新的图像配准方法，并将其应用于基于不确定性方法的遥感图像分割方法。

(3) 基于卷积神经网络的遥感图像分类方法研究

第 5 章利用遥感图像的空间信息与光谱信息，研究基于深度学习的遥感图像特征提取的理论基础，探索网络训练过程中对抗过拟合的措施和方法，研究网络训练时的调参原则。

在数据增强阶段，第 5 章进行了遥感图像的 ROI 剪裁、归一化、基于恒虚警算法(CFAR)的目标提取及 RGB 特征合成等 4 个步骤。首先，ROI 剪裁将图像剪裁为大小相同且互不重叠的子图像，为输入 CNN 做准备；其次，使用最大最小值归一化方法将目标像素的分布从高度偏斜(右尾)调整为类正态分布；再次，提出自适应的 CFAR 方法，设计每幅 ROI 图像的背景窗口、保护窗口和 CUT 窗口，其中使用累积概率密度函数统计 ROI 图像的强度分布特征，以得到去除杂波和噪声等干扰信息的 ROI 图像；最后，提出膨胀算法进行孔洞填充，提出亮点密度阈值进行孤立点去除，提出 RGB 特征合成方法进行目标特征的增强。CFAR 和 RGB 特征提取类似于半监督学习中采用数据扰动进行数据增强。CFAR 的掩膜是面向对象的，能区分前景和背景。CFAR 将前景(目标区域)提取出来后使用 RGB 方法混合两幅图像，从而更有针对性地实现训练数据中实例场景的增强。

在 CNN 建模阶段，第 5 章提出了多输入的模型并行，除 ROI 图像外，还增加了入射角作为特征之一输入卷积模型。定义了多输入的模型并行训练，设计了 4 层卷积层和 2 层全连接层来提取特征图像，并将训练结果与其他几种经典方法进行了比较，详细分析了训练过程。

(4) 基于神经网络架构搜索的遥感图像分类方法研究

第 6 章提出了一种可微分架构搜索方法，并将其应用于遥感图像分类。该方法的主要研究内容包括神经网络架构的搜索空间、搜索策略及评估方法。

关于搜索空间，第 6 章研究了基于块的和基于单元(Cell)结构的网络架构思想，该思想将单元分为正常单元和衰减单元两类，前者用于提取高级特征，后者用于降低空间分辨率，缩小计算量。

关于搜索策略，第 6 章首先研究了权重共享策略的可微分神经网络架构搜索方法，该方法给出了在搜索框架上确定权重更新的方法，并将权重更新分为两个部分：框架参数的权重更新及卷积网络参数的更新。前者决定了架构单元中节点间边的权重等信息，主要用于优化给定任务的网络性能；后者决定了网络的结构，如层数、类型及激活函数等。然后，第 6 章研究了框架参数和卷积网络参数共同更新的双层优化方法；最后，为减少网络架构和冗余空间所带来的巨大内存和计算成本，提出了二进制门的部分通道采样及边规范化方法，前者能有效减小搜索空间范围，后者帮助前者减少搜索时无权重操作算子的权重，提高搜索网络的稳定性。

关于评估方法，为缩小在搜索和验证的网络架构间存在的差异，第 6 章提出了在浅网络搜索，在深网络验证的实验方法，并进行了消融研究，验证所提方法的稳健性。

(5) 卷积神经网络的并行实现机制

为探索卷积神经网络的并行实现机制，第 7 章提出一种适用于卷积网络的并行框架，并且为保障其可靠性与安全性，还研究了进程间通信机制的形式化表示和验证方法。

第 7 章研究了前向传播计算中的张量、误差反向传播计算中的张量及梯度计算中的张量的形式化表示，提出了数据并行及模型并行下的张量切分方法。网络训练时，通过研究对分配在不同工作节点上的张量进行权重更新的通信方法，第 7 章提出了工作节点间通信量化方法。

为了描述多个工作节点间的并行通信，第 7 章提出了通信协议验证方法。通过研究种群协议模型，明确了种群协议模型与带标签迁移系统之间的投影规则。利用投影规则，第 7 章提出 Petri 网图形化描述状态之间的变迁及用线性时序逻辑 LTL 表示配置约束的方法，并将其应用于多工作节点间并行通信的形式化描述。第 7 章还提出了一种用 LTL 表示的通信模型约束规则，通过 SPIN 形式化验证了对目标约束的满足程度。

(6) 雷达散射截面积计算的并行化方法研究

第 8 章研究了提高雷达散射截面积(RCS)计算的效率和精度的方法。由于 RCS 计算涉及大量复杂的数值运算和数据处理，故传统的单线程或顺序计算方法可能耗时较长，尤其是在处理大规模目标或高分辨率雷达图像时。因此，第 8 章提出了一种并行计算方法，该方法将任务分解为多个子任务，分配到多核处理器或计算集群上同时执行，从而显著减少计算时间并提高处理效率。RCS 是分析雷达图像的基础参数之一，通过计算和分析 RCS，预测目标在图像中的表现，以提高图像分类的精度和效率。

(7) 遥感时间序列变化预测方法研究

遥感图像分类给遥感时间序列预测提供了有价值的输入数据，其在系统运动方程未知的情况下，探索能反映遥感时间序列变化规律的数学模型。利用遥感图像的时间维度信息，第 9 章引入高维非线性动力系统相关理论，分析遥感图像中的动态时序信息的统计特性，对时序信息进行高效短时预测。

第 9 章研究了储备池计算的机器学习方法，以及非线性动力系统的非延迟吸引子和延迟吸引子之间的共轭关系。第 9 章为减小高维参数带来的计算量，研究了储备池状态的降维方法；为描述时间上较远的时间序列之间的依赖关系，提出了双向储备池结构。第 9 章还研究了 Takens 定理在储备池计算中的应用，并提出了在多变量预测任务中，使用 RC 的训练过程来代替 RDE 框架中的拟合及聚合的计算过程。最后，第 9 章研究了时间序列模型的训练方法，构建了时空变换方程及 RC 训练过程中的优化目标函数。

(8) 遥感时间序列变化预测模型的优化方法研究

第 10 章研究了储备池网络中关键参数(如谱半径和尺度因子)对网络输出的影响。合适的谱半径能够维持网络的稳定状态，而过小的谱半径则无法有效学习复杂的时间模式。此外，尺度因子会影响储备池对输入信号的敏感度。基于上述发现，第 10 章提出了一种优化储备池参数的方法，以提升网络的性能。其次，第 10 章通过优化遥感时间序列的观测数据，应用集合卡尔曼滤波器和储备池网络，模拟隐藏的动态过程，以预测未来的状态。通过数据同化，系统能够更好地整合观测数据，减少不确定性。同时，降阶建模简化了复杂系统的计算，提高了模拟的效率。

1.4 研究目标

本书的研究目标如下：

① 从遥感采集图像的机理出发，研究遥感图像成像原理及其目标散射特征，研究影响目标特征提取的主要因素和一般规律；

② 在①的基础上分析以往经典算法在遥感图像特征提取上的局限性，研究一种融合的目标特征提取方法，该方法充分利用图像的空间信息、光谱信息，构建了适用于遥感图像分类的 CNN 模型及预处理模型；

③ 分析手动设计的网络架构的局限性，研究自动的神经网络架构设计方法，构建适用于遥感图像分类的搜索空间、搜索策略及评估方法，研究了搜索算法，以更好地平衡搜索的性能和鲁棒性，并提高搜索过程的稳定性；

④ 针对深度学习网络层次复杂、参数多样、数据量大导致的计算量大、训练耗时长，以及训练时产生的过拟合等问题，从软件加速的角度，探索基于卷积神经网络训练的并行方法，并形式化验证其正确性；

⑤ 遥感图像分类为遥感时间序列预测提供有价值的输入数据，在系统运动方程未知的情况下，探索遥感时间序列变化规律的数学模型建立的方法，以提高遥感时间序列数据预测的准确性。

1.5 研究工作的主要贡献

本书的主要研究工作及成果总结如下：

① 借鉴空间域去噪方法中的非局部均值算法，结合粗糙熵在小波域度量图像块的属性，将图像映射为知识表达的系统，其中，图像的属性用知识 P 表示。利用知识约简方法实现图像去噪，实验验证了所提方法达到了预期的评价标准。

提出一种粗糙集与小波阈值相联合的启发式方法来度量图像块间的相似性，对原始图像进行小波变换，得到不同尺度下的近似及细节分量，并对其进行分析。依据其在信号分类中的重要性，对水平、垂直和斜线系数进行相似性判断，并运用基于知识约简的算法，提取出对信号特征敏感性较强的尺度小波能量，从而实现自适应阈值的选取。

② 提出遥感图像区域分割方法，充分考虑了图像的全局特征及不确定性特征。相较于传统的区域分割算法，本书提出的遥感图像区域分割方法更符合图像本身的内容特征。

为了克服区域扩张不均匀及伪极小值干扰等情况，提出了一种基于小波变换和分形维数的自适应分水岭分割方法，该方法综合考虑了尺度、梯度、边界等图像信息。改进的分割策略是基于光谱特征和分形维数计算区域扩张代价的，并且其可以自适应地调整分割阈值，使各区域不仅能均衡扩张，而且尽可能保持内部同质。

针对图像聚类成区域的随机性和不确定性，提出了一种基于云模型、图论和互信息的图像分割方法。使用云模型来反映像素聚类成区域时的不确定性和随机性，将图论方法引入基于互信息的最优割集的生成，从而得到全局最优分割。利用云模型区域概念所呈现出的多维特征，通过云综合异质性度量来改进边界权重的计算，从而实现对区域相异性的区分能力。

③ 提出了一种深度学习方法用于遥感图像分类，并对卷积网络训练过程中的数据增强方法进行了研究。研究了恒虚警方法、特征合成方法和卷积神经网络的集成方法CFRG-CNN。使用CFAR模块来提取感兴趣区域图像的目标特征，使用RGB特征合成模块来融合多个波段的数据以增强目标特征，并使用CNN模块将遥感图像的相位和空间信息作为网络的输入进行并行分类。将本书所提出的方法与传统的SVM、KNN模型以及目前流行的ShuffleNet V2模型进行比较。在相同的数据集下，CFRG-CNN和ShuffleNet V2模型都能够实现较高的验证精度，但CFRG-CNN在效率上优于ShuffleNet V2模型。实验验证了该方法在遥感图像分类任务中的有效性，为卷积神经网络的数据增强提供了参考思路。

④ 提出了一种可微分神经网络架构搜索方法，专门应用于遥感图像分类。引入了二进制门的部分通道采样策略，以减少内存开销，并采用边规范化方法来提高搜索的稳定性。定义了基于单元的搜索空间，并提出了一种有向无环图中架构权重的更新方法。通过与DARTS方法和DDSAS方法比较，实验结果表明提出的方法可以明显降低目标任务的搜索成本。

⑤ 提出了一种卷积网络中的张量切分方法，并研究了在多个工作节点上进行张量更新时的通信量化方法。研究了种群协议模型，并明确定义了种群协议模型与带标签迁移系统之间的投影规则。基于这些投影规则，提出了使用Petri网图形化描述状态之间变迁的方法，并利用线性时序逻辑LTL表示配置约束。将这些方法应用于多个工作节点之间并行通信的形式化描述中，这项研究为验证并行通信机制的可靠性提供了参考。

⑥ 在 CPU 机群上利用 MPI 实现计算节点之间的高效通信，显著提高了并行矩量法的计算速度。提出了并行通信协议的形式化验证机制，并针对 MPI 消息传递中的不同步问题，提出了一种结合形式化分析方法的通信协议验证机制，有效防止了死锁等异常情况的发生，提高了通信过程的可靠性。通过数值算例不仅验证了并行算法的准确性，而且测试了其并行效率和计算能力，实验结果进一步证明了该方法的可靠性和有效性。

⑦ 提出了一种多变量时间序列预测模型，适用于遥感影像的高维短时预测。针对高维变量带来的维度问题，研究了适用于遥感影像的 RC 状态降维方法。为了使状态能够表达时间上非常远的依赖关系，使 RC 满足回声状态属性，研究了双向的 RC 结构来捕捉数据在时间上向前和向后的依赖关系。为了解决短期数据预测困难问题，将时空变换理论与 RC 结合，利用动力系统的延迟嵌入与非延迟嵌入之间的共轭特性，用高维系统中变量间的相关性弥补短期数据的短板，实现 RC 模型的训练，完成对未来状态的短时预测。该方法展示了储备池计算在时间序列预测任务中的潜力，为其在遥感图像特征提取领域的研究提供了可行的参考方案和思路。

⑧ 深入研究了储备池网络中关键参数（如隐性神经元数量、输入单元尺度、网络层数和光谱半径）的优化方法，针对这些参数进行了系统化的调优，以显著提升遥感混沌时间序列预测模型的性能。这种参数优化方法能够增强模型对复杂时间模式的学习能力。通过对遥感时间序列的观测数据进行优化，并结合集合卡尔曼滤波器和储备池网络，创新性地模拟了隐藏的动态过程并预测了未来状态。该方法利用数据同化技术更好地整合了观测数据，减少了预测中的不确定性，从而提高了预测精度。为复杂系统的高效模拟提供了可以借鉴的途径。

1.6 组织结构

本书主要针对遥感图像特征提取中存在的问题展开，采用深度学习方法等技术手段，旨在提高遥感图像特征提取任务的性能。全书共分为 11 章。

第 1 章首先详细介绍了本书的研究背景、理论意义，并给出了研究目标；然后，分 4 部分对主要研究内容的国内外现状进行了比较分析；最后，介绍了本书所做的研究工作，并描述了本书的组织结构。

第 2 章介绍了采集遥感图像的机理，研究了几种常用的遥感图像成像原理及图像特征，并分别描述了与光学图像和微波图像特征提取相关的一些统计模型及处理技术。

第 3 章详细介绍了图像去噪方法，基于小波变换域提出一种阈值去噪方法。该方法基于粗糙集理论，利用属性重要度的概念，找出对信号特征敏感性较强的尺度小波能量，从而实现自适应阈值的选取，最终达到图像去噪的目的。

第 4 章研究了遥感图像分割的相关技术。提出了两种常用遥感图像分割方法。针对基于划分的分割方法，通过对分水岭分割法进行优化，提出了小波与分形维遥感图像的分水岭分割方法；针对基于区域的分割方法，结合图论与互信息方法，提出基于云模型的遥感图像分割方法，并给出相关的对比实验结果。

第 5 章研究了遥感图像分类的深度学习方法。提出一种深度学习的遥感图像分类方法，针对雷达图像特点，研究了雷达的恒虚警方法、RGB 特征合成方法及卷积神经网络分类的集成方法，以构建雷达图像分类模型。对几种常用分类方法在相同数据集上进行对比实验，验证所提方法的有效性。

第 6 章研究了面向遥感图像的神经网络架构搜索方法。提出了一种应用于遥感图像分类的可微分架构搜索方法，包含神经网络架构的搜索空间、搜索策略及评估方法。提出了基于二进制门的部分通道采样方法，以减少内存开销，并采用边规范化方法提高搜索的稳定性。研究了框架参数及卷积网络的参数更新策略，并进行了实验比较。

第 7 章研究了遥感图像分类的并行实现机制。提出了卷积网络中的张量切分方法，研究了分配在多个工作节点的张量进行更新时的通信量化方法，构建了通信节点交互产生的状态变迁模型。提出了用 Petri 网和线性时序逻辑 LTL 表示配置约束的形式化方法，对通信层的协议使用形式化验证工具 SPIN 进行了可靠性验证。

第 8 章研究了雷达散射面积的并行化方法。利用 MPI 实现计算节点之间的通信，研究了在 CPU 机群上的并行矩量法加速技术，针对 MPI 消息传递不同步、易造成死锁等异常情况，结合形式化分析方法提出并行通信协议形式化验证机制。

第 9 章研究了遥感时间序列变化检测方法。研究了一种新颖的储备池计算方法，并分析了遥感图像中的动态时序信息的统计特性。在非线性动力系统理论模型的基础上，基于时空变换方程及其共轭方程构建了一个多层的储备池模型，以实现时间维度上的多步预测。

第 10 章首先，研究了储备池网络中关键参数的自动优化方法；其次，利用神经网络逼近相点演化规律，研究循环神经网络在构建混沌动力系统模型中的作用与方法，复现正确的状态演化过程中的误差增长统计属性。

第 11 章回顾并总结了研究工作的主要研究内容和成果，简要讨论研究中存在的局限性或不足之处，展望未来研究的潜在方向和改进空间。

第2章 相关工作

2.1 引　　言

随着卫星技术的逐步开放，小到平时的气象监测和土地测量，大到国家的安全防范，都使用到了遥感信息，它已经渗透至日常生活各个方面。近年来，遥感信息采集技术的发展势头十分迅猛，各类卫星上的传感装置每天采集到海量的遥感数据，而对这些数据进行实时人工处理是不现实的，计算机自动处理系统为遥感数据的处理分析提供了解决思路，但软件与硬件技术发展速度上的差异，造成了目标解译与分析的瓶颈。

图像特征是图像分割和识别的基础，特征提取依赖于对待处理目标特性分析的程度。将遥感图像与普通图像进行比较，相同之处在于遥感图像和普通图像都具有边界特征、纹理特征和形状特征；不同之处是遥感图像还具有其独特的时间分辨率、光谱分辨率、空间分辨率和辐射分辨率。对应不同特征，相应的特征提取处理方式不同。遥感图像特征提取技术是本书的核心内容，是分析遥感数据的关键技术，本章将围绕该主题对相关内容进行介绍。

本章内容安排如下：首先，2.2 节追本溯源地简单描述了遥感信息采集技术；然后，2.3 节介绍了本书中用到的两类遥感图像，分别为多光谱图像和 SAR 图像的成像特征及传统的特征提取方法；最后，对本章内容进行了总结。

2.2 遥感信息采集

20 世纪 60 年代出现了遥感（Remote Sensing，RS）技术，这是一种对地观测技术，采用电磁波对地物进行探测。不同电磁波有不同波长，通过反射与辐射，适用于探测环境、目标不同的地物。这一特性能被遥感技术所利用，天线接收来自不同目标的电磁波信号，将它们传输到终端设备进行分析处理，最后得到物体相关信息。20 世纪 70 年代，国际上陆续成功发射了多枚监测气象、海洋及各类资源的监测卫星，使得遥感技术能够准确、客观地记录地表的宏观信息。随着各类机载传感器的发展，遥感探测技术的分辨率及覆盖范围也显著提升。一些国内外大型数据库公开了部分遥感卫星数据以供研究使用，如美国航空航天局 NASA，欧洲航天局 ESA 等。

地球观测一号卫星(EO-1)是一颗对地观测卫星，于 2000 年由 NASA 发射升空，用于卫星及遥感研究。EO-1 上装载着高光谱成像仪和多光谱成像仪两类成像设备。EO-1 成像采用“图谱合一”技术，光谱覆盖范围为 400～2 500 nm，拥有高达 200 多个光谱波段。20 世纪 70 年代末，法国空间研究中心、比利时、瑞典等几个国家或部门联合发射了 7 颗地球观测实验卫星 SPOT，采集到的影像称为 SPOT 影像，迄今采集并存储了丰富准确的地理信息，成像系统采用可见光及部分光的多波段成像技术。

哨兵 1 号(Sentinel-1)卫星由欧洲航天局发射升空，由两颗卫星 Sentinel-1A 和 Sentinel-1B 组成。它们的相位在同一轨道平面内相差 180°，在 C 波段进行合成孔径雷达成像，主要用于海洋陆地及安全监测。采集到的部分数据可在 ESA 的官方网站[①]免费下载。

国际遥感卫星发展的同时，我国也研发了自己的遥感卫星，典型代表有 2013 年发射的高分一号(GF-1)卫星，是我国高分辨率对地观测系统发射的第一颗卫星，主要用于环境及安全监测，以提高遥感技术发展水平。采集到的部分数据可在中国资源应用中心[②]下载。

在成像方式上，遥感图像已经从航空照片发展到卫星影像，随着传感器的迅速发展，还产生了基于传感器技术的成像方法。总体来说遥感图像成像方式可归纳为航空摄影、扫描成像和雷达成像 3 种方式。航空摄影通过在卫星平台上放置的光敏元件进行光电转换，将采集的数据以数字信号表示；扫描成像使用探测器和扫描器对目标进行逐点、逐行的采样，形成谱段图像；雷达成像工作在微波频段，接收来自目标的发射或反射信号，常以复数形式描述数据。

在获得的数据上，遥感图像电磁波辐射源系统的工作范围涵盖了红外、微波和可见光的一个或多个波段，分别对应不同的波长范围。可见光的波长范围为 0.38～0.76 μm，包括红、橙、黄、绿、蓝、紫等几种可见光，通过摄影和扫描获得目标的可见光反射信息。红外线的波长范围为 0.76～1 000 μm，根据波长分为远红外、近红外和中红外等。红外线可以工作在夜间且不易发生散射，这使遥感图像的采集能够不受时间的影响。微波的波长范围从 1 mm 到 1 m，微波辐射属于热辐射，具有穿透性，能穿透云雾、冰雪、土壤等浅层覆盖物。根据微波信号发射源的不同，微波遥感分为主动与被动成像两种方式。主动成像的发射源是目标采集方，向目标发射频段内波长，然后接收来自目标物的反射回波；被动成像的发射源是目标方，采集方通过接收目标方的微波信号进行信息收集。发射源不同，获取信息的方式不同，相应的处理方法也千差万别。

① https://scihub.copernicus.eu/

② http://www.cresda.com/CN/

2.3 遥感图像

遥感图像种类繁多，有以光学成像手段获得的，如高光谱图像、多光谱图像，此类遥感图像的特点是利用可见光和部分红外波段传感器成像，有多个波段，每个波段以灰度值的形式表示像素；也有以微波成像手段获得的，如合成孔径雷达图像，此类遥感图像的特点是其记录的是微波频段的回波信息，使用灰度图像来表示，但每个像素的数据是复数形式，包含了振幅和相位信息。

2.3.1 SAR图像

相较于光学遥感器件对天气条件和光照条件敏感，SAR 成像可以不受这些条件的影响，能在各种复杂天气情况下产生高分辨率的图像，而且 SAR 成像不受黑夜限制，对地物有穿透性，被广泛应用于灾害、安防、军事等领域。SAR 为主动式侧视雷达系统，实现高分辨率雷达成像要考虑方位分辨率和距离分辨率，分别通过脉冲压缩技术和综合孔径雷达技术实现。

目标反射的回波信号由雷达天线收集，并存储为二进制复数的形式，实数部分对应振幅，复数部分对应相位。振幅信息与可见光获得的灰度信息相关，反映了地面目标对雷达波的后向散射强度，常用雷达后向散射系数 σ_0 来表达。

$$\sigma_0 = f(\lambda, \theta, P, \varphi, \varepsilon, \Gamma, V) \tag{2.1}$$

其中，λ 是波长，θ 是入射角，P 是极化方式，φ 是方位角，ε 是复介电常数，Γ 是表面粗糙度，V 是体散射系数。后向散射信号的强度受到几个因素的影响：目标的介质、含水量（复介电常数）、目标表面粗糙度、雷达的工作波长、入射角、极化方式等。

相较于可见光成像，SAR 图像所含的信息比可见光多了相位信息，但由于 SAR 图像分辨率较低，信噪比较低，故其振幅信息无法达到可见光成像水平。因此，目前许多文献将可见光成像与 SAR 成像进行融合，以尽可能多地获得信息量，达到更好的特征提取效果。

1. SAR 图像特征

SAR 图像反映了目标对电磁波的散射特性、纹理特性和几何特征表现与光学图像不同。比如目标区域电磁波散射特性相同，得到的 SAR 图像灰度值就相同；相较于光学图像，SAR 图像能产生更多的纹理特性，充分利用这一特性将能更好地呈现目标的表面细节信息；后向散射系数决定了 SAR 图像的强度，同时目标表面粗糙度、复介电常数等也对图像强度有所影响，如目标表面光滑将呈现较暗的雷达图像，目标表面粗糙将呈现较亮的雷达图像等。

SAR 图像的特性归结为以下几个方面：

(1) 雷达波束照射地物的俯角的不同,SAR 图像会产生距离压缩、阴影、透视收缩、叠掩等现象,这些都增大了 SAR 图像特征提取的难度。但从另一个角度来看,成像越复杂,意味着图像所含信息越多,合理利用这些现象反而有助于图像特征提取。如利用阴影获得目标高度信息,利用距离压缩帮助获取目标的几何特征等。

(2) SAR 的成像特性导致其在使用单一辐射单元,沿一直线上的不同位置发射脉冲信号,并接收雷达回波信号时,回波相位间相互作用,使得回波强度时强时弱,从而在 SAR 图像上形成一些颗粒状图斑(Speckle),这些图斑由亮点和暗点交替组合而成。即使在相同条件、相同场景下,所获得的 SAR 图像的图斑分布的大小和强度都有可能不一样,带有一定随机性,图斑噪声对目标特征提取有一定影响。

(3) SAR 的成像特性导致其对目标成像方位敏感,不同的方位角对同一目标成像时,SAR 图像将表现出不同特征,可能会出现不同灰度、结构等情况。

2. 常用的 SAR 图像统计模型

SAR 图像由雷达散射截面(Radar Cross Section, RCS)决定,表示雷达回波的强度,它与目标的形状、结果、大小相关,也与电磁波的入射角、极化方式、波长有关,RCS 的单位是 dBm^2,用符号 δ 表示,RCS 表达式如式(2.2)所示。

$$\delta=\lim_{r\to\infty}4\pi r^2\frac{|E^s|^2}{|E^i|^2} \tag{2.2}$$

其中,E^s 表示散射波功率矢量,E^i 表示入射波功率矢量。

单位面积上的雷达散射截面称为后向散射系数,单位是 dB,其表达式如式(2.3)所示。

$$\delta^0=\frac{\delta}{A}=\lim_{r\to\infty}\frac{4\pi r^2}{A}\frac{|E^s|^2}{|E^i|^2} \tag{2.3}$$

其中,A 表示目标表面积。

CFAR 常被用于 SAR 图像目标识别,通过统计模型得到虚警率 P_{fa},实现目标从背景中分离。由于 SAR 图像成像特性,需要对影响目标特征提取的杂波进行建模,再从目标图像中剔除干扰信息,使用恒虚警检测 CFAR 对图像进行处理时,将依据这一统计模型得到的阈值完成目标检测。

在 SAR 图像特征提取的过程中,基于统计的方法受到广泛关注。如瑞利分布、对数正态分布、韦布尔分布、K 分布。统计模型的准确度直接影响目标检测的精度。瑞利分布适用于描述存在大量相互独立的散射体且没有强散射点的雷达杂波模型;对数正态分布和韦布尔分布适用于长拖尾的非高斯杂波模型;K 分布则常用于高分辨雷达在低视角下的海杂波数据模拟。

艾加秋等研究了均匀背景下雷达接收机的噪声和背景杂波特性,建立了杂波模型。杂波分布的均值和方差设为 μ 和 σ^2,图像(x,y)处杂波灰度强度 $f(x,y)$的概率分布用 $P_{f(x,y)}$ 表示,如式(2.4)所示。

$$P_{f(x,y)}=\frac{1}{\sqrt{2\pi}\times\sigma}\exp\left(\frac{-(f(x,y)-\mu)^2}{2\sigma^2}\right) \tag{2.4}$$

由于目标与背景区域的后向散射系数存在较大差别，可运用统计方法进行目标检测。作者提出一种自适应的双参数恒虚警检测方法，设置了两个滑动窗口，分别为目标窗口和背景窗口，在背景窗口中分别使用统计方法和种子点区域增长方法对得到的两个参数进行特征提取。

对于SAR图像中杂波的灰度强度的对数服从高斯分布的情况，采用对数正态模型对杂波建模，其表达式如式(2.5)所示。

$$P_{f(x,y)}=\frac{1}{f(x,y)\sqrt{2\pi}\times\sigma_l}\exp\left(\frac{-(\ln(f(x,y))-\ln\mu_l)^2}{2{\sigma_l}^2}\right),\quad f(x,y)\geqslant 0 \tag{2.5}$$

其中，$\ln\mu_l$ 和 σ_l 是 $\ln(f(x,y))$ 的均值和标准差。

艾加秋等在2009年提出了二维联合对数正态分布对杂波建模，他们认为图像中像素的灰度强度与其邻域像素值是相关的，并优化了灰度共生矩阵的计算方法，得到4个角度(0°,45°,90°,135°)上的SAR图像灰度的空间相关系数 r。

$$r(l,k)=\frac{\sum_{x=1}^{M}\sum_{y=1}^{N}(f(x,y)-\mu_1)(f(x+l,y+k)-\mu_1)}{\sum_{x=1}^{M}\sum_{y=1}^{N}(f(x,y)-\mu_1)^2} \tag{2.6}$$

其中，l 和 k 分别为水平与垂直方向上的距离，μ_1 为图像灰度的均值。

0°方向上：$l=0$，$k=1$。45°方向上：$l=-1$，$k=1$。90°方向上：$l=1$，$k=0$。135°方向上：$l=1$，$k=1$。

对于图像中的某个灰度值 X 和它在 θ 方向上的邻域 Y，其对数用 $\ln X$、$\ln Y$ 表示，$\ln X$与 $\ln Y$ 的联合概率密度服从二维高斯分布，如式(2.7)所示。

$$P_{(X,Y,\theta)}=\frac{1}{2\pi\sigma_1^2\sqrt{1-r_\theta^2}XY}\exp\left(-\frac{(\ln X-\mu_1)^2-2r_\theta(\ln X-\mu_1)(\ln Y-\mu_1)+(\ln Y-\mu_1)^2}{2\sqrt{1-r_\theta^2}\sigma_1^2}\right) \tag{2.7}$$

其中，μ_1 和 σ_1^2 是背景窗口的灰度强度在对数域的均值和标准差，r_θ 表示在 θ 方向上的相关系数。

对于较复杂些的杂波情况，一些非高斯分布的CFAR模型表现出非常好的模拟效果，如 K 分布。低视角下的高精度分辨SAR雷达采集的杂波数据及尖峰海杂波数据，对于给定的方位距离分辨单元，幅度上服从高斯分布，而方差则在时间及空间域上服从Gamma分布，常使用 K 分布来模拟杂波模型。K 分布带有两个参数，形状参数及尺度参数。目前关于 K 分布的文献多数聚焦于参数估计方法的研究。

式(2.8)使用回波强度 I 作为自变量，K 分布描述如式(2.8)所示。

$$p(I)=\frac{2}{\Gamma(v)}\left(\frac{v}{\mu}\right)\left(\frac{v}{\mu}I\right)^{(v-1)/2}K_{v-1}\left(2\left(\frac{v}{\mu}I^{1/2}\right)\right) \tag{2.8}$$

如果使用雷达回波的幅度 r 作为自变量，且 $r=\sqrt{I}$，那么 K 分布描述如式(2.9)所示。

$$
\begin{aligned}
p_{v,a}(r) &= \frac{4}{\Gamma(v)}\left(\left(\frac{v}{\mu}\right)^{1/2}\left(\frac{v}{\mu}\right)^{1/2} r\right)^{v} K_{v-1}\left(2\left(\frac{v}{\mu}\right)^{1/2} r\right) \\
&= \frac{4v^{(v+1)/2}}{\Gamma(v)\sqrt{\mu}}\left(\frac{v}{\sqrt{\mu}}\right)^{v} K_{v-1}\left(2\sqrt{v}\,\frac{r}{\sqrt{\mu}}\right)
\end{aligned}
\tag{2.9}
$$

其中，μ 为尺度参数，可使用杂波功率来表示，也可使用服从于 Gamma 分布的图像纹理的均值来表示，$\Gamma(\cdot)$表示 Gamma 函数。K_{v-1} 为 $v-1$ 阶第二类修正的贝塞尔(Bessel)函数。v 为形状参数，它取值较小时，表明杂波存在长的拖尾。当 v 趋于无穷时，杂波趋近瑞利分布。

对 K 分布的形状参数与尺度参数的估计方法影响着模型对杂波特征提取的准确度，许多研究工作围绕着参数估计方法展开。如使用基于矩估计的方法去估计 K 分布的参数，也可使用最大似然方法去估计 K 分布的参数。

水鹏朗等在 2021 年提出了一个修正的 K 分布模型用于雷达数据的参数估计。为了便于计算，使用逆形状参数 $\lambda=1/v$ 代替形状参数 v。变换后，当形状参数 λ 趋于零时，K 分布变为瑞利分布。

形状参数与尺度参数由式(2.10)得到。

$$
\begin{aligned}
&\hat{\lambda}=\Lambda_{\alpha,\beta}\left(\frac{r_{([N\beta])}}{r_{([N\alpha])}}\right) \\
&\hat{b}=(r_{([N\theta(\hat{\lambda})])})^2 \\
&\theta(\hat{\lambda})=1-\frac{2}{\Gamma(1/\hat{\lambda})\hat{\lambda}^{1/(2\hat{\lambda})}}K_{1/\hat{\lambda}}\left(\frac{2}{\sqrt{\hat{\lambda}}}\right)
\end{aligned}
\tag{2.10}
$$

其中，$[N\beta]$、$[N\alpha]$表示最接近实数 $N\beta$、$N\alpha$ 的整数，$0<\alpha<\beta<1$，$\{r_{(n)}, n=1,2,\cdots,N\}$表示雷达数据的采样值$\{r_n, n=1,2,\cdots,N\}$由小到大的排列顺序。函数 $\Lambda_{\alpha,\beta}$ 使用了 Look-Up Table 数据进行线性插值。

2.3.2 多光谱图像

多光谱成像利用多个光谱通道，实现了多维信息获取，能同时得到目标的空间信息(二维)与光谱信息(一维)。在成像时，使用成像分光技术将全色或宽波段光谱分割为很多窄波段的电磁波来获得光谱连续的图像，研究中常采用三维立方体形式来表示采集的数据。在三维立方体中，第一维和第二维描述的是图像的空间特征，第三维描述的是图像的光谱特征。这就是大家常说的“图谱合一”，即同时描述了图像的空间域信息和光谱域信息。传感器的波长分辨率决定了多光谱图像的通道数，每一个通道对应一个波长的光。

随着波段数的增加，采集的数据量也呈指数级增长，相邻的波段窄而密集，造成数据的大量冗余。与之对应的优点是，密集的窄波段提供了更丰富的目标信息，从而能捕捉到更为细致的地物光谱特征，根据地物的光谱波形特征，达到识别地物的作用。若用 λ 表示波长，国际上约定，在 $\lambda/10$ 的数量级的光谱分辨率为多光谱遥感，而在 $\lambda/100$ 的数量级的光谱分辨率为高光谱遥感。因此，卫星上的光谱成像仪具备两个功能：扫描成像和光谱分光。成像仪接收来自目标的窄波段反射信息，生成反射图像，图像的基本单位是像元，不同波段的且处于同一坐标下的像元称为像元光谱向量。根据像元光谱向量能够得到一条连续的光谱曲线，光谱空间由图像中所有连续的光谱曲线组成。

遥感图像特征处理研究中使用的多光谱图像大多来自 Landsat、SPOT 等卫星采集到的图像，在 Landsat 卫星采集图像的 8 个波段中，RGB 彩色图像对应于第 2、3、4 号波段，全色波段在第 8 个波段，其他还包含紫外及红外等波段。SPOT-1 卫星采集的图像含有 4 个波段，分别为 3 个光谱波段和 1 个全色波段。

多光谱图像的特征提取主要集中在光谱特征分析与空间特征分析两大块。前者利用光谱曲线的特征来识别地物，即设定光谱曲线数据库，将待比较的光谱曲线与光谱曲线数据库中的光谱进行比较，依据相似性程度来确定地物种类；后者利用空间统计分析方法来识别地物，即将获得的数据以高维形式组织，通过分析数据的分布状态（均值、方差等）来分类。多光谱图像空间特征分析与普通图像的特征分析方法类似，对图像像素空间位置与像素值的相关性进行分析。仅利用某一种特征，实现遥感图像的特征提取是不够的。遥感图像的空间特征与丰富的光谱特征信息互补，常采用的是将两种特征结合进行图像分析与处理。

1. 多光谱图像特征

在多光谱图像中，由于噪声和遮挡产生非均质区域影响分类的准确性，故一些具有相同光谱/空间特征的相似目标，如铁路、停车场、道路等信息，在特征提取时容易混淆。多光谱图像处理技术的特点可以归纳为以下几个方面：

(1) 多光谱遥感图像由多个波段传感器采集，得到连续的目标波谱曲线，含有丰富的目标信息。在相同空间分辨率下，光谱能覆盖更宽的范围，从而接收到更多的目标特征，也可按需求选择特定波段以突出某一特征。同时，其显而易见的缺点为数据量随着波段数的增加而增多，计算量大，有很多冗余数据。这些对图像特征提取造成一定困难。

(2) 受采集仪器、天气、地理环境等复杂因素的影响，特征提取主要克服两个难点："异物同谱"和"同物异谱"。前者指不同地物的光谱曲线具备较大的相似性，后者指属于同类地物的像素的光谱曲线表现出较大的差异性。

(3) 混合像元包含了多个目标的信息，它通常存在于目标类别的边界处，记录了多种地物类型的综合光谱信息。在区分细小地物或者线状地物时，混合像元将增加图像处理的难度。

2. 图论在遥感图像处理中的应用

图像分割是遥感图像处理任务中的预处理步骤，依据一定的分割准则进行图像区域的划分。2.3.1 小节中提到 CFAR 是将图像的目标区域和背景区域分离,属于图像分割的一种。图像分割为后续的图像分类打下基础。图像分割的方法有很多,本小节主要聚焦于与后续章节使用的方法最相关的一些技术。

基于图论的图像分割方法反映了图像的全局特征,因此受到许多研究人员的关注。该方法将图像映射为带权无向图,像素对应带权无向图中的节点。它是一种点对聚类法,利用最小剪切准则寻找图像的最佳分割点,并将图像分割问题转化为优化问题。使用图论聚类方法时,对受到图像噪声影响的像素,分割结果会受到噪声的显著影响,一个目标可能包含在多个最小生成树的子树中。在实际场景中,由于成像环境复杂,几乎不可能获得没有噪声的图像。为保证分割效果,必须进行图像滤波等预处理操作。

Zahn 提出图论聚类方法,也称最大最小生成树聚类算法。该方法使用最小生成树算法对图中的顶点进行聚类,并使用相对紧凑度(Relative Compactness,RC)来评价分割方法。由于最小生成树将连接图中的所有顶点,故 Zahn 提出一个剪枝准则,使用均值和标准方差来判断是否删除多余边,从而实现顶点的聚类。

图 2-1 是用最小生成树算法连接起来的图顶点集,$w(A,B)=57$,选择与顶点 A 相邻 2 跳内的边,其权值分别为 11、22、18、15、21,均值 $\mu=\frac{1}{5}\sum_{i=1}^{5}w_i=(11+22+18+15+21)/5=17.4$,标准差 $s=\sqrt{\left(\sum_{i=1}^{5}(w_i-\mu)^2\right)\Big/5}\approx 4$。相较于顶点 A,$w(A,B)$ 邻近的边的标准差过大,因此,可以考虑去除 AB 这条边,图 2-1 的最小生成树就分成了两个类别。

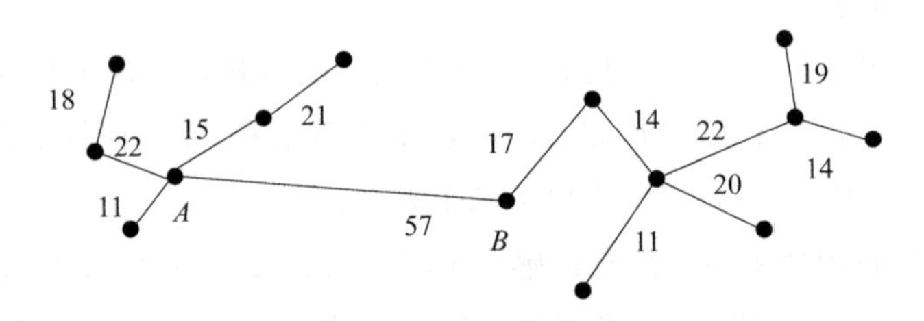

图 2-1　最小生成树

相对紧凑度定义为区域的内部点和边界点数量之间的比率,且使用最小生成树可表达这一关系,相对紧凑度为不同类别中最小生成树边界连接点的比例。

在 2004 年,Felenszwalb 等首先将图像像素看作无向图 $G=(V,E)$ 的顶点 $v_i\in V$,将像素灰度值作为无向图的顶点属性,将边 $(v_i,v_j)\in E$ 描述为像素间的相邻关系,边的权值 $w(v_i,v_j)$ 则用像素间特征的相似关系表示;然后,构造图信息的代价函数,通过贪婪聚类算法求解,得到图像的前景与背景;最后,通过算法的不断迭代,分割得到多个子图像。

对顶点集 V 的一个分割 S,它的每一个区域 $C\in S$,都有 $G'=(V,E')$,且 $E'\subseteq E$。权值用不相似度来表示,分割原则是度量区域块间差异及块内差异的原则,块内差异应尽可能小,块间差异应尽可能大,边的权值表示图中顶点的相异度。算法有两个要点:一个是如何定义相异度，另一个是如何合并区域块。

相异度的计算可以用不同顶点的属性（灰度值）的距离来表示，如式(2.11)所示。

$$w(v_i,v_j)=|I(p_i)-I(p_j)| \tag{2.11}$$

其中，$I(p_i)$表示像素 p_i 的灰度值。

一个区域的类内差异用式(2.12)表示，即一个区域内部的最小生成树中不相似度最大的那条边的权值即为类内差异。

$$\mathrm{Int}(C)=\max_{e\in \mathrm{MST}(C,E)} w(e) \tag{2.12}$$

其中，MST 指区域 C 中的最小生成树。

两个连通区域的类间差异用连接两个区域的所有边的最小权值表示，如式(2.13)所示。

$$\mathrm{Dif}(C_1,C_2)=\min_{v_i\in C_1,v_j\in C_2,(v_i,v_j)\in E} w(v_i,v_j) \tag{2.13}$$

若两个区域 C_1 和 C_2 无连接边，则类间差异表示为 $\mathrm{Dif}(C_1,C_2)=\infty$。

两个区域是否合并的准则如式(2.14)所示。

$$\mathrm{Dif}(C_1,C_2)\leqslant \min(\mathrm{Int}\ C_1+k/|C_1|,\mathrm{Int}\ C_2+k/|C_2|) \tag{2.14}$$

如果式(2.14)成立，则这两个区域符合合并条件，否则不符合。k 是尺度参数，k 设定得越大，分割的区域就越大，若 k 为 1，则一个像素就是一个区域，$|C|$表示区域中像素的个数。设置 k 的目的是避免细分割及粗分割等现象。分割刚开始时，区域规模较小，仅依靠区域内的最大权值进行划分是片面的，因此，需要尺度参数加权进行调整。分割进程越往后，区域规模越大，这时就需要缩小尺度参数对分割规模的影响。

基于最小生成树的图像分割方法简单，由于这一方法初始化时，将每个像素都作为图的顶点进行聚类，故该方法数据处理量大，计算效率低。并且在分割时，该方法没有考虑节点与区域的空间相关性。

设计一个代价函数也称能量函数，并找到这个代价函数的最小解，这一过程将图像分割转化为求图的最小割问题，能实现图像的最优分割。对于给定图，背景和前景两个区域分别用 B 和 T 表示，则 B 和 T 中的顶点构成的边界的集合称为割集，这些割集的代价和称为割集的容量。图割方法没有复杂的建模，又能很好地描绘图像的结构特征，受到广大学者的欢迎。Wu 和 Leahy 提出了最小割方法，使用图割方法对由图像构建的图模型进行适当次数的分割，从而获得所需的同质区域。图割值用来度量两个相邻区域的同质程度，作为区域划分的依据。2012 年刘松涛等在所有可能的切割中选择最小的 $k-1$ 条切割并删除相应的边，形成 k 个子图区域。最小割代价函数被定义为式(2.15)。

$$\mathrm{cut}(A,B)=\sum_{u\in A,v\in B} w(u,v) \tag{2.15}$$

其中，A 和 B 是图像对应的图 $G=(V,E,W)$的两个不相交的集合，这两个不相交集合也可以理解为图像的前景与背景两部分区域，且 $A\cup B=V$，$A\cap B=\varnothing$。集合 A 与 B 间的不相似程度表示为已删除边的总权重 cut(A,B)。该方法有利于生成较小的区域，但容易产生过分割现象。

为了平衡各分区大小，Shi 和 Malik 提出一种归一化切割方法。

$$N_{\text{cut}}(A,B)=\frac{\text{cut}(A,B)}{\text{assoc}(A,V)}+\frac{\text{cut}(A,B)}{\text{assoc}(B,V)} \tag{2.16}$$

其中，$\text{assoc}(A,V)=\sum_{u\in A,t\in V} w(u,t)$ 表示从子集 A 中的顶点到图中所有顶点的权重和，assoc(B,V)表示从子集 B 中的顶点到图中所有顶点权重和。通过对割值的归一化，在遇到较小的孤立点时，不会得到小的 N_{cut} 值，从而避免了分割单个的孤立点的情况。但归一化割的精确最小化是 NP 完全的，故作者提出一种通过广义特征值求解最小化割代价函数，计算成本颇高。归一化割易产生相同大小的区域，但在实际的图像中，分割区域大小相同的情况很少。

Li 等在 2015 年提出了线性谱聚类(Linear Spectral Clustering, LSC)，它基于 N_{cut} 和 K 均值聚类，将两点之间的相似度计算映射为高维特征空间中两向量的加权内积运算，用特征空间中的简单加权 K 均值聚类代替复杂的特征值求解方法，从而得到最小化归一割代价函数，避免了人核矩阵计算，将计算的复杂度控制为 $O(N)$。

Salah 等在 2008 年提出分割的代价函数应由两个特征项组成。一个是数据项，用于衡量分割与参数分段常数图像模型的一致性；另一个是平滑区域边界的正则化项，代价函数如式(2.17)所示。

$$F(\lambda)=D(\lambda)+\alpha R(\lambda) \tag{2.17}$$

其中：α 是正因子；λ 是将图像中每个像素在有限集合中分配标签属性的函数 $\lambda: p\in\Omega\rightarrow\lambda(p)\in L$；$N_{\text{reg}}$ 是要划分的区域数量的上限；L 为小于或等于 N_{reg} 个区域的有限集合；p 和 q 是一对邻域像素偶对；F 表示泛函，即函数的函数。

令 μ_l 表示区域 R_l 的分段常数模型参数，代价函数可写为式(2.18)。

$$\begin{aligned} F(\{\mu_l\},\lambda) &= D(\lambda)+\alpha R(\lambda) \\ &= \sum_{p\in\Omega} D_p(\lambda(p))+\alpha\sum_{\{p,q\}\in N} r_{\{p,q\}}(\lambda(p),\lambda(q)) \\ &= \sum_{l\in L}\sum_{p\in R_l}(\mu_l-I_p)^2+\alpha\sum_{\{p,q\}\in N}\min(\text{const}^2,|\mu_{\lambda(p)}-\mu_{\lambda(q)}|^2) \end{aligned} \tag{2.18}$$

其中，const 为一个常数，$r_{\{p,q\}}(\lambda(p),\lambda(q))$为平滑度正则化函数，使用截断平方绝对差值 $\min(\text{const}^2,|\mu_{\lambda(p)}-\mu_{\lambda(q)}|^2)$求解。$I_p$ 是一个图像函数，将图像 I 的矩阵形式映射到观测空间 Ω。R_l 表示标签 l 的像素集合，$R_l=\{p\in\Omega|\lambda(p)=l\}$，$1\leqslant l\leqslant N_{\text{reg}}$，$N_{\text{reg}}$ 为要划分的区域数量的上限。N 为包含所有邻域像素的偶对集合。

一幅 SAR 图像中的同一区域可能存在多个目标的重叠，且不同区域可能存在不同的分布情况。如一些特征符合 Gamma 分布，而另一些特征符合高斯分布。涉及多个区域分割时，不同区域的特征提取可能需要不同的模型。Salah 等在 2011 年提出了一种参数化内核图割方法(KM),通过内核函数映射图像数据,在更高维对图像特征进行建模,从而使分段常数模型的图割公式能适用于SAR图像处理。代价函数如式(2.19)所示。

$$F_K(\{\mu_l\},\lambda)=\sum_{l\in L}\sum_{p\in R_l}(\phi(\mu_l)-\varphi(I_p))^2+\alpha\sum_{\{p,q\}\in N}r(\lambda(p),\lambda(q)) \tag{2.19}$$

其中,$\phi(\cdot)$为从观测空间Ω到更高维特征空间J的非线性映射。

Chaudhuri等在2016年将基于图论的方法使用在遥感图像的检索上。将图像分割为不同属性的区域,通过属性关系图(Attributed Relational Graph, ARG)进行建模,节点和边分别表示区域特征及空间关系,使用子图同构算法和谱图嵌入技术对查询图像进行匹配,按相似程度进行图像检索。

一幅存档图像X_i的ARG用一个三元组来表示为$G_i=(V_i,E_i,W_i)$,其中,$V_i=\{v_i^1,v_i^2,\cdots,v_i^{n_i}\}$表示$X_i$的$n_i$个顶点,$E_i=\{e_i^{(s,t)}\mid s,t\cup\{1,2,\cdots,n_i\}\}$表示连接顶点的边的集合,如果两个区域(用顶点$v_i^t$和$v_i^s$表示)相邻,则存在表示为$e_i^{(s,t)}$的一条边。$\boldsymbol{W}_i\in\mathbf{R}^{n_i\times n_i}$表示包含边信息的加权邻接矩阵,$\boldsymbol{W}_i$的初值只有0和1两种,若$e_i^{(s,t)}$存在,则$\boldsymbol{W}_i(v_i^s,v_i^t)=1$,否则为0。在不断迭代的过程中,权值将发生变化,可通过式(2.20)计算得到。

$$\boldsymbol{W}_i(v_i^s,v_i^t)=\alpha_1\|c_{v_i^s}-c_{v_i^t}\|_2+\alpha_2|\theta_{v_i^s}-\theta_{v_i^t}| \tag{2.20}$$

其中,$c_{v_i^s}$与$c_{v_i^t}$表示顶点v_i^s与v_i^t的区域质心,$\theta_{v_i^s}$与$\theta_{v_i^t}$则表示区域的方位角,$\theta\in[-90°,90°]$,$\|\cdot\|_2$表示L2范式。α_1与α_2是两个相关性因子。$\boldsymbol{W}_i$是对称矩阵,所有对角线元素为0。

基于图论的方法在图像分割中应用时涉及两个要点:一是图像应怎样划分为多个区域;二是初始划分后,后续区域合并及权值更新的原则及方法。图像区域的分割采用的是参数化内核图割方法实现的。近些年,研究人员提出了云模型的概念,目的是表示数据处理中的随机性和模糊性,在定性与定量概念间进行不确定性转换。上述这些理论为遥感图像分割方法的应用奠定了基础。

本章小结

本章对与后续章节相关的遥感图像解译技术进行了分析和研究。首先,追本溯源地介绍了遥感信息采集技术;然后,介绍了SAR图像,从SAR图像的成像机理和成像特征出发,对基于统计的方法在SAR图像识别中的应用进行了阐述;最后,介绍了多光谱图像的成像机理、图像特征及特征提取的常用方法,重点介绍了基于图论的方法在图像分割中的应用。

第3章　基于小波变换的遥感图像去噪方法

3.1　引　　言

图像因其直观化、形象化的优势成为人们日常生活中传递信息最常用的方式之一。遥感图像在采集与传输过程中，不可避免地将噪声掺杂至目标信息中，从而影响图像质量，削弱有用信息的表达。人们通过研究图像的特点，分析噪声的统计特征和分布规律，这是去噪使用的主要手段之一。不存在一种普遍适用的去噪方法，这是由不同情境下，图像噪声的特点决定的。图像去噪作为图像预处理的一项基本工作，其效果对后续图像分割、图像识别等将产生重要影响。在保留原始图像的主要特征的同时，去除采集过程中加入的无用的干扰信息，是本章要研究的内容。

遥感图像的噪声来源有许多，如图像采集、传输等过程产生的加性随机噪声，或是乘性散斑噪声等。多光谱图像中的随机噪声主要为加性噪声，可近似为服从正态分布的均匀高斯白噪声。噪声种类不同，相应的处理方法也不同。空域去噪与频域去噪是两类常用的图像去噪算法。它们在不同的处理域上实现去噪。前者是在空间维度通过分析图像灰度值的统计特征进行去噪，后者是将图像时频变换到新的坐标轴进行去噪。

对于含噪图像 $V(i)$，其加性噪声模型可以表述为如下形式：

$$V(i)=X(i)+N(i) \tag{3.1}$$

其中，$X(i)$代表原始图像，$N(i)$代表高斯白噪声，噪声的均值为0，标准方差为 σ^2，σ^2 与 $N(i)$ 成正比，$V(i)$代表含噪图像。

3.2　非局部均值去噪方法

非局部均值去噪方法（Non-Local Means，NLM）由 Buades 等学者提出，它利用图像的冗余性和自相似性的特点，属于空域去噪。该方法利用图像中的自相似块处理噪声，对零均值的高斯噪声处理效果较好。NLM 是对传统空域方法的改进，去噪效果优于传统方法且易于扩展，该方法在各领域取得了广泛应用。

NLM 计算邻域像素灰度的相似性，像素的灰度值差距越小，表明两个像素越相似，将具有相似性的图像块灰度均值作该像素的估计值。由于对每个像素都需要计算其与图像中其他像素的相似性，故该方法计算量比较大。为了克服这一缺点，将对单个像素的处理改为对像素集合（这里称为固定窗口）的处理。设定好搜索窗口和邻域窗口的尺寸（搜索窗口尺寸大于邻域窗口），邻域窗口以滑动方式计算搜索窗口中每一个块间的相似性权重。如图 3-1 所示，搜索窗口用符号 I 表示，邻域窗口用符号 V 表示。以待估计的像素 i 为中心的大窗口为搜索窗口，灰色区域表示分别以 i 和 j 为中心的两个邻域窗口，用符号 $V(i)$ 和 $V(j)$ 来表示。$V(j)$ 在 I 中滑动，计算相邻窗口相似量度 $w(i,j)$。

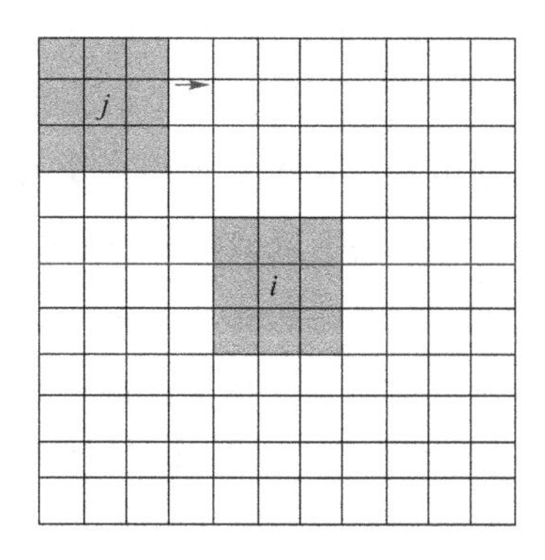

图 3-1　搜索窗口与邻域窗口

权值 $w(i,j)$ 的值通过计算两个邻域 $V(i)$ 和 $V(j)$ 之间的高斯加权欧氏距离的 L2 范式得到，满足 $0\leqslant w(i,j)\leqslant 1$ 且 $\sum_j w(i,j)=1$。

$$w(i,j)=\frac{\exp\left(-\frac{\|V(i)-V(j)\|^2}{h^2}\right)}{\sum_j \exp\left(-\frac{\|V(i)-V(j)\|^2}{h^2}\right)} \tag{3.2}$$

高斯函数的衰减快慢由平滑参数 h 控制，它决定着图像的平滑程度。h 增大将导致高斯函数变化平缓，图像变得模糊；减小 h 虽能保留较多细节，但将弱化去噪效果。

用 $v(j)$ 表示含噪图像在像素点 j 处的灰度值，$v'(i)$ 表示去噪后图像在像素点 i 处的估计值，通过式(3.3)可计算得到 $v'(i)$，

$$v'(i)=\sum_{j\in I} w(i,j)v(j) \tag{3.3}$$

利用图像块的相似性，NLM 算法对图像中的纹理结构变化更为敏感，图像去噪后很好地保留了边界信息，但 NLM 算法的复杂度高，对于一幅有 N 个像素点的图像，搜索窗口为 $D\times D$，邻域窗口为 $d\times d$，NLM 算法的复杂度为 $O(Nd^2D^2)$。

3.3 粗糙集的基本概念

波兰籍学者 Pawlak 于 20 世纪 80 年代初提出了粗糙集(Rough Set, RS)的概念，基于不确定性问题，在经典集合理论的基础上对其进行扩展。将知识映射到论域中，讨论知识的等价关系，并用代数形式化表示知识。粗糙集理论研究知识的不确定性表示，为了去除知识冗余，粗糙集进行知识约简，保留重要信息，利用这些信息对知识进行决策。知识粒度也称信息粒度，是对象的集合，是将论域中的对象依据其属性关系，如相似性、不可分辨性，划分在一起。知识的粒度越大，代表知识越粗糙，即知识包含的内容越少。而知识中的不确定性主要由知识的粒度决定。而如果待研究的粒度和已知知识的粒度正好匹配，则说明待研究的知识具有精确的边界。对于一些无法确定的知识，将其归于边界线区域，这个区域的上下近似集合分别由包含这个知识库的集合求并集和求交集得到。上近似集合包含下近似集合，上近似集合减去下近似集合表示边界线区域。

知识库中不可避免地包含冗余知识，进行知识约简可以缩小决策时的计算量。作为粗糙集理论最重要的一个部分，知识约简主要指属性的约简，在知识库中删除冗余知识，分类能力保持不变。被普遍认可的方法是，要找出冗余的知识，首先需将其移除出知识库，然后度量移出后的知识库的信息量。若信息量降低，则该知识是不可或缺的；否则，该知识就是冗余的。

定义 1 $S=(U,A)$为一个知识库，其中，待讨论对象的非空有限集用 U 表示，A 表示属性的非空有限集，若存在 $P\subseteq A$，定义知识 P 的粗糙熵为

$$E(P)=-\sum_{i=1}^{n}Q_i\log P_i \tag{3.4}$$

其中，$P_i(x)=\dfrac{1}{|D(S_p(x_i))|}$，$Q_i(x)=\dfrac{|D(S_p(x_i))|}{|U|}$。

$D(S_P(x_i))$表示 x_i 的相似类的对象在决策属性上的所有可能的取值。

定义 2 设 $T=[U,A,V,F]$是一个决策表，且 $P\subseteq A$，则如下命题成立：

(1) 当且仅当$U/P=\{U\}$时，$E(P)$取最大值$|U|\log_2|U|$；

(2) 当且仅当$\dfrac{U}{P}=\{\{x_1\},\{x_2\},\{x_3\},\cdots,\{x_{|U|}\}\}$时，$E(P)$取最小值 0。

从定义 2 中粗糙熵的性质可以得出，区分论域中的任意两个对象时，知识 P 起了作用，那么知识 P 是精确的，反之，就是粗糙的。

定义 3 一个决策表 $T=[U,C\cup D,V,F]$，条件属性集合用符号 C 表示，决策属性集合用符号 D 表示，设 $a\in C$，$A=C\cup D$，那么在条件属性集 C 中，属性 a 的重要度表示为

$$\mathrm{SIG}_{A-\{a\}}(a)=E(A-\{a\})-E(A) \tag{3.5}$$

式(3.5)说明了判断属性 a 重要度的准则是：将该属性从属性集中去掉，观察去掉该属性后的属性集 $E(A-\{a\})$ 的信息量变化，用 $\mathrm{SIG}_{A-\{a\}}(a)$ 表示。在已知 A 的条件下，$\mathrm{SIG}_{A-\{a\}}(a)$ 越大，表示对决策 D 来说 a 属性越重要。

知识的分类能力越强，粗糙熵越小，这一重要性质可应用于图像变换域的阈值去噪中。

3.4 基于粗糙集的启发式小波图像去噪方法

本节将粗糙熵应用于遥感图像中，实现对图像的去噪。首先将待处理图像划分为互不重叠的小颗粒。通过设定相应的阈值实现对图像中呈现的物体的上下近似的划分，下近似是由属性定义的确定的类集组成，上近似是由属性定义的可能的类集组成。图像块的大小采用正方形，依据实际图像设计其大小。如果一个块处于一个物体的上近似中，但不在下近似中，那么这个块属于两个不同物体的边界区域。任意两个块相似的前提是这两个块具有相同的属性。

以一幅遥感图像为例说明相似块划分的基本思想。如图 3-2 所示，图 3-2(a)为无噪声遥感图像，图 3-2(b)为红色标示框的放大部分，图 3-2(b)为以块 A 至块 D 为中心的一组块。块 B 和块 C 的邻居具有不同的属性，属于不同的对象。为了对它们进行去噪，可以使用落在两个相同物体边界上的块。块 A 和块 D 的邻居具有相同的属性，属于相同的对象。

彩图 3-2

(a)

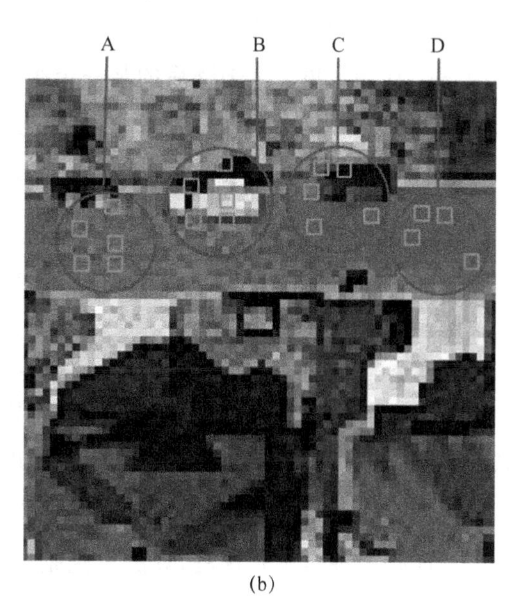

(b)

图 3-2 遥感图像中粒度划分准则

将含噪图像变换至频域，以获得更快的处理速度。首先，将图像 $g(x,y)$ 进行小波多尺度分解，在考虑噪声 $n(x,y)$ 的基础上，在不同尺度上，分析小波系数；其次，利用粗糙集知识约简理论衡量小波子带中两个像素块之间的相似性，并对在同一相似集的块使用向量替换方法；再次，提取出对图像特征敏感性较强的尺度小波能量，设定相应的阈值处理函数对噪声进行处理；最后，进行图像重构。工作流程如图 3-3 所示。

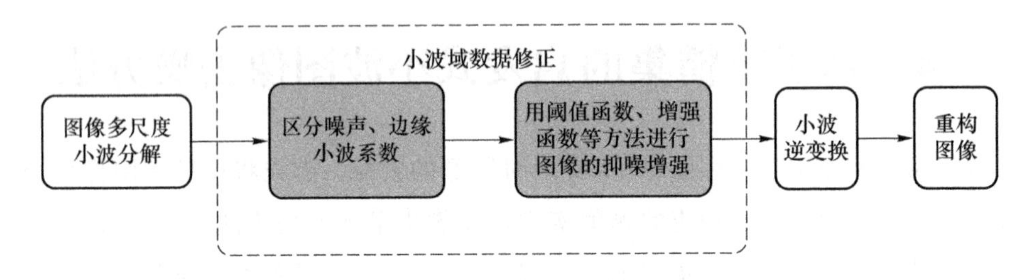

图 3-3　小波图像去噪算法工作流程

小波系数能量定义为 $U_j=\|W_j\|^2=\sum_{i=1}^{n}|w_{j,k}|^2$，图像的总能量通过对所有尺度上的小波系数能量求和得到，$U=\sum_{j=1}^{m}U_j$。其中，j 表示尺度，W_j 表示尺度 j 上的小波系数集合，$w_{j,k}$ 表示尺度 j 上的某一个小波系数。

小波阈值处理函数定义为

$$\widehat{w}_{j,k}=\begin{cases}w_{j,k}-\lambda\operatorname{sgn}(w_{j,k})\exp(-(U\log U-E))(|w_{j,k}|-\lambda), & |w_{j,k}|\geqslant\lambda\\0, & |w_{j,k}|<\lambda\end{cases}\tag{3.6}$$

其中，$\widehat{w}_{j,k}$ 代表尺度 j 上去噪后的某一个小波系数。

(1) $-(U\log U-E)$ 表示熵与小波系数阈值处理函数的相似度。

(2) 阈值 λ_j 代表第 j 层小波系数的阈值，其表达如下：

$$\lambda_j=\frac{\sigma\sqrt{2\log N}}{\log(j+1)}\tag{3.7}$$

(3) 方差的估计值为

$$\sigma=\frac{\operatorname{median}(|w_{\text{min ent}}|)}{0.674\,5}\tag{3.8}$$

其中，$w_{\text{min ent}}$ 表示第 j 层变换后的熵值较小的小波系数集合。

利用上面的度量规则，能够提取出对图像特征敏感性较强的小波系数。

下面是一种启发式算法，算法思想是分解小波系数，生成核属性，然后计算经小波分解后各方向上的小波系数块相较于核属性的重要度，找出其中的最大值，将其归为核属性一类，最终实现属性集的约简。

操作步骤描述见算法 3-1。

算法 3-1 基于粗糙集的启发式小波图像去噪

输入： 用四元组形式表示决策表，$T=[U,C\cup D,V,F]$。其中，论域用符号 U 表示，条件属性集用符号 C 表示，决策属性集用符号 D 表示。

输出： 决策表的一个相对约简。

步骤 1： 将小波变换后的系数划分为若干个小区间，全体小区间的系数集合视为条件属性集 C，计算每一个小区间的熵 $E(a_i)$。$a_1,a_2,\cdots,a_n$ 为 n 个区间的小波系数能量。

步骤 2： 将分解后的低频小波系数视为核属性 B，$\text{Att}=C-B$。

步骤 3： 如果 $E(B)\neq kE(C)$，则

Begin

(1) 对每个属性 $a_j\in\text{Att}$，在条件属性集 $B\cup\{a_j\}$ 下，计算决策属性 D 的粗糙熵 $E(B\cup\{a_j\})$；

(2) 在 Att 中选择具有 $E(B\cup\{a_j\})$ 最大值的属性，$\text{Att}=\text{Att}-\{a\}$，$B=B\cup\{a\}$；

(3) 若 $E(B)=kE(C)$ 则转至(4)，否则转回(1)；

(4) 计算得到决策表的一个约简 B，并输出。

End.

通过该算法计算知识的粗糙熵 $E(B\cup\{a_j\})$，得到最大的非核属性。在核属性集中加入该非核属性，再计算粗糙熵，直到满足条件 $E(B)=kE(C)$，停止计算，核属性集就是最终的约简结果。

3.5 实验结果

为了较好地过滤图像中高斯噪声，采用二次滤波的方式实现变换域图像去噪。对小波分解后多个方向上的小波系数进行分析，相似块计算分为同一物体间的相似块与不同物体间相似块的匹配，对不同相似集分别采用 NLM 及本章所提方法进行变换域去噪。

对细节信息采用低通滤波，而对高频信息采用阈值去噪，将小波分解后多个方向上的高频信息块进行匹配，并将其看作是相似的，按粗糙熵重要度量模型、约简方法进行变换域的系数收缩、逆变换，重构出图像。

实验中使用了大小为 256×256 像素的遥感图像作为原始图像。在原始图像中加入标准差为 0.01 的噪声，进行时频变换后，设置自适应软阈值，最后进行图像重构。在实验中，patch 的大小都是正方形，固定为 4×4 像素。图 3-4 是实验结果。

在遥感图像上，我们比较了 NLM 和本章所提方法的去噪效果，如图 3-4 所示。结合表 3.2 得到，由于采用了粗糙熵进行属性的度量，小波多个方向上的信息被充分利用，本方法相较于 NLM 去噪声方法更好地保留了细节和纹理信息，有效地去除了图像噪声，提高了图像质量。

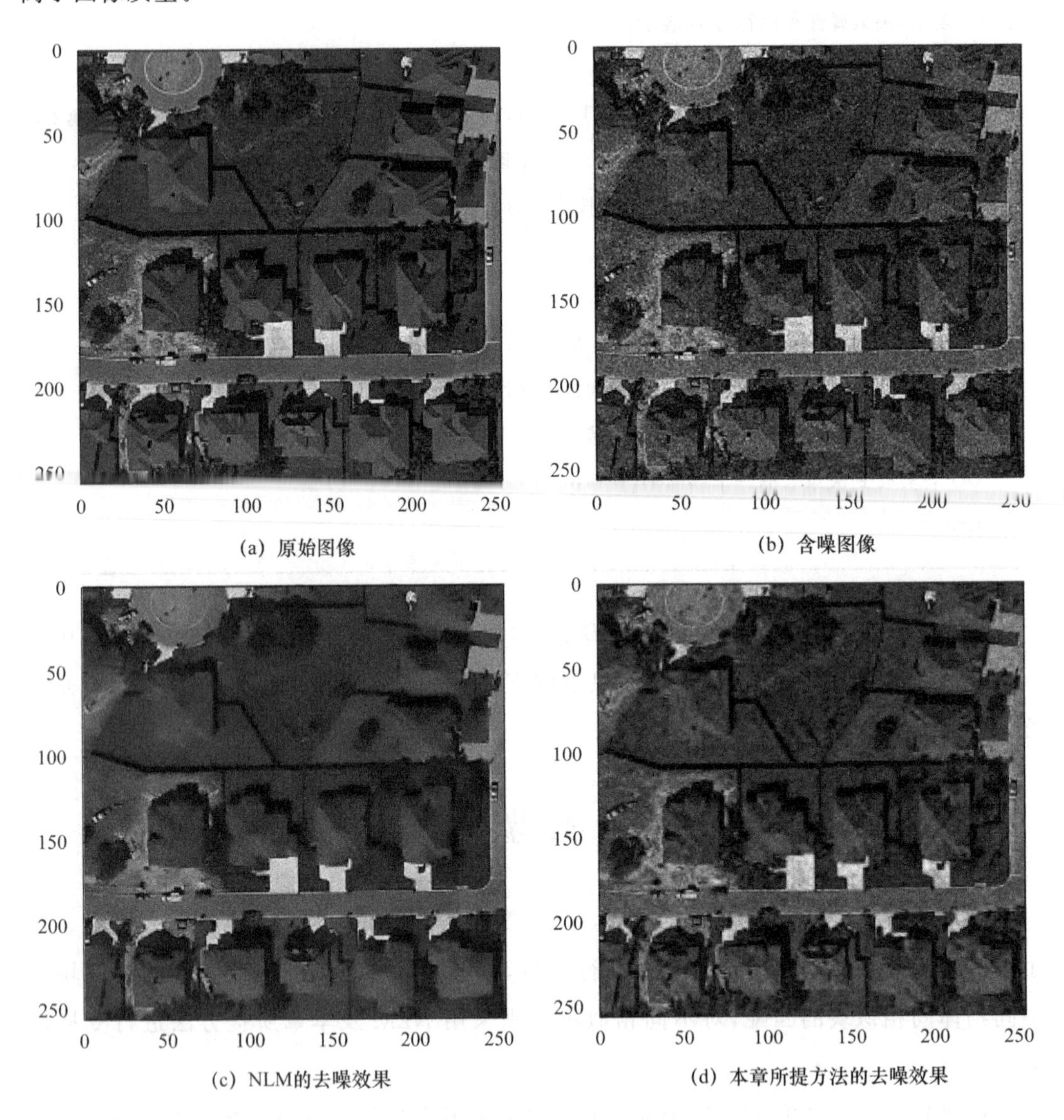

(a) 原始图像　(b) 含噪图像

(c) NLM的去噪效果　(d) 本章所提方法的去噪效果

图 3-4　对 lena 图像去噪处理的效果图

为了评价图像去噪效果，使用 PSNR 及均值误差（Mean Square Error，MSE）来评价效果并验证去噪算法。在测试图像中加入标准方差为 0.01、0.02、0.05 及 0.1 的高斯白噪声，然后分别使用 NLM 方法和本章所提方法对图像进行去噪，去噪效果见表 3-1。

表 3-1 不同噪声影响下 NLM 与本章所提方法的去噪效果比较

去噪方法	噪声污染			
	0.01	0.02	0.05	0.1
NLM	24.62/0.003 5	22.84/0.005 2	14.53/0.035 2	11.44/0.071 8
本章所提方法	23.53/0.004 4	21.84/0.006 5	19.84/0.010 4	18.33/0.014 7

注：*/*表示 PSNR/MSE。

表 3-1 中，通过对本章所提算法在不同图像、不同噪声上的比较，证明了在高频分量上，通过粗糙熵属性重要度模型计算各个高频分量子区间的相似性是可行的，具有较好的去噪效果。在标准方差较低的情况下，两种方法的去噪效果不相上下，随着标准方差的增大，本章所提方法的峰值信噪比逐渐优于 NLM 的峰值信噪比，且均值误差更低。噪声强度越大，图像的灰度值受到的干扰就越大，此时，对含噪图像采用 NLM 去噪，欧氏距离法在度量邻域块的相似度时准确性下降。而采用本章所提方法去噪，由于利用了上下近似关系去区分不同物体的边界块信息，因此，对于某些边界区域，本章所提方法较 NLM 得到了更好的效果。

本章所提方法的噪声残差如图 3-5 所示。

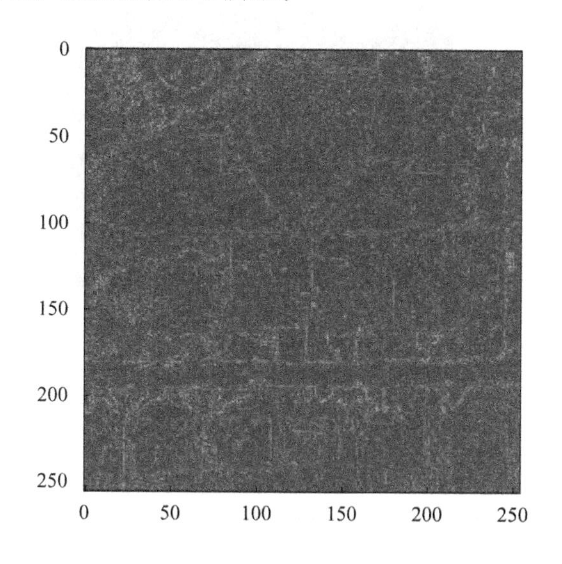

图 3-5 本章所提方法的噪声残差

根据图 3-5，我们可以看出使用本章所提方法去除噪声时，提取的噪声图像中虽然还包含着一些结构信息，但基本上已经与原始噪声较为接近了。

将本章所提方法应用于遥感图像去噪，选取了来自某一机场上空的遥感图像，图像尺寸为 1 024×1 024 像素，加入方差为 0.05 的高斯噪声，去噪效果如图 3-6 所示。采用峰值信噪比 PSNR 及 MSE 来评价去噪效果，表 3-2 是几种去噪方法在不同噪声影响下的去噪效果比较。

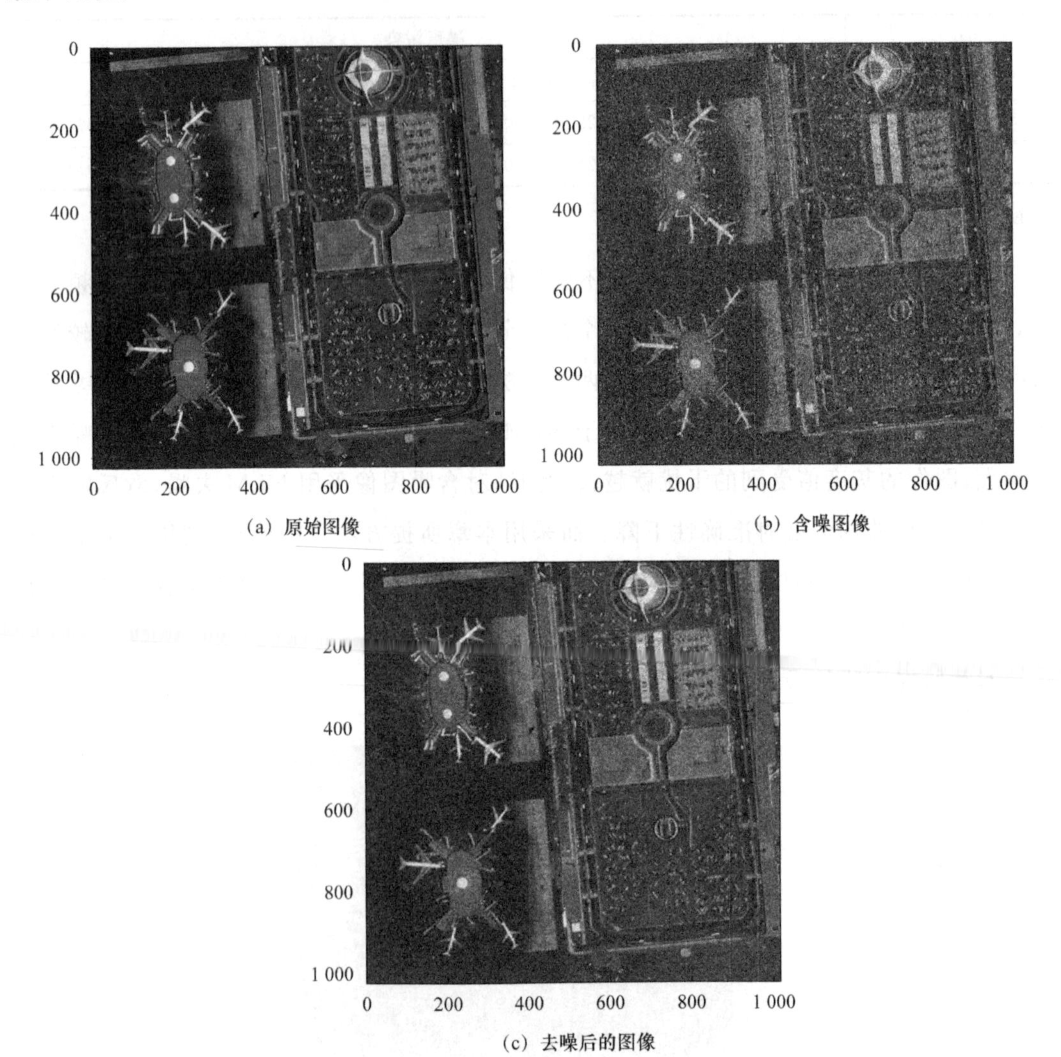

图 3-6 本章所提方法的去噪效果(一)

表 3-2 几种去噪方法的效果比较(一)

去噪方法	噪声污染			
	0.01	0.02	0.05	0.1
文献[1]	35.68/0.000 3	33.7/0.000 4	29.86/0.001	26.49/0.002 2
文献[2]	22.5/0.005 6	22.45/0.005 7	22.07/0.00 6	20.9/0.008 1
文献[3]	26.7/0.002	26.7/0.002	26.64/0.002 2	26.38/0.002 3
文献[4]	31.43/0.000 7	31.4/0.000 7	30.39/0.000 9	26.4/0.002 3
本章所提方法	29.2/0.001 2	29.16/0.001 2	29.18/0.001 2	27.44/0.001 8

注：*/*表示 PSNR/MSE。

选择某一商业区域上方的遥感图像，图像尺寸为 256×256 像素，加入 0.01 的高斯噪声，使用本章所提方法的去噪效果如图 3-7 所示。在图像中分别加入方差为 0.01、0.02、0.05 及 0.1 的高斯白噪声，几种去噪方法的比较如表 3-3 所示。

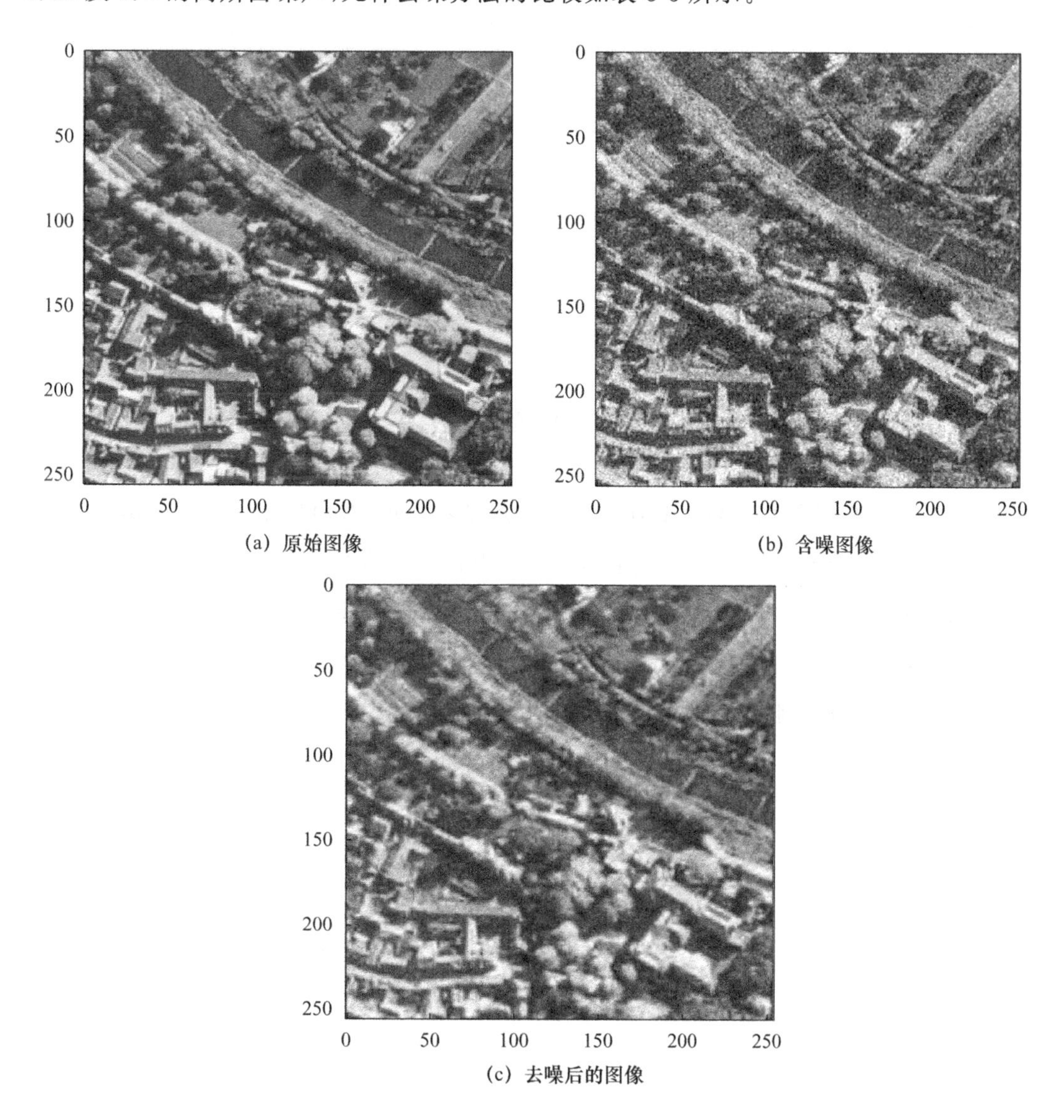

(a) 原始图像　(b) 含噪图像

(c) 去噪后的图像

图 3-7　本章所提方法的去噪效果(二)

表 3-3　几种去噪方法的效果比较(二)

去噪方法	噪声污染			
	0.01	0.02	0.05	0.1
文献[1]	36.4/0.000 2	33.86/0.000 4	29.1/0.001	25.23/0.003
文献[2]	17.16/0.019	17.14/0.019	17.02/0.02	16.63/0.022

续表

去噪方法	噪声污染			
	0.01	0.02	0.05	0.1
文献[3]	24.8/0.003	24.8/0.003	24.77/0.003	24.61/0.003 5
文献[4]	29.7/0.001	29.6/0.001	28.6/0.001 3	25.35/0.002 9
本章所提方法	27.71/0.001 7	27.4/0.001 8	27.88/0.001 6	25.9/0.002 6

注：*/*表示 PSNR/MSE。

通过观察图 3-6 和图 3-7 这两幅真实图像的实验结果并分析表 3-2 和表 3-3 中数据可知，在定性的视觉效果及定量的评价指标两方面上，本章所提方法的去噪方法达到了一个预期的性能。

本章小结

本章首先借鉴非局部均值 NLM 图像去噪的基本思想，对原始图像进行坐标变换，分析不同尺度下的近似及细节分量；然后采用 RS 理论中的粗糙熵，对水平、垂直和斜线系数分别进行相似性判断，并充分利用了知识约简基本思想，提取出对信号特征敏感性较强的尺度小波能量，实现自适应阈值的选取；最后通过仿真实验，验证所提方法具有较高的峰值信噪比，并且较好地保护了图像的结构信息。

第4章　基于区域的遥感图像分割方法

4.1　引　　言

当今获取高分辨率遥感图像的渠道日益增多，对遥感图像处理技术的要求也随之提高。在海量数据的背景下，遥感信息自动提取与表达的重要性日益凸显。图像分割的主要目标是识别目标与背景特征，并找到不同目标间的特征，这是特征提取技术的基础步骤，同时也是后续进行更高层特征处理和应用的基石。遥感图像分割技术在相邻的空间上寻找相似光谱信息的像素，将其聚集成一类，此类称为同质区域。后续还能根据不同特征如纹理、形状、光谱等在同质区域进一步进行特征提取。

将待分割图像 A 划分为 n 个连通子区域 $A_1,A_2,\cdots,A_n$ 后，需满足以下两个条件：

① $\bigcup_{i=1}^{n} A_i = A$ 且 $A_i \cap A_j = \varnothing$；

② $P(A_i)=\text{TRUE}$ 且 $P(A_i \cup A_j)=\text{FALSE}$。

p 代表划分规则，空集用符号 $\varnothing$ 表示。第一个条件表明了划分的完整性与互不相交性；第二个条件表明了划分后，在同一区域内部的一致性及不同区域间的不一致性。

基于区域的分割方法兼顾了空间信息和像素相似性信息，得到的结果往往比较符合人眼视觉。从分割过程的角度，基于区域的分割方法分为两大类：一种是基于划分的分割方法；另一种是基于合并的分割方法，也称基于聚类的分割方法。在基于划分的分割方法中，典型的有分水岭分割法，该方法对图像中的像素逐个求梯度，将位于相邻空间上且灰度值相近的像素点互相连接，构成一个封闭的区域。而基于合并（聚类）的分割方法则制定某种聚类原则，选定种子点，将图像相邻的且具有相似性特征的小区域进行合并，通过不断迭代的方式，最终形成较大的连通区域，在连通区域内，像素具有相似特征。

4.2　分水岭分割法

分水岭分割法的基本思想是将图像看成地理信息系统里的地貌，将像素值映射为该位置上的高程，集水盆则由像素的极小值及周围相关区域表示，而分水岭则由集水盆边界表示。Vincent 和 Soille 提出的基于沉浸模拟的分水岭分割算法成为分水岭分割的经典方法。该算法将地表的拓扑表面浸入一个湖中，最小值位置最先被水充满，各个不同的集水盆将渐渐被水充满，当相邻两个不同极小值的集水盆的水即将汇聚时，建立一道水坝将其隔开，故建立的水坝就相当于区域的轮廓。

在图像的梯度图上进行分水岭分割。设梯度图 $g(x,y)$ 的局部极小点为 $M_1, M_2, \cdots, M_R$，令 $C(M_i)$ 为 M_i 对应的汇水盆地，$T(n)=\{(x,y)\mid g(x,y)<n\}$ 为平面 $g(x,y)=n$ 下方点的集合。当梯度值上升至 n 时，令 $C_n(M_i)=C(M_i)\cap T(n)$ 为汇水盆地中点的集合，用 $C(n)=\bigcup C_n(M_i)$ 表示在第 n 阶段被水充满的集水盆地集合，用 $C[\max+1]=\bigcup C(M_i)$ 表示所有汇水盆地集。从而得到 $C[n-1]\subset T[n]$，相应地，$C[n-1]$ 中的各连通分量也是 $T[n]$ 的连通分量。算法初始时定义 $C[\min+1]=T[\min+1]$，然后进行算法递归，根据 $C[n-1]$ 迭代求出 $C[n]$。对于 $T[n]$ 中的每个连通分量 q：当 $q\cap C[n-1]$ 为空集时，将 q 并入 $C[n-1]$ 构成 $C[n]$；当 $q\cap C[n-1]$ 包含 $C[n-1]$ 中的一个连通分量时，将 q 并入 $C[n-1]$ 构成 $C[n]$；当 $q\cap C[n-1]$ 包含 $C[n-1]$ 中多于一个连通分量时，构建分水线。

有些遥感图像的纹理特征比较明显，有些遥感图像的亮度特征较明显，同质梯度提取方法能取得比较理想的遥感图像分割结果。假设图像中某像素坐标为 (x_c, y_c)，其灰度值为 $I(x_c, y_c)$，以该像素为中心的区域中，每一个像素 (x_i, y_i) 相对于中心像素 (x_c, y_c) 构建矢量 $\phi_i=(x_i-x_c, y_i-y_c)$，以 ϕ_i 构建同质梯度矢量 $f_i=\dfrac{(I(x_i,y_i)-I(x_c,y_c))\times\phi_i}{|\phi_i|}$。定义像素 (x_c, y_c) 的同质梯度为窗口内所有像素同质梯度矢量的模之和，其表达式为

$$T_c=\sum_i |f_i| \tag{4.1}$$

在图像噪声、梯度变化及梯度局部不规则的情况下，分水岭分割法常常形成大量无意义的过分割区域，导致无法直接从分水岭分割结果中获取感兴趣的对象及其特征。为克服过分割问题，可在分水岭分割法的基础上采用标记的方法对极小值点进行过滤。

本章节提出了一种基于自适应小波变换和分形维数分割的自适应分水岭分割方法。传统的分水岭变换由于图像噪声和细节的影响，故会产生大量的过分割区域。一种消除过分割的方法是对原图像进行去噪；另一种是合并过多的区域，但由于区域较大，区域合并的计算时间可能会较长。另外，区域合并策略对区域合并的结果也有很大的影响。针对分水岭变换的不足，本章从 3 个方面对分水岭变换的过分割进行了改进，首先，对原图像进行小波变换；其次，根据图像的先验知识设置种子点，削弱过分割；最后，在分水岭变换过程中，为防止区域过度增长，采用自适应分割阈值策略，使区域尽可能地均匀增长，从而实现自适应的图像分割。

4.3 一种基于小波和分形维的遥感图像分割方法

在进行图像分割前，图像的目标尺度可作为先验知识并结合梯度特征、边界信息来设

置标记点。具体思想是估计图像上感兴趣地物的最小近似尺度，根据这个尺度设置一系列窗口；然后在这些窗口中，根据梯度特征和边界信息来设置标记点。用Canny算子在图像中做边界检测，计算窗口中每个点到边界点的最小距离，窗口中满足如下两个条件：①距边界点最小距离最大；②找到梯度值最小的点设置为标记点。以标记点作为起始点，利用分水岭算法进行盆地扩张。这种设置标记点的方法考虑了图像上感兴趣地物的尺度，由于图像上不同类型的地物一般具有不同大小的尺度，故这种方法也符合多分辨率、多尺度分析的思想。另外，考虑边界信息和梯度特征，选择的标记点应尽量在目标内部。

分割过程中存在的伪极小值将造成图像的过分割现象，在盆地扩张过程中，控制标记符分割法容易造成各盆地区域不均匀扩张，使一部分区域过度增长、另一部分区域过度不增长，造成相邻区域在尺寸上的很大差异。本章提出一种优化的分水岭分割算法，使盆地区域在扩张时，各盆地区域能尽量保持均衡增长，这主要通过计算盆地区域扩张代价和自适应调节阈值来实现。

4.3.1 小波去噪

传统的滤波算法如高斯滤波、中值滤波等在消除噪声的同时会使图像的边界变得模糊，图像中的一些细节信息也会被噪声抵消。针对这些缺点，本节采用小波变换来消除噪声。小波变换被看作是一种多级分解函数工具，小波变换具有良好的时域和频域局部化特性，其基本思想是通过一个信号叠加来表示一族小波函数系统。本节提出的Mallat算法利用小波对原图像进行变换，得到1个低频子带和3个高频子带，然后选取不同频带分别进行相应的阈值滤波，从而有效地降低了图像中存在的噪声。

1. 二维离散小波变换

在一维平方可积函数空间$L^2(R)$中，尺度函数为$\phi(t)$，小波函数为$\varphi(t)$。

在尺度空间V中，一组标准化的正交基为

$$\varphi=\{\varphi_{j,k}=2^{-j/2}\varphi(2^{-j}t-k),\quad k=0,\cdots,(2^j-1)\} \tag{4.2}$$

在小波空间W_j中，一组标准化正交基为

$$\phi=\{\phi_{j,k}=2^{-j/2}\phi(2^{-j}t-k),\quad k=0,\cdots,(2^j-1)\} \tag{4.3}$$

在尺度空间V_j中，函数$f(t)$可以表示为

$$f(t)=\sum_k C_{j,k}\varphi_{j,k} \tag{4.4}$$

也可以表示为

$$f(t)=\sum_k C_{j+1,k}\varphi_{j+1,k}+\sum_k D_{j+1,k}\phi_{j+1,k} \tag{4.5}$$

其中，

$$C_{j+1,k}=\sum_n C_{j,n}h_0(n-2k),\quad D_{j+1,k}=\sum_n D_{j,n}h_1(n-2k) \tag{4.6}$$

$C_{j,k}$为$f(t)$在尺度空间V_j的近似系数，$C_{j+1,k}$和$D_{j+1,k}$分别为$f(t)$在尺度空间V_{j+1}的近似

系数和细节系数，h_0 和 h_1 分别为低通滤波函数和高通滤波函数。因此，$f(t)$在尺度空间 V_{j+1}的近似系数 $C_{j+1,k}$和细节系数 $D_{j+1,k}$均可由尺度空间 V_j 的近似系数 $C_{j,n}$得到。

一维离散图像 $f(x,y)$在尺度空间 V_{j+1}上的低频近似值 $C_{j+1,k}$和 3 个高频细节值 $D_{j+1,k}^{m}(m=0,1,2)$，可以根据式(4.6)由尺度空间 V_j 上的近似系数 $C_{j,n}$得到。高频水平细节、垂直细节和倾斜细节分量分别为 $D_{j+1,k}^{0}$、$D_{j+1,k}^{1}$、$D_{j+1,k}^{2}$。在此基础上进行多级小波变换，分解低频分量。经过多级小波变换后，原图像分解为一系列低尺度空间和高频细节近似值，构成了多分辨率图像的表达。

2. 小波阈值去噪

首先采用小波阈值法对小波进行多尺度分解，在各个尺度上采用有效的阈值和合适的阈值函数，去除属于噪声的小波系数，保留小波系数的图像并进行增强。相对而言，信号必须大于分散能量的小波系数，并且存在小幅值噪声。为了去除噪声并保留信息，应选择合适的阈值和阈值函数。

(1) 阈值选取

本章提出了 Donoho 基于自适应阈值法进行无风险估计，$\mathrm{Th}=\sigma\sqrt{2\ln M}$为阈值，其中，$M$ 为数据长度，σ 为噪声标准差。

(2) 阈值函数

当图像经小波变换后，形成 1 个低频子带和 3 个高频子带，根据不同子带频域的不同特点，选择不同的阈值函数。对于低频子带，采用软阈值函数，将绝对值小于阈值的元素置为零，其余非零元素收缩为零。

$$\hat{Y}=\begin{cases}\mathrm{sign}(Y)(|Y|-\mathrm{Th}), & |Y|>\mathrm{Th}\\ 0, & |Y|\leqslant\mathrm{Th}\end{cases} \tag{4.7}$$

对于 3 个高频子带，采用选取的 Th 值进行小波系数收缩，去除噪声，阈值函数为

$$\hat{Y}=\begin{cases}\dfrac{(Y+\sqrt{Y^2-\mathrm{Th}^2})}{2}, & Y>\mathrm{Th}\\ \dfrac{(Y-\sqrt{Y^2-\mathrm{Th}^2})}{2}, & Y<-\mathrm{Th}\\ 0, & |Y|\leqslant\mathrm{Th}\end{cases} \tag{4.8}$$

4.3.2 区域扩张代价

在梯度上升过程中，对于当前可能扩张的区域，若其邻近像素还未被任何区域并入，此时需要考虑该像素是否应被该区域并入，这可以通过计算该区域的扩张代价来决定。综合考虑高分辨率遥感图像中，灰度一致性占优的区域和纹理特征占优的区域并存，人工目标和自然地物并存的特点，提出基于灰度特征和分形维特征来计算区域扩张代价。

1. 灰度差异

光谱(灰度)是地物分类最主要的特征，不同的目标体现了不同的光谱特性。区域在

扩张过程中是否要并入其邻近像素，首先要看区域的平均光谱值 $GayAver_{region}$ 和像素光谱值 $Gray_{pixel}$ 的差异。对于全色图像，其灰度差异定义为

$$Cost_{gray}=|GayAver_{region}-Gray_{pixel}| \tag{4.9}$$

2. 分形维数差异

在遥感图像分割领域，由于纹理区域和光谱一致区域并存、人工目标和自然地物并存，因此，只利用光谱特征是不足的，需要结合像素空间特征来提高图像的分割精度。Mandelbrot 于 1973 年提出了分维和分形几何学理论，为描述自然现象的不规则性，用分形来描述复杂地物的自相似性。在一定尺度范围内，地物的形状越复杂，分形的维数越高，而人工目标却没有这一明显的特性。

将二维图像平面 $R\times R$ 映射成三维立体空间，像素位置用坐标(x,y)表示，灰度值用 z 轴表示。将 xOy 平面划分为若干大小为 $s\times s$ 的网格，则每个网格对应的立方体大小为 $s\times s\times s$。设第 k 个盒子表示第(i,j)个网格中的灰度值最小值，第 l 个盒子表示第(i,j)个网格中的灰度值最大值，则可以计算出覆盖第(i,j)个网格中像素灰度值所需的盒子数 $n_r(i,j)=i-k+l$，覆盖整个三维立体所需的盒子总数 $N_r=\sum_{(i,j)} n_r(i,j)$，分形维数 $D=\lim_{r\to 0}[\log(N_r)/\log(l/r)]$，其中，$r=s/R$。取一系列 s 的值以及 r 的相应值，计算出对应的 N_r，用最小二乘拟合斜率$(\log(N_r)/\log(l/r))$，求得盒维数 D。

区域扩张时的分形维数差异定义为

$$Cost_D=|D_{region}-D_{pixel}| \tag{4.10}$$

3. 区域扩张代价

根据式(4.9)和式(4.10)，综合考虑灰度特征和分形维数，区域扩张代价定义为 $Cost=Weight_{gray}\times Cost_{gray}+Weight_D\times Cost_D$。其中，$Weight_{gray}$、$Weight_D$ 分别为灰度差异权重和分形维数差异权重。

4.3.3 自适应阈值调节

在最开始时，自适应分割算法只能将合并代价为零且特征严格一致的像素并入邻近区域，实现区域扩张。盆地区域扩张受到这一条件限制，导致大量像素不能并入到已知区域，要在一个循环内使特征近似的像素并入盆地区域，可以通过增加阈值的方式，在梯度上升过程中，使各区域尽量能得到均衡扩张。若严格阈值使各盆地区域扩张结束后，仍存在一些像素未并入盆地区域，此时放松阈值用一个较大的阈值使各盆地区域继续扩张，直至所有像素都并入盆地区域，算法结束，详细步骤见算法 4-1。在这一过程中，各盆地区域逐渐实现了分梯度级、分层次地均衡扩张。

算法 4-1　改进的分水岭遥感图像分割算法

输入： 维度为 n 的图像 A。

输出： 图像的分割 $A_c, c=1,\cdots,n$

步骤 1： 2D 小波域对图像 A 去噪，得到去噪后的图像 A'。

步骤 2： 估计图像中目标的最小近似尺度 $s\times s$，以 $s\times s$ 作为滑动窗口在去噪后的图像 A' 上滑动，得到 $(n/s)\times(n/s)$ 个子图像。

步骤 3： 计算图像 A 的梯度图，找到每个子图像中的局部极小值点 $\min v_{\text{local}}(x,y)$，作为分水岭分割中盆地扩张的标记点。

步骤 4： 使用 Canny 算子得到图像边界图，采用计盒维数计算分形维数 D_{region}、D_{pixel}。

步骤 5： 定义盆地扩张的代价函数 $\text{Cost}=\text{Weight}_{\text{gray}}\times\text{Cost}_{\text{gray}}+\text{Weight}_D\times\text{Cost}_D$，将符合最小代价的像素与相邻区域进行合并。

4.3.4　实验结果分析

图 4-1 展示了本节所提方法的图像分割效果。其中，图 4-1(a)为原始遥感图像，大小为 355×264 像素；图 4-1(b)为分水岭分割结果图，分割区域数为 8 233，从该图可以看出，存在着数量较多的过分割区域；图 4-1(c)是进行了小波变换的去噪图；图 4-1(d)、图 4-1(e)、图 4-1(f)是应用本节所提方法的分割效果，窗口尺寸分别为 15×15 像素、10×10 像素、20×20 像素，分割区域数分别为 951，457，250。

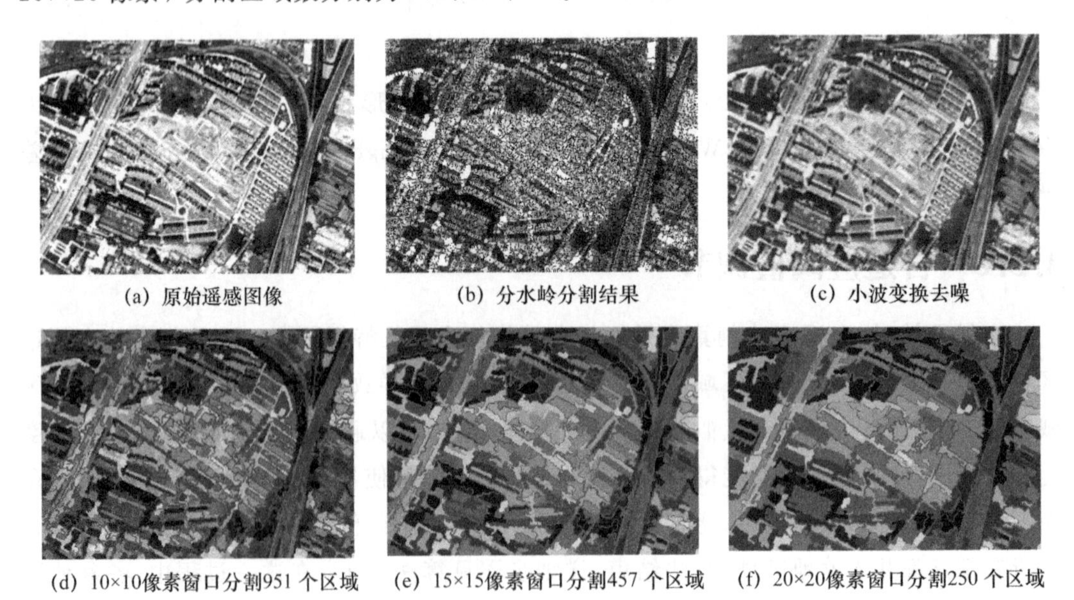

(a) 原始遥感图像　(b) 分水岭分割结果　(c) 小波变换去噪

(d) 10×10像素窗口分割951 个区域　(e) 15×15像素窗口分割457 个区域　(f) 20×20像素窗口分割250 个区域

图 4-1　图像分割效果

根据实验结果可知，本节提出的基于小波变换和分形维数的自适应分水岭分割方法初步达到了以下目的：

(1) 通过小波去噪结合图像梯度特征、边界信息和目标尺度控制标记的方法，避免了直接分水岭变换的过分割现象。

(2) 通过光谱特征和分形维数尽可能保证了各区域内部的同质性。

(3) 自适应阈值分梯度级、分层次的盆地扩张策略，使各分割区域尽量同时扩张。

对遥感图像处理时，由于地物光谱特征、纹理特征、空间形状特征包含丰富的信息，且各特征是相互影响的，故仅根据一种特征进行分割，是不全面和不准确的。本节所提方法在研究时并没有考虑目标的形状特征，这在一定程度上也制约着分割结果的准确性。解决方案是可以在初步分割结果的基础上，考虑区域合并，进一步对光谱、纹理及形状特征进行提取，以提高分割的准确性。

4.4 一种基于云模型、图论和互信息的遥感图像分割

图像分割存在随机性和不确定性，为尽可能地充分利用图像的空间特征和全局特征，本节基于云模型研究遥感图像分割方法，研究内容包含 3 个部分。第一部分是改进的基于 Harris 算子的种子点提取。借鉴 Harris 算法检测角点和边界点的思想，对它加以改进，为精确提取与真实目标相关的种子点，定义了区域种子点必须满足的 3 个条件。第二部分是云模型区域概念生成与表达，包括基于种子点扩张的云滴组构成、云滴组概念计算以及云模型生成。第三部分是基于图论和互信息的云综合，包括云综合、云综合异质性度量、图最小生成树构造，以及基于互信息的最优割集准则。

4.4.1 改进的基于 Harris 算子的种子点提取

遥感图像上通常存在大量的噪声，这些噪声给图像解译带来很大的干扰。如果区域种子点落在噪声点上，将导致误分割。在分割前，采用第 3 章介绍的软阈值去噪方法削减图像噪声，从而降低噪声对后续分割的不利影响。

区域增长算法首先从一个指定的种子点开始，逐渐将在邻域中与种子点连通的、特征相似度高的像素聚集在一起形成区域。区域增长的分割结果对初始种子点选择高度敏感，因此，区域增长算法必须考虑的一个首要问题就是如何选择目标种子点，如果种子点落在噪声上，那么将对后续分割产生不利影响。目前，选择理想的目标种子点仍存在困难。

角点检测 Harris 算法通过构建自相关矩阵来获取像素点在不同方向上的灰度变化，实现角点和边界点的区分，优点是具有旋转和仿射不变性。利用 Harris 算法检测角点和边界点的思想，并对它加以改进，将区域内部的质心确定为要找的种子点。对于图像上的

每个像素(x,y)，其亮度值表示为$f(x,y)$，自相关矩阵可采用行列式来计算，如式(4.11)所示。

$$R=\begin{vmatrix} I_x^2 & I_xI_y \\ I_xI_y & I_y^2 \end{vmatrix} \tag{4.11}$$

其中，I_x表示水平方向梯度值微分，I_y表示垂直方向梯度值微分。像素(x,y)的梯度幅度局部变化以角点量 CIM 衡量，角点量按如下公式计算：

$$\mathrm{CIM}=W\times\frac{I_x^2I_y^2-(I_xI_y)^2}{I_x^2+I_y^2} \tag{4.12}$$

其中，W是高斯卷积函数，

$$W(x,y)=\frac{1}{2\pi\sigma^2}\mathrm{e}^{-(x^2+y^2)/2\sigma^2} \tag{4.13}$$

由于区域内部种子点灰度值变化缓慢，故通过式(4.5)计算角点量，采用非最小值抑制的方法，检测出区域内部种子点。阈值的设定对检测结果有较大影响，采用大的阈值，能得到较多的区域种子点；而阈值较小时，种子点较少，一些真实的区域种子点可能会被遗漏。

为尽可能准确地检测出真实的区域种子点，本小节所提方法定义了区域种子点必须满足以下 3 个条件。

条件 1：区域种子点必须具有较小的角点量，应小于一个适当的阈值。

使用 Otsu 法自动地确定这个阈值。通过 Otsu 法计算一个最优区分阈值，使之能最大化类间差异和类内差异的比值。得到最优区分阈值后，将像素的角点量与阈值进行比较，像素的角点量若小于阈值，则保留其作为候选种子点；否则，该点将不作为候选种子点。

条件 2：区域种子点的邻域内必须具有较小的角点量变化幅度，应小于一个适当的阈值。

对于满足条件 1 的候选种子点(x,y)，其角点量为$\mathrm{CIM}(x,y)$，考虑以该像素为中心的$s\times s$窗口，求出窗口中最小角点量$\mathrm{CIM}_{\min}$和均方差δ，计算$\mathrm{CIM}(x,y)$与$\mathrm{CIM}_{\min}$的差异值

$$d=|\mathrm{CIM}(x,y)-\mathrm{CIM}_{\min}| \tag{4.14}$$

如果差异值d小于δ，那么像素(x,y)作为候选种子点；否则，将该点从候选种子点中删除。

条件 3：区域种子点应在其邻域各方向上具有相近的亮度特征。

对于每一个候选种子点s，设其灰度强度为f_s。对于一个直径为r的圆形模板，如图 4-2 所示，候选种子点s位于模板的中心，计算模板范围内像素p_i与种子点s的亮度差异$b_i=|f_s-f_{pi}|$，统计$b_i<\delta_t$的像素点数n_s。若$n_s>A_s/2$，则可认为区域种子点s在其邻域大多数方向上，具有相近的亮度特征，应该保留其作为真实的种子点；否则，该点将不能作

为种子点。其中，阈值 $t=k\delta_s$，δ_s 是模板内像素的均方差，系数 k 为 1，A_s 是模板内的有效像素数。

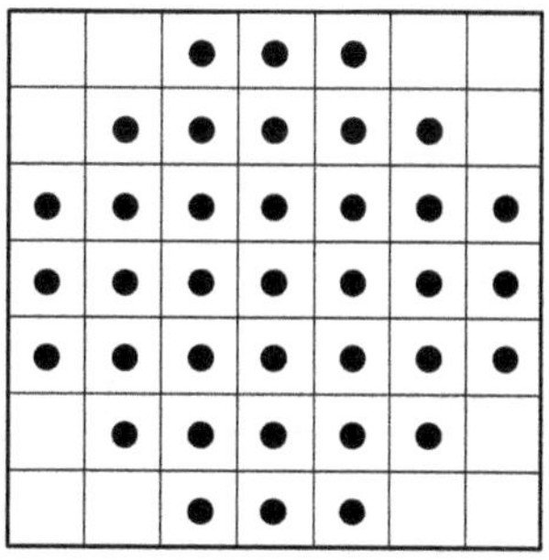

图 4-2 圆形模板

4.4.2 云模型生成方法

云模型属于不确定性人工智能范畴，是一种在定量与定性间进行转换的模型，这里的不确定性主要来自自然界的随机性和模糊性。云模型中的“云”指的是在论域上满足一定条件的一个分部，云滴组成了云，一个云滴是定性概念的量化反映。隶属度则针对论域中的模糊集合而言，指某个元素从属于这个模糊集合的确定度。

云模型是一种对概念进行形式化分析的模型。云模型中有 3 个量化概念：期望值 E_x、熵 E_n、超熵 H_e。云模型由云运算、聚类、推理等操作组成。

本小节在 4.4.1 小节提取出一系列种子点的基础上，通过这些种子点创建云模型区域概念，找到种子点连通区域的相似像素，并将其聚焦在一起，形成云模型。由于云模型的生成过程中有一个内在的像素次序依赖关系，忽略这种相关性将导致云模型生长得不均衡，即有的云模型增长过度，而有的云模型生长受到限制。在云模型生成上，采取了一些相应措施去尽可能避免像素次序依赖，本小节所提方法基于种子点的选取、云滴组概念计算、云模型建立这样一个过程，实现云模型的构建。

单个种子点不能表达其所在区域的整个特征，同样地，单个云滴也不能表达一个定性概念。本小节提出了一个种子点扩张算法来获得一定数量的扩展种子点，用种子点及扩展种子点构造云滴组。

给定一个种子点 (x,y)，其特征值为 $f(x,y)$，对于它的连通像素 (x_k,y_k)，其特征值为 $f(x_k,y_k)$，如果它满足式(4.15)，那么它将被作为扩展种子点。

$$\frac{\mathrm{Fdis}(f(x_k,y_k),f(x,y))}{\mathrm{Sdis}((x_k,y_k),(x,y))}\leqslant T \tag{4.15}$$

其中，Fdis() 是特征空间的距离函数，Sdis()是几何空间的距离函数，T 是一个阈值。对种子点和扩展种子点使用后向云发生器，得到有 3 个数字特征 (E_x,E_n,H_e) 的云滴组，具体操作步骤见算法 4-2。

算法 4-2 后向云发生器

输入： 云滴 x_i，确定度 μ_i，$i=1,\cdots,n$。

输出： 数字特征(E_x, E_n, H_e)。

步骤 1： 计算 x_i 的平均值 $E_x = \text{MEAN}(x_i)$，得到期望值 E_x，其中 MEAN 表示样本均值。

步骤 2： 计算 x_i 的标准差 $E_n = \text{STDEV}(x_i)$，得到熵 E_n，其中 STDEV 表示样本标准差。

步骤 3： 对每一数对(x_i, μ_i)，计算 $E'_{ni} = \sqrt{\dfrac{-(x_i - E_x)^2}{2\ln \mu_i}}$。

步骤 4： 计算 E'_{ni} 的标准差 $H_e = \text{STDEV}(E'_{ni})$，得到超熵 H_e。

后向云发生器用模型 $C(E_x, E_n, H_e)$ 表示，是一种统计方法，与前向云发生器相反，它实现定量数值到定性概念的转换。算法 4-2 中描述的后向云发生器，要求已知确定度 μ 的值，该值计算起来比较麻烦，给实际操作带来不便。因此，我们对算法 4-2 进行了一些改进，改进算法仅需要已知云滴的定量数值，不需要确定度 μ 的值。对于每一个云滴 x，按式(4.16)计算期望值 E_x、熵 E_n。

$$E_x = \frac{1}{n}\sum_{i=1}^{n} x_i$$

$$E_n = \sqrt{\frac{\pi}{2}} \times \frac{1}{n}\sum_{i=1}^{n} |x_i - E_x| \tag{4.16}$$

超熵 H_e 根据式(4.17)计算得到。

$$H_e = \sqrt{S^2 - E_n^2} \tag{4.17}$$

其中，云滴 x_i 的方差 $S^2 = \dfrac{1}{n-1}\sum_{i=1}^{n}(x_i - E_x)^2$。

利用后向云发生器，对每一个云滴组计算其 3 个指标(E_x, E_n, H_e)，接下来使用正向云发生器，计算隶属度，生成云滴。基本操作步骤是：首先，通过正向云发生器算法，基于邻近云模型，计算得到每一个未处理像素的隶属度；其次，找到隶属度最大的云模型，进行像素合并操作，并自适应调整扩张后的云模型。如此往复，直到处理完所有像素，具体操作步骤见算法 4-3。

算法 4-3 正向正态云发生器

输入：E_x, E_n, H_e, n(云滴个数)。

输出：n 个云滴。

步骤 1：计算正态分布的随机数 $E'_{ni} = \text{NORM}(E_n, H_e^2)$。

步骤 2：计算正态分布随机数 $x_i = \text{NORM}(E_x, E'^2_{ni})$。

步骤 3：计算隶属度 $\mu_i = \exp\left(-\dfrac{(x_i - E_x)^2}{2E'^2_{ni}}\right)$。

步骤 4：生成云滴 x_i，其确定度为 μ_i。

步骤 5：重复上述步骤，直至产生 n 个云滴。

为了避免像素次序依赖造成的云模型生长不均衡问题，在上述步骤中，要考虑两个策略，一是在隶属度相同的情况下，仅将像素合并到尺度最大的云模型上；二是区域扩张时，依次选择与上一次特征差异最大的云模型进行扩张。

4.4.3 云综合方法

由于高分辨率遥感图像上包含的地物细节信息非常丰富，而且地物信息具有复杂性和多样性，因此，在许多情况下，采用4.4.2小节的云模型生成方法表示的区域可能不是图像中的一个完整的目标，而仅是目标的一部分。粒度空间不同，其所表达的区域也往往是不同的，这体现了一种多尺度关系。为了实现不同尺度的遥感图像分割，我们还需要考虑不同尺度下的云综合操作。

云综合是将两朵或者两朵以上的云按一定规则进行合并的过程。该过程有两个需要注意的地方，一个是云异质性度量，另一个是云综合规则。对于前者，解决方法是根据云模型的描述属性，用$C(E_x, E_n, H_e)$来定义云异质性度量；对于后者，则需要将云模型映射为图论里的无向图，将边权作为云模型间的异质性，采用最小生成树方法，设计全局最优割集准则，以获得图像的最佳分割。

云模型$C_1(E_{x1}, E_{n1}, H_{e1})$，$C_2(E_{x2}, E_{n2}, H_{e2})$是相邻的，$\mathrm{MEC}_{C_1}(x)$，$\mathrm{MEC}_{C_2}(x)$表示两个云模型相应的云期望曲线方程，云综合后用3个度量值来表示$C(E_x, E_n, H_e)$，其计算公式如下：

$$E_x = \frac{E_{x1}E'_{n1} + E_{x2}E'_{n2}}{E'_{n1} + E'_{n2}} \tag{4.18}$$

$$E_n = E'_{n1} + E'_{n2} \tag{4.19}$$

$$H_e = \frac{H_{e1}E'_{n1} + H_{e2}E'_{n2}}{E'_{n1} + E'_{n2}} \tag{4.20}$$

其中，E'_{n1}、E'_{n2}的计算如下：

$$E'_{n1} = \frac{1}{\sqrt{2\pi}}\int_U \mathrm{MEC}'_{C_1}(x)\mathrm{d}x \tag{4.21}$$

$$E'_{n2} = \frac{1}{\sqrt{2\pi}}\int_U \mathrm{MEC}'_{C_2}(x)\mathrm{d}x \tag{4.22}$$

$$\mathrm{MEC}'_{C_1}(x) = \begin{cases} \mathrm{MEC}_{C_1}(x), & \mathrm{MEC}_{C_1}(x) \geqslant \mathrm{MEC}_{C_2}(x) \\ 0, & \text{其他} \end{cases} \tag{4.23}$$

$$\mathrm{MEC}'_{C_2}(x) = \begin{cases} \mathrm{MEC}_{C_2}(x), & \mathrm{MEC}_{C_2}(x) \geqslant \mathrm{MEC}_{C_1}(x) \\ 0, & \text{其他} \end{cases} \tag{4.24}$$

1. 云综合异质性度量

云综合过程会产生云异质性变化，最适合的云综合，必须使云异质性变化最小。为提高云模型相异性的区分能力，用3个数值期望E_x、熵E_n和超熵H_e度量云异质性变化。

(1) 期望 E_x 的异质性变化 h_{E_x}

$$h_{E_x}=E_x-(E_{x1}+E_{x2})/2 \tag{4.25}$$

(2) 熵 E_n 的异质性变化 h_{E_n}

$$h_{E_n}=n_m E_n-n_1 E_{n1}-n_2 E_{n2} \tag{4.26}$$

(3) 超熵 H_e 异质性变化 h_{H_e}

h_{H_e} 可以用光滑度异质性变化 h_{smooth} 和紧致度异质性变化 h_{com} 来计算，如式(4.27)所示。

$$h_{H_e}=w_{smooth}h_{smooth}+(1-w_{smooth})h_{com} \tag{4.27}$$

其中，光滑度异质性变化 h_{smooth} 的作用是使云综合后的区域边界尽量光滑，紧致度异质性变化 h_{com} 的作用是使云综合后的区域在形状上尽量紧凑，分别定义为

$$h_{smooth}=n_m\frac{l_m}{\sqrt{b_m}}-\left(n_1\frac{l_1}{\sqrt{b_1}}+n_2\frac{l_2}{\sqrt{b_2}}\right) \tag{4.28}$$

$$h_{com}=n_m\frac{l_m}{\sqrt{n_m}}-\left(n_1\frac{l_1}{\sqrt{n_1}}+n_2\frac{l_2}{\sqrt{n_2}}\right) \tag{4.29}$$

其中，n_1,n_2,l_1,l_2,b_1,b_2 分别代表相邻两个云模型的面积、周长、外接矩形周长，n_m,l_m,b_m 表示云综合后的面积、周长、外接矩形周长。

云综合总的异质性变化 h_c 采用期望异质性变化 h_{E_x}、熵异质性变化 h_{E_n}、超熵异质性变化 h_{H_e} 的加权求和表示。

$$h_c=w_{E_x}h_{E_x}+w_{E_n}h_{E_n}+w_{H_e}h_{H_e} \tag{4.30}$$

其中，w_{E_x}、w_{E_n}、w_{H_e} 表示权重。

2. 基于最小生成树和互信息的云综合

互信息用于度量两幅图像的相关性，分割图像应和原始图像有一个较大的互信息量。给定灰度级图像 A、B，令 $P_A(a)$ 表示图像 A 的概率密度分布，$P_B(b)$ 表示图像 B 的概率密度分布，$P_{AB}(a,b)$ 则表示图像 A、B 的联合概率密度分布，则图像的熵可以用如下公式计算：

$$H(A)=-\sum_a P_A(a)\log P_A(a) \tag{4.31}$$

$$H(B)=-\sum_b P_B(b)\log P_B(b) \tag{4.32}$$

$$H(A,B)=-\sum_{a,b} P_{A,B}(a,b)\log P_{A,B}(a,b) \tag{4.33}$$

其中，H 为熵函数，如 $H(A)$ 表示图像 A 的熵，$H(A,B)$ 表示图像 A、B 的联合熵。图像 A、B 的互信息表示为 $MI(A,B)$，可用式(4.34)计算。

$$MI(A,B)=H(A)+H(B)-H(A,B)=\sum_{a,b}P_{A,B}(a,b)\log\frac{P_{A,B}(a,b)}{P_A(a)P_B(b)} \tag{4.34}$$

基于图论的分割技术将图像看作一个带权的无向图，图中的节点对应待处理图像的像素，连接节点的边表示两个节点的相异性度量值。对无向图求其最小生成树，使用阈值

法，实现图像的最优分割。全局最优割应用于此类情况时，存在两个缺点：一是由于图像中每个像素要一一对应无向图中的节点，且连接节点的边的数目众多，这导致数据量大，分割速度缓慢，属于 NP-hard 问题；二是边的权重基于像素光谱值，不能有效区分像素间的相异性，在类之间数据很接近的情况下，处理存在一定难度。

本小节提出的云综合算法描述如下。

（1）构造无向图

无向图 $G=(V,E)$用于描述云模型之间的拓扑关系，其中节点集 V 中的节点是每一个云模型的区域概念，边集 E 由每两个相邻云模型之间的边构成，边的权值设为相邻云模型云综合时的异质性度量，由式(4.25)至式(4.30)计算得到。

（2）构造最小生成树

设 $\mathrm{MT}=(V',E')$表示无向图 $G=(V,E)$得到的最小生成树，构造方法为 Prim 算法，具体操作描述如下：

① 从节点集 V 中取一节点 V_0 放入集合 V'。

② 在所有 $v'\in V'$，$v\in V-V'$的边$(v',v)\in E$ 中找出一条权值最小的边，将这条最小边加入边集 E'，将这条最小边的节点 v 加入节点集 V'。

③ 重复步骤②，直到集合 V'中涵盖 V 的所有节点，得到最小生成树(V',E')。

（3）构造基于互信息的最优割集准则

在最小生成树中，边权值为相邻云模型云综合时的异质性度量。边权值越小，则云综合时异质性变化越小，相邻云模型越可能执行云综合而成为一个父云；相反，边权值越大，相邻云模型越不可能执行云综合。给定边权值阈值 T，将边集中权值大于阈值 T 的边删除，形成一个森林 $F=\{(V',E'')\mid E''=E'-\{e'\mid w(e')>T\}\}$，在森林 F 中搜索全部连通子树$\{(V_i',E_i')\mid i=1,2,\cdots,n\}$，对每一个连通子树按式(4.18)至式(4.24)执行云综合，获得最终的分割结果。由此可见，云综合中所采用的阈值对最后的分割结果起了决定性的作用。

最优的分割结果必须满足分割后的每个区域和目标在形状、纹理、光谱等信息上与原始图像保持一致。也就是说，分割图像能尽可能地保留原始图像信息，使得分割图像和原始图像互信息量达到最大。以互信息量为优化目标函数，以使互信息量最大为优化目标，云综合阈值选择问题就转变成了求目标优化的问题，目标函数表示为

$$J(T)=\mathrm{MI}(S(T),O)=H(S(T)+H(O)-H(S(T),O) \tag{4.35}$$

最优分割为 $T=\max\{J(T)\}$时所对应的分割图像 $S(T)$，最优分割阈值可以通过模拟退火算法求解。

4.4.4 实验结果分析

本小节将本节所提方法与经典的分形网络演化算法（Fractal Net Evolution Approach，FNEA）基于相同的遥感图像进行分割实验。分割效果对比如图 4-3 所示，

图 4-3(a)为从 Google Earth 上下载的遥感图像，尺寸为 530×360 像素。图 4-3(b)为 FNEA 分割的结果，其中，光谱差异性权值为 0.8，紧致度权值为 0.1，光滑度权值为 0.1，尺度参数为 50。图 4-3(c)是本节所提方法分割结果，其中，期望异质性权值为 0.3、熵异质性权值为 0.4、超熵异质性权值为 0.3，与原图互信息为 0.660 8。对比图 4-3(a)和图 4-3(c)，本节所提方法综合考虑了全局信息和局部特征，能得到更符合真实地物形状的分割结果。图 4-3(d)是分辨率为 2.5 m，尺寸为 512×470 像素的 SPOT 图像。图 4-3(e)、图 4-3(f)分别是 FNEA 算法和本节所提方法分割结果。本节所提方法分割出独立完整目标的性能更优，如图 4-3(f)中道路作为一个完整目标被分割出来。图 4-3(e)是分形网络演化算法尺度参数为 30 的分割，道路由几个破碎区域组成，红色标识的部分为一部分主干道。图 4-3(g)是另一幅城区的遥感图像，该城区地物类型较为复杂。图 4-3(h)是分形网络演化算法尺度参数为 50 的分割，虽然亮色道路提取较为完整，但包含一定程度的非道路成分，同时，暗色道路分割区域较为破碎。图 4-3(i)是本节所提方法的分割结果，分割图像与原始图像互信息为 0.576 3，亮色道路和暗色道路均获得较为完整的分割。

彩图 4-3

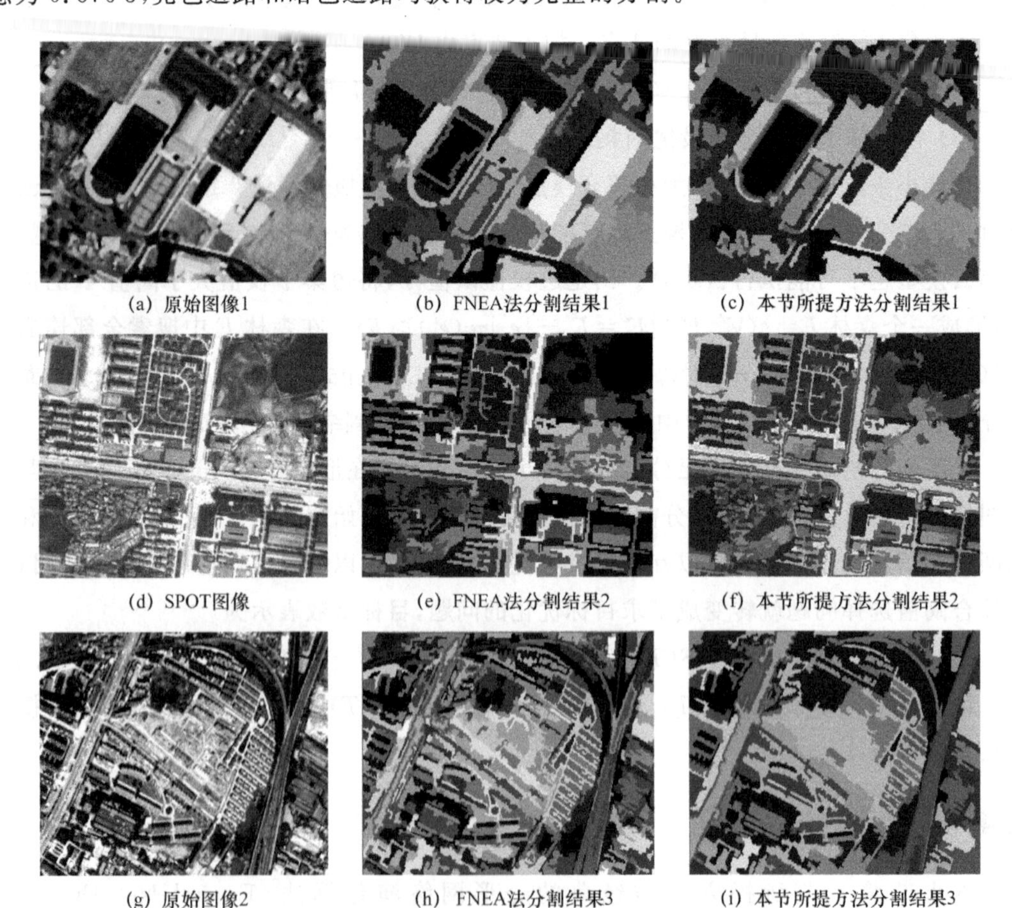

图 4-3　遥感图像分割效果对比(一)

为评估实验效果，对一幅大小为 962×960 像素的 SPOT 图像进行处理，原始图像如图 4-4(a)所示。分形网络演化算法的分割结果如图 4-4(b)所示，其中，光谱权值为 0.6，紧致度权值为 0.2，光滑度权值为 0.2，尺度参数为 85，分割目标数为 680，用时 18 s。本节所提方法的分割结果如图 4-4(c)所示，期望异质性权值为 0.4，熵异质性权值为 0.2，超熵异质性权值为 0.4，与原图互信息为 0.627 3，分割目标数为 680，用时 97 s。因图像中地物尺度相差较大，分割结果难以完全顾及不同尺度的地物，但大多数地物都能正确分割。对比图 4-4(b) 和图 4-4(c)，在分割目标数相同、权值相近的情况下，本节所提方法更能顾及不同尺度的对象，而分形网络演化算法则将许多不同类别的小尺度对象合并为一个对象。在计算效率上，分形网络演化算法优于本节所提方法。为评定本节所提方法的分割精度，在分割结果中任意选取一定数量的目标，用 ERDAS 软件勾画目标轮廓并统计每个目标的实际像素数 S，用公式 $A=P/S$ 计算目标的分割精度，P 是分割区域的像素数。

彩图 4-4

(a) SPOT 图像

(b) FNEA法分割结果

(c) 本节所提方法分割结果

图 4-4　遥感图像分割效果对比(二)

将各类目标的分割精度与目标个数进行加权统计，结果如表 4-1 所示。

表 4-1　目标分割精度

目标类别	目标数	平均精度
道路段	18	85.2%
建筑物	39	78.7%
湖泊	5	92.3%
绿化带	32	82.9%
空地	18	94.7%
总计	112	84.3%

本章小结

本章对基于区域的遥感图像分割方法，即基于划分的方法及基于合并的方法进行了研究，探索图像像素之间相关度与图像分割、合并的规律，研究适用于遥感图像自适应分割的方法。

针对基于划分的方法，本章提出一种基于小波变换和分形维数的自适应分水岭分割方法。在改进的分水岭分割算法中，我们综合考虑了尺度、梯度、边界信息来提取标记，降低了伪极小值的干扰，能有效提取与目标相关的真实极小值。在改进的分割策略中，基于光谱特征和分形维数计算区域扩张代价，并自适应地调整分割阈值，使各区域不仅能均衡扩张，而且尽可能保持内部同质。

针对基于合并的方法，本章从图像的全局信息角度，且考虑图像分割中的随机性和不确定性，提出了一种基于云模型、图论和互信息的影像分割方法。使用云模型表达像素聚类过程中的不确定性和随机性，将图论方法引入基于互信息的最优割集的生成，从而得到全局最优分割；利用云模型区域概念所呈现出的多维特征，通过云综合异质性度量来改进边界权重的计算，从而实现对区域相异性的区分能力。

第5章　基于卷积神经网络的遥感图像分类方法

5.1　引　　言

研究人员通过航空载体上安装的成像设备对地面目标进行数据采样，经过前期处理后，形成了遥感图像。遥感图像通常含有多个波段数据，具有两个方向上的分辨率（空间分辨率、光谱分辨率），常将两个方向分辨率结合进行数据分析与处理，多应用在农业、军事等领域。由于角度、环境及测量误差等因素，每类物体的光谱特征并不聚焦在某一点，而是围绕这一点呈概率分布，这增加了图像分类的难度。靠人工目译进行高层特征提取，费时费力。第4章进行了遥感图像分割研究，从一幅图像中区别出了多个物体的边界信息。在此基础上，本章研究基于对象的遥感图像场景分类。

遥感图像分类方法借鉴了传统的模式识别分类方法，经典的有最小距离法、最大似然法等。从有、无训练样本的角度，将分类方法分为有监督与无监督两类。无监督分类方法依赖的人工信息较少，通过特征聚类进行图像的分类。相较于无监督分类方法，有监督分类方法基于统计分析方法进行分类，由于事先需要对样本进行标注，因此，该方法常常能获得较高的分类精度。其缺点是人工成本较高且增加了样本的训练时间，在样本数比较大的情况下，分类效率较低。遥感图像分类时，常用的机器学习分类方法有贝叶斯分类法（Bayesian Classifier）、决策树法（Decision Tree Classiffier）、支持向量机（Support Vector Machines，SVM）、K-邻近法（K-Nearest Neighbor）等。

5.2　卷积神经网络

多输入单输出神经元模型，如图5-1所示。学者Osenblatt在模型中引入了权重 w_1，w_2，…，它们是用来表示相应输入 x_j 对于输出 y_j 重要性的实数，在权重总和 $\Sigma w_j x_j$ 上增加一个偏置来决定神经元的输出值。

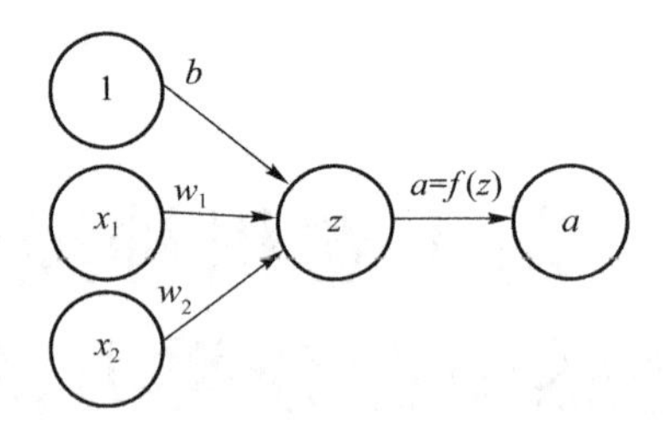

图 5-1　多输入单输出神经元模型

卷积神经网络的卷积层由多个特征面(Feature Map)组成,每个特征面由多个神经元组成,每个神经元通过卷积核与上层特征面的局部区域相连,然后将该局部的加权和传递给一个非线性激励函数,即得到卷积层中每个神经元的输出值。

除了输入层的神经元,每个神经元都会有加权求和得到的输入值 z 和将 z 通过激活函数进行非线性转化后的输出值 a,它们的计算如公式(5.1)所示。

$$z_j^l = \sum_{i=1,\cdots,n} w_{ij}^l \cdot a_{ij}^{l-1} + b_j^l \tag{5.1}$$

$$a_j^l = f(z_j^{(l)})$$

其中:n_l 表示第 l 层神经元的个数;$\boldsymbol{W}^{(l)} \in \mathbb{R}^{n_l \times n_{l-1}}$ 表示第 $l-1$ 层到第 l 层的权重矩阵;$w_{ij}^{(l)}$ 是权重矩阵 $\boldsymbol{W}^{(l)}$ 中的元素,表示第 $l-1$ 层第 j 个神经元到第 l 层第 i 个神经元的连接权重;$b^{(l)} = (b_1^{(l)}, b_2^{(l)}, \cdots, b_{n_l}^{(l)})^{\mathrm{T}} \in \mathbb{R}^{n_l}$ 表示第 $l-1$ 层到第 l 层的偏置;$z^{(l)} = (z_1^{(l)}, z_2^{(l)}, \cdots, z_{n_l}^{(l)})^{\mathrm{T}} \in \mathbb{R}^{n_l}$ 表示第 l 层神经元的状态;$a^{(l)} = (a_1^{(l)}, a_2^{(l)}, \cdots, a_{n_l}^{(l)})^{\mathrm{T}} \in \mathbb{R}^{n_l}$ 表示第 l 层神经元的激活值;$f(\cdot)$ 表示神经元的激励函数。

激励函数常采用饱和线性函数 sigmoid 或 tanh。由于非饱和线性函数能够解决梯度爆炸或梯度消失问题,且能加速收敛,故现今在许多场合,非饱和线性函数 ReLU 应用广泛。

ReLU 的计算公式为

$$f(z_j^{(l)}) = \max(0, z_j^{(l)}) \tag{5.2}$$

为计算权值和偏置,学者 David E. Rumelhart 和 James L. McClelland 提出了误差反向传播算法(Error Back Propagation),该方法使得多层感知器的模型中神经元参数的计算变得简单可行。

BP 算法是一个迭代算法,其基本思想是:

(1) 使用式(5.1)和式(5.2)计算第一层的状态和激活值,依次类推,直到最后一层,这是前向传播。即列出由输入图像 x 得出输出值 y 的以权值和偏置为自变量的公式。以单个训练数据为例,前馈神经网络信息的前向传递过程如下:

$$x = a^{(1)} \to z^{(2)} \to \cdots \to a^{(l-1)} \to z^{(l)} \to a^{(l)} = y \tag{5.3}$$

(2) 根据(1)得到的公式,逆向倒推计算每一层的误差,误差的计算是从最后一层向前推进的，这是反向传播。

代价函数也称损失函数，常用的有方差代价函数（The Mean Squared Error，MSE），本章使用的代价函数是交叉熵代价函数，它可以克服方差代价函数的更新权重过慢的问题。设有 n 个训练数据 $\{(x^{(1)},y^{(1)}),(x^{(2)},y^{(2)}),\cdots,(x^{(n)},y^{(n)})\}$，输出的数据为 n_l 维的 $y^{(i)}=(y_1^{(i)},y_2^{(i)},\cdots,y_{n_l}^{(i)})^{\mathrm{T}}$，对某一个训练数据 $(x^{(i)},y^{(i)})$ 来说，n 个训练数据的代价函数表示如下：

$$C(w,b)=-\frac{1}{n}\sum_{k=1}^{n_l}\left[y_k^{(i)}\ln a_k^{(i)}+(1-y_k^{(i)})\ln(1-a_k^{(i)})\right] \tag{5.4}$$

式(5.4)中，$y^{(i)}$ 为期望的输出，$a^{(i)}$ 为神经网络对输入 $x^{(i)}$ 产生的实际输出，将式(5.1)代入式(5.2)，求得以 w 和 b 为自变量的代价函数表示。w 代表样本数据的权重，b 代表样本数据的偏置。

交叉熵代价函数有两个性质：一是非负性；二是真实输出越接近期望输出，代价函数越接近于0。代价函数仅和权重与偏置相关，通过调整权重和偏置来减少或增加代价。

(3) 更新误差，使误差最小。迭代(1)和(2)，直到满足停止准则(比如相邻两次迭代的误差的差别很小时停止)，从而求得总体最小值对应的各个神经元的权值和偏重。

在训练神经网络过程中，通过计算代价函数对 w 和 b 的导数，使用批量梯度下降算法来更新权值 w 和偏置 b，其原理是重复计算梯度 $\nabla C=\left(\frac{\partial C}{\partial w},\frac{\partial C}{\partial b}\right)^{\mathrm{T}}$，使用 C 的最小值持续更新权值和偏置，最终得到一个全局最小值。权值和偏置的更新规则如下：

$$\begin{aligned} w \to w' &= w-\eta\frac{\partial C}{\partial w} \\ b \to b' &= b-\eta\frac{\partial C}{\partial b} \end{aligned} \tag{5.5}$$

其中，η 表示学习率，是一个很小的正数。

当训练输入的数量过大时，更新将花费很长时间，这使学习变得相当缓慢。为解决这个问题，学者 Leon Botton 提出了随机梯度下降法，通过随机选取少量的 m 个训练输入来工作。这个方法速度比较快，但收敛性能不太好，最终可能在最优点附近振荡。为克服上述方法的缺点，研究人员采用一种折中手段，小批量梯度下降(Mini-Batch Gradient Decent)将数据分成若干批，按批进行参数更新，这样，一批中的一组数据共同决定了本次梯度的方向，减少了随机性。由于分批后，样本数少了，计算量也将随之变小。我们可以仅仅通过计算随机选取的小批量数据的梯度来估算整体的梯度。

5.3　一种数据增强技术的SAR图像分类方法

合成孔径雷达作为海洋遥感监测的重要工具，由于其成像时可以不受时段、天气的影响，实现高分辨率成像，因此，在目标识别，土地、海洋资源利用等领域有着非常广泛的应用。SAR 图像与光学图像有很大不同，主要来自它的独特的成像方式——基于微波波段成像。同时，SAR 图像还要进行相位相干等处理，因此，SAR 图像非直观性强、解译难度大。SAR 图像包含了多种多样的目标信息，如几何形状、颜色、纹理等，从这些信息中实现特征的自动提取成为现代 SAR 图像解译的一个关键环节。

利用遥感图像的空间信息及光谱信息，本章提出了一种 SAR 图像分类方法，提出了适用于遥感图像的数据增强方法，构建了基于雷达的恒虚警(CFAR)方法、RGB 特征合成方法及卷积神经网络的分类模型(CFAR-RGB-CNN 和 CFRG-CNN)。其中：归一化模块实现将目标像素的分布从高度偏斜(右尾)的分布改为类似正态的对称分布；CFAR 模块制作掩膜实现背景区域的去除及目标区域的提取；RGB 特征合成模块充分利用了多个波段数据的相关性，进行目标特征增强；卷积模块同时利用了遥感图像的相位与空间信息，实现了模型并行分类，且 CFRG-CNN 适用于多波段遥感图像的分类。实验验证了 CFRG-CNN 在遥感图像上的分类效果，并与 KNN、SVM 及 ShuffleNet V2 在数据集上对比了分类能力。CFRG-CNN 与 ShuffleNet V2 的分类精度是 4 种方法中较好的。在相同的数据集下，CFRG-CNN 与 ShuffleNet V2 能达到相同的验证精度，相较于 ShuffleNet V2 的 5 000 次左右的轮循，CFRG-CNN 仅需要 70 次左右的轮循就能达到同样的精度，故 CFRG-CNN 的效率优于 ShuffleNet V2 模型的效率。

数据集的图像数据由距离地面 600 多公里的 Sentinel-1 号 C 波段雷达遥感系统所采集，来自加拿大东海岸的遥感图像数据。这颗卫星是专门用于监测陆地和海洋，使用不可见光透过黑暗、雨、云，甚至雾来观测地球表面，采集影像不受时段的影响。成像机理是从一个物体上反射一个信号，记录回波，并进行转换，生成图像。一个物体在生成的图像上以一个亮点的形式出现，这是由于物体反射的雷达能量比周围环境反射的要强，强烈的回波有可能来自陆地、岛屿、海水、冰山和船只，雷达不能分辨探测的物体类别，这时候需要对目标物体进行特征提取。加拿大东海沿岸常有冰山出没，冰山隐蔽性强，大部分冰山仅在海面上露出 10%，而 90%的冰山是隐藏在海面下方的，这也是著名的“冰山一角”一词的由来。漂浮的冰山对船只造成极大威胁，为保证船舶航线安全，冰山和船只的自动监测是十分重要的。

数据集含有 2 个波段的数据，每个波段含有 5 625 个元素，采用两种极化方式，分别是 HH 及 HV，对应数据集的波段 1 和波段 2。其中，训练集中含有 1 443 个样本，验证集中含有 161 个样本，每个样本含有 2 个波段的极化数据。测试集中含有 8 424 个样本，每个样本同样含有 2 个波段的极化数据。入射角度从 19°到 46°不等，且有若干样本的入射角数据是缺失的，用“NA”表示。研究工作是建立适用于 SAR 图像的分类模型，该模型能同时兼顾分类的精度和效率，最终能以概率的形式区别出船只和冰山，概率大的一方为最终的分类结果。

图 5-2 是 CFRG-CNN 进行 SAR 图像分类的框架图。

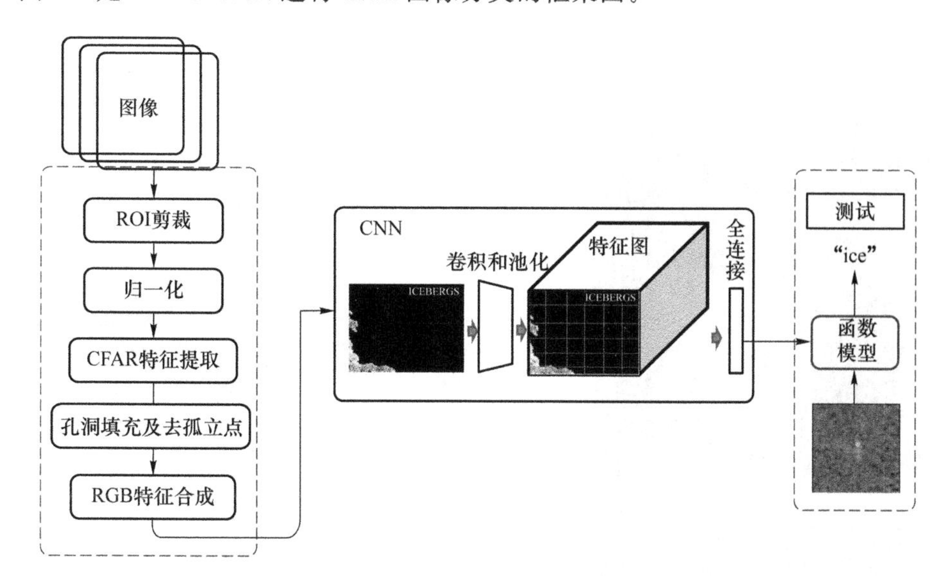

图 5-2 CFRG-CNN 进行 SAR 图像分类的总体框架

该框架主要分为数据增强模块，卷积神经网络模块，测试模块。

(1) 数据增强：包含 5 个部分，分别为 ROI 剪裁 (Region of Interest)、归一化、CFAR 特征提取、孔洞填充及去孤立点、RGB 特征合成。

(2) 卷积神经网络(训练)：包含建立模型 CNN、对抗过拟合、超参调参。

(3) 测试：将训练好的权重保存为文件格式，待测试时，从文件中读取并输出测试结果。

5.3.1 数据增强

虽然卷积网络能实现对图像数据进行端对端处理，但如果先对数据进行数据增强处理，再馈入神经网络训练，神经网络的训练速度及分类的精度将会有一个大的提升。数据增强经过 ROI 剪裁、归一化、恒虚警算法特征提取、孔洞填充及去孤立点、RGB 特征合成 5 个步骤。

1. ROI 剪裁

这一步骤是后续进行 CFAR 操作的关键，一方面，CFAR 运算量非常大，而原始的 SAR 图像又包含大量的目标信息。如果能对原始 SAR 图像进行剪裁，统一图像的尺寸，再进行 CFAR 目标检测，那么将大大缩小运算量并提高恒虚警算法的准确性。另一方面，CNN 要求输入图像尺寸必须是相同大小的，这一步骤为图像输入 CNN 网络做好准备。

由于 CNN 网络要求输入固定大小的目标图像，故首先要将目标从整个卫星图像中提取出来并将目标置于子图像的中间位置。从数据集中选取出两幅剪裁后的图像，图 5-3

显示了 SAR 图像的 ROI 表示。图 5-3(a)和图 5-3(b)是一幅 ROI 图像的二维表示及三维表示,图 5-3(c)和图 5-3(d)是另一幅 ROI 图像的二维表示及三维表示。

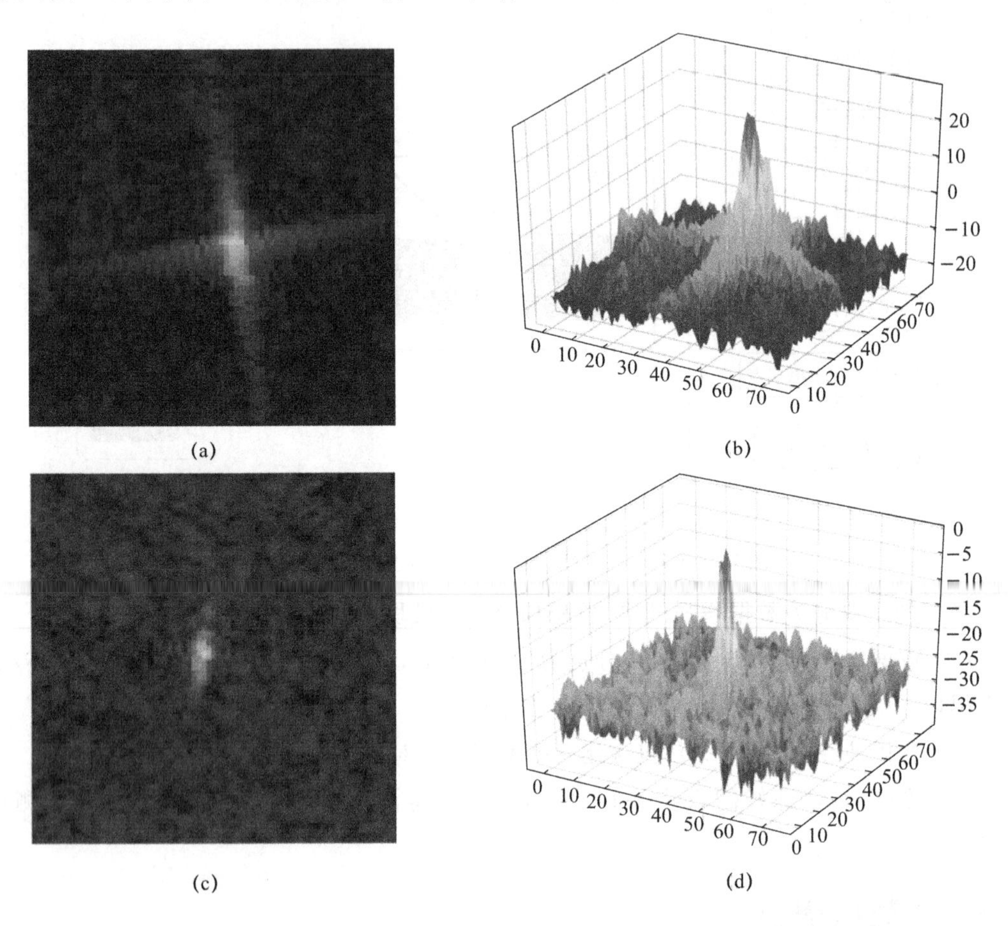

图 5-3　SAR 图像的 ROI 表示

2. 归一化

归一化的目的是去除目标图像上较强的后向散射信号,通常这类信号有较高的灰度值,易造成训练过程中的不稳定。归一化操作能将目标像素的分布从高度偏斜(右尾)的分布改变为类似正态的对称分布。工程中常用的归一化方法有最大最小值、0 均值标准化、线性归一化等方法。由于数据集图像数据为−20～+5 的数据,如果采用对数归一方法,如 $\log_{10}(x)=y$,当 x 为负数时,将得到无效的 y 值;如果采用 0 均值标准化,将得到以 0 为中心,−1～+1 的数据。为方便处理,本节采用的是最大最小值归一化方法(Min-Max Scaling),归一后的数据范围为[0,1]。

最大最小值归一化方法表示为

$$f(i,j)_{\text{norm}}=\frac{f(i,j)-I_{\min}}{I_{\max}-I_{\min}} \tag{5.6}$$

其中，$f(i,j)$表示 SAR 图像中像素位置(i,j)处的灰度强度，I_{min}表示 *SAR* 图像中观测区域的最小灰度值，I_{max}则表示观测区域的最大灰度值。

图 5-4 是 ROI 图像归一化前及归一化后的二维及三维表示。图 5-4(a)显示了归一化前的二维 ROI 图像，图 5-4(b)显示了归一化后的二维 ROI 图像，图 5-4(c)显示了归一化前的三维 ROI 图像，图 5-4(d)显示了归一化后的三维 ROI 图像。归一化后，图像特征更为明显，代价函数的轮廓会变得"偏圆"，梯度下降过程更加笔直，有利于缩小训练时梯度下降算法的收敛过程。

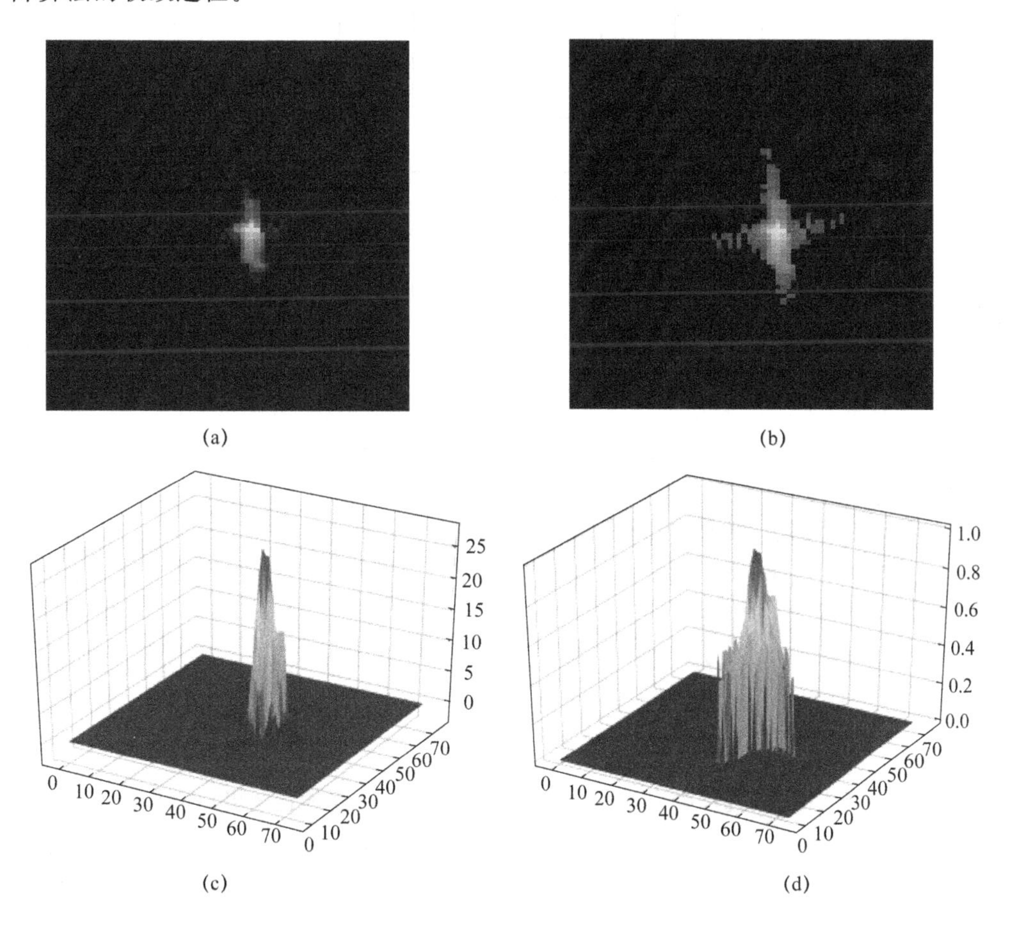

图 5-4 ROI 图像归一化前与归一化后表示

3. CFAR 特征提取

由于雷达信号在产生和传输过程中会受到不同程度的随机性干扰，这些干扰包含接收过程中的噪声、雨雪和海浪等杂波，以及混在有用目标中的邻近干扰目标。这些干扰在时间与空间上的变化呈现了不同的变化范围、概率分布等特性，利用这些特性能实现对目标的监测。CFAR 是一种雷达目标自动检测的统计学方法，主要目的是去除杂波和噪声等干扰信息，使用自适应窗口的 CFAR 算法的具体步骤如下：

(1) 对不同的 ROI 图像，确定不同尺寸的 CUT(The Cell Under Test)、背景窗口(The Box CFAR Window)和保护窗口(Guard Window)3 个窗口，如图 5-5 所示。由于 ROI 图像并不大，将背景窗口设置为与 ROI 后的图像相同的大小。ROI 图像已经将目标置于图像的中心位置，因此，目标窗口的大小放置在图像的中点，保护窗口依据目标强度的统计特征来设定高度与宽度。

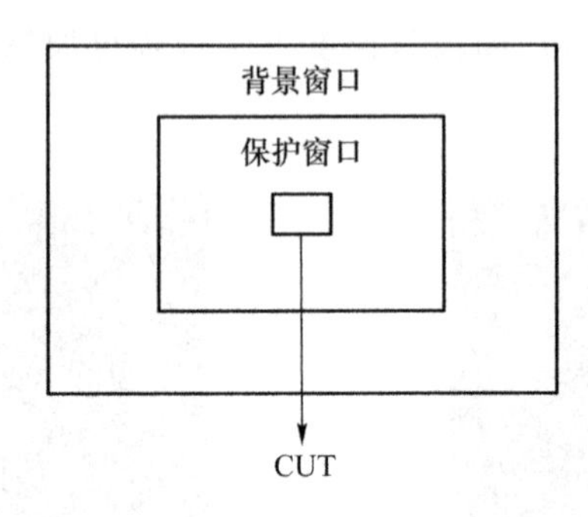

图 5-5　CFAR 窗口

(2) 由于 ROI 图像中的强度分布呈现一个高斯分布的特性，因此，在 $f(i,j)$ 处的概率密度函数可表示为式(5.7)。

$$f_{\mathrm{pdf}}=\frac{1}{\sqrt{2\pi\delta}}\exp\left(-\frac{(f(i,j)-\mu)^2}{2\delta^2}\right) \tag{5.7}$$

其中，f_{pdf}表示均值为 μ，方差为 δ 的概率密度函数。

(3) 虚警率可以表示为式(5.8)。

$$\begin{aligned} f_{\mathrm{cdf}}&=\int_T^{\infty} f_{\mathrm{pdf}}\mathrm{d}(f(i,j)) = \int_t^{\infty}\frac{1}{\sqrt{2\pi}}\exp\left(-\frac{t^2}{2}\right)\mathrm{d}t \\ &= 1-\int_0^t\frac{1}{\sqrt{2\pi}}\exp\left(-\frac{t^2}{2}\right)\mathrm{d}t = 1-\Phi(t) \end{aligned} \tag{5.8}$$

其中，T 表示 CFAR 的阈值，Φ 表示标准正态分布函数，最终阈值 t 可以表示为式(5.9)。

$$t=\Phi^{-1}(1-P_{\mathrm{fa}}) \tag{5.9}$$

其中，P_{fa}代表虚警率，Φ^{-1}表示 Φ 的反函数。

如果像素的强度低于阈值，则表示该像素为背景像素，否则为目标像素，目标图像和背景图像通过二值掩膜计算得到，如式(5.10)所示。

$$f'(i,j)=\begin{cases}1, & f(i,j)\geqslant T\\ 0, & f(i,j)<T\end{cases} \tag{5.10}$$

图 5-6 是进行 CFAR 特征提取后的图像效果。图 5-6(a)显示了原始 ROI 图像，图 5-6(b)显示了使用 CFAR 模型生成的 ROI 图像的掩膜，图 5-6(c)和图 5-6(d)显示了该 ROI 图像掩膜后的背景信息和前景信息。

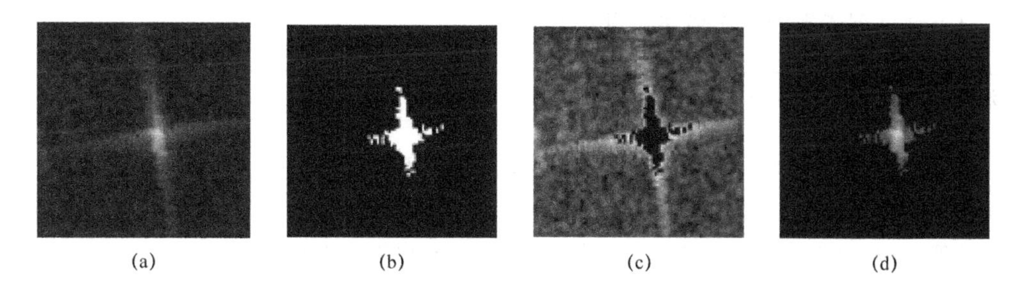

(a) (b) (c) (d)

图 5-6 CFAR 特征提取后的 ROI 掩膜

4. 孔洞填充及去孤立点

目标图像进行掩膜过滤后，存在着一些孔洞及少数孤立点，这些信息将影响图像分类的结果。因此，对图像进行 CFAR 处理后，孔洞填充及去孤立点的操作是必要的预处理操作。

孔洞填充主要使用膨胀算法进行，为避免出现待处理图像的(0,0)位置像素是孔洞的情况，将原图像向外延展 1 个像素，待膨胀算法填充完毕后，再去掉延展部分，取反加上初始图像即为孔洞填充后的图像。而孤立点的剔除则根据图像中的亮点密度进行。设定一个密度阈值，剔除低于这个阈值的孤立点。

孔洞填充及去孤立点过程的实验结果如图 5-7 所示。图 5-7(a)表示去除孔洞及孤立点前的 ROI 图像掩膜，图 5-7(b)表示去孔洞后 ROI 图像掩膜，图 5-7(c)表示去孤立点后 ROI 图像掩膜。将去除孤立点及孔洞后的掩膜作用于如图 5-7(d)所示的 ROI 图像上，得到 ROI 图像的前景及背景信息，如图 5-7(e)和图 5-7(f)所示。

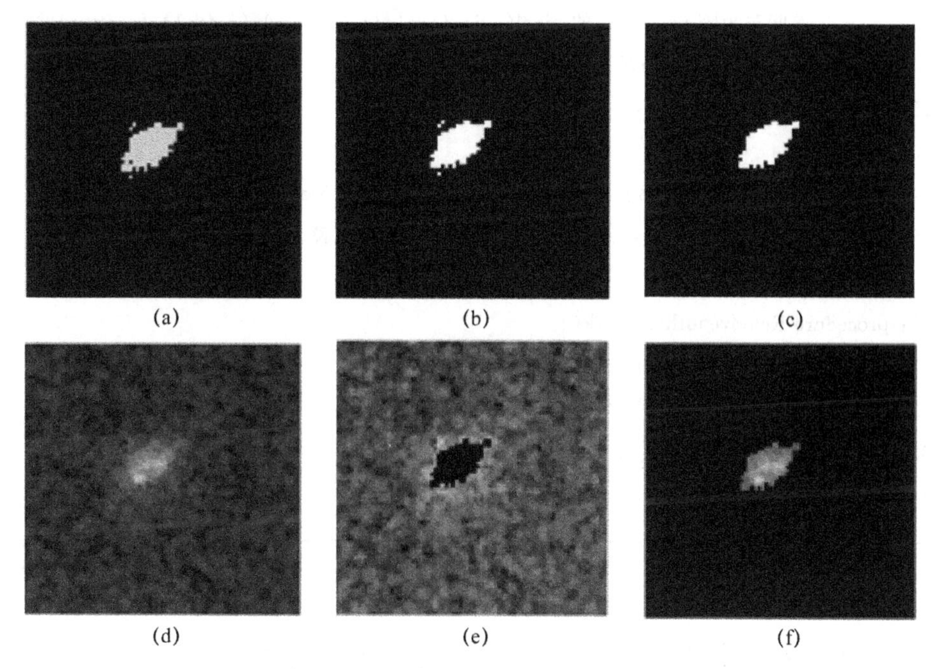

(a) (b) (c)

(d) (e) (f)

图 5-7 孔洞填充及去孤立点后的图像

以上预处理步骤的算法描述见算法 5-1。

算法 5-1 SAR 图像掩膜提取算法

输入： 输入 ROI 图像。其中：S 表示 Surrounding Cells，不包含 CUT 和 Guard Cells；normcdf()表示累积分布函数；$f(i,j)$表示在 S 中的像素点(i,j)的灰度值；normppf()表示 CDF 的逆函数；n'_k表示像素值等于 k 的像素个数，$k=0$ 或 $k=1$；n 表示在 Matrix_C 中像素的个数。

输出： 图像的掩膜。

1： procedure CFAR_mask()
2： 设置 CUT，Guard 窗口和 CFAR 窗口。
3： 　计算 S 内的像素的均值 μ 与方差 δ。
4： 　计算 $P_{fa}=\text{normcdf}(f(i,j),\mu,\delta)$。
5： 　获得阈值 $t=\text{normppf}(1-P_{fa},\mu,\delta)$
6： 　产生 CFAR_mask 掩膜。
7： end procedure
8： procedure Floodfill_mask()
9： 　复制 CFAR_mask()给矩阵 Matrix_A。
10： 　设置矩阵 Matrix_B 为零矩阵，对矩阵的维度扩充 1 个像素。
11： 　设置矩阵 Matrix_A 的元素(0,0)作为种子点 pixel(i,j)。
12： 　while pixel$(i',j')\in$ Matrix_A do
13： 　　if pixel$(i,j)==$pixel(i',j') then
14： 　　递归对矩阵 matrix_B 的 pixel(i,j)，$(i+1,j)$，$(i-1,j)$，$(i,j+1)$，$(i,j-1)$处使用泛洪算法，用 1 进行填充。
15： 　　end if
16： 　end while
17：将第 10 步矩阵 Matrix_B 扩充的 1 个像素去掉，存储在 Matrix_A 中。
18：使用 CFAR_mask||~Matrix_A 得到 Floodfill_mask 掩膜。
19：end procedure
20：procedure Removeoutlier_mask()
21： 　Matrix_C←Floodfill_mask()
22： 　计算每个像素值的频率 $p(r_k)=n_k/n, r_k=\{0,1\}$。
23： 　产生 removeoutlier_mask 掩膜。
24：end procedure

5. RGB 特征合成

本节所提方法采用 RGB 来增强 SAR 图像目标的特征。在 CFAR 特征提取中，本节所提方法利用 CFAR 检测 SAR 图像的高亮点，利用目标先验信息及特征完成检测，剔除虚警,将 SAR 图像分成目标区域和背景区域。在 RGB 特征合成模块中,本节所提方法将不同波段的目标区域映射到 RGB 上进行合成,能使 CNN 在网络训练时充分利用波段间的关联信息。合成后的彩色图像 $H(i,j)$将作为三个灰度图像的堆叠,输入神经网络进行训练。

$$\begin{cases}R(i,j)=\gamma_1\times f'_{\mathrm{HH}}(i,j)\\G(i,j)=(1-\gamma_1)\times f'_{\mathrm{HV}}(i,j)\\B(i,j)=\gamma_2\times f(i,j)\end{cases}\tag{5.11}$$

其中:$R(i,j)$、$G(i,j)$、$B(i,j)$分别表示图像 $H(i,j)$的红、绿、蓝 3 通道颜色;$f'_{\mathrm{HH}}(i,j)$为 CFAR 提取后的 HH 波段目标信息;$f'_{\mathrm{HV}}(i,j)$为 CFAR 提取后的 HV 波段信息;$f(i,j)$为 ROI 图像,可以是 HH 或 HV 中的任何一个;γ_1 和 γ_2 为合成系数,取值为 0～1。

5.3.2　图像分类

针对数据集特点,分类模块采用多输入模型并行的方式,第一个输入是 HH 极化的 RGB 图像,第二个输入是 HV 极化的 RGB 图像,第三个输入是入射角度。

CFRG-CNN 分类模块的结构如图 5-8 所示。该模块包含 1 个输入层,4 层堆叠交替的卷积层和取样层,2 个全连接层及 1 个输出层。

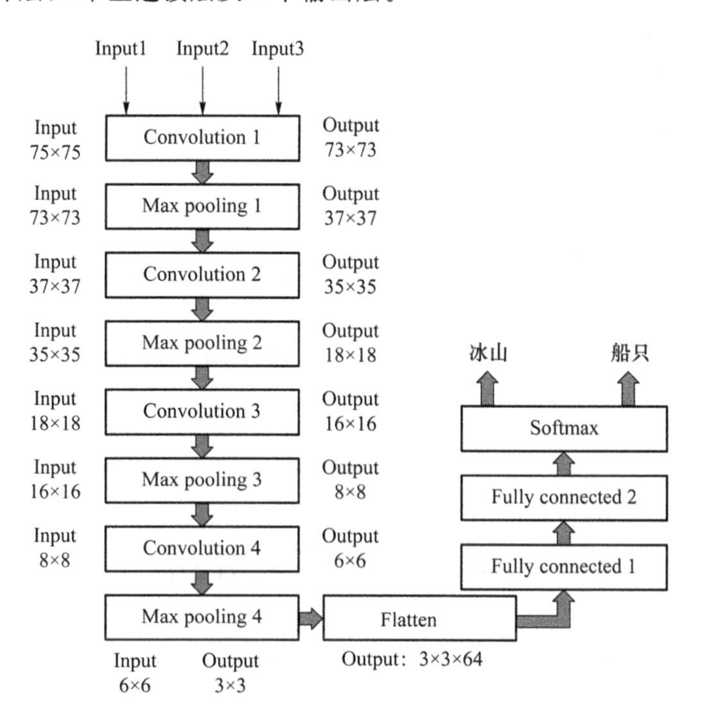

图 5-8　CFRG-CNN 图像分类模块结构

卷积层包含输入、卷积核和激活函数。卷积核是卷积层的权值矩阵,也称张量,是经过训练得到。激活函数有线性和非线性的,常用的激活函数包括 sigmoid 函数和校正线性单元(ReLU)。卷积层通过卷积操作提取不同特征面的局部特征。在本节所提模型中,由于数据集每个波段有5 625个元素,于是原始输入图像设置为75×75像素,卷积核设为75×75像素,卷积核参数是通过网络训练得到的。卷积步长(Stride)设为1,卷积核从输入图像的(0,0)像素开始,依据步长的大小在输入图像上从上到下、从左到右地进行卷积,最终得到特征图,同时将该特征图作为下一层操作的输入。

取样层也称池化层,在语义上把相似的特征合并起来。经过池化操作的特征,对噪声和变形更具有鲁棒性。取样层不包含需要学得的参数,与该层相关的参数主要包含取样核大小(在本章所提模型中设为2×2像素)、取样步长(在本章所提模型中设为1)、取样方式等超参数。取样操作设为最大值取样,即挑出取样核覆盖区域中的最大值为最终值。这样,取样操作后的图像相比其输入尺寸减小了。从某种意义上来说取样是一种"降采样",数据经过取样层操作,实现了特征降维,保持了特征不变性,并在一定程度上防止过拟合,使模型更易于优化。

卷积层和取样层进行三层交替堆叠,各层提取到的特征呈逐渐增强的趋势,越到高层,提取的特征也越多。经过4层卷积层和1层取样层,最终的单个特征图尺寸已经大大缩小,但由于计算得到的特征图个数较多,传递到全连接层的参数量也是相当可观的。

全连接层的作用是在神经网络中为最终分类做准备,每个神经元对前一层的特征进行全连接,将前面各层提取到的局部特征进行综合,最终输出各个类别的概率。在实际操作中,可将全连接层看作一种卷积操作。如前一层是卷积层,则可以将操作转化为与上一层输出图像尺寸大小相等的卷积核的全局卷积;如前一层是全连接层,则可以将操作转化为与1×1的卷积核进行卷积。

全连接层通过目标函数对待预测样本进行分类,目标函数如式(5.12)所示。

$$\arg\min \frac{1}{M}\sum_{i=1}^{M} L(D_i, G(H_i)) + \lambda J(G) \tag{5.12}$$

其中:$\min \frac{1}{M}\sum_{i=1}^{M} L(D_i, G(H_i))$是经验风险,表示模型对样本的拟合度;$\min \lambda J(G)$是结构风险,表示模型的复杂程度。$G$表示CNN模型,$L$表示损失函数,$J$表示模型复杂度函数,$\lambda$表示复杂系数,$M$表示样本个数。$H \in \mathbb{R}^{n \times n}$表示输入,$D \in \mathbb{R}^{K}$表示输出,$K$表示类。

5.4 实验结果分析

本实验使用的数据是来自加拿大东海岸的Sentinel-1的C波段雷达数据,其经ROI剪裁后存储在.json格式的文件中,可用python读出。这些数据集在不同的角度(19°~47°),相应的极化图像HH和HV对应于band1和band2,训练集与验证集共1 604幅图像,其中133幅图像的入射角度为NA。在本次实验中,训练数据集包含1 443个样本;验证数据集包含161个样本;测试数据集包含8 424个样本。训练图像集中,船只的数据量是726,冰山的数据量是717。由于神经网络有监督训练需要大量标注样本,产生这些样本的过程是昂贵和困难的,而有限的已标注样本在训练过程中可能产生过拟合(Over-Fitting)。过拟合将产生错误的回归系数,换言之,得到的权重可能在训练集中表现良好,但在测试集中表现欠佳,从而影响分类的性能。实验时,一些网络模型表现出过拟合特征,主要表现是训练精度已经可以达到99.9%,但是测试精度仅为70%左右,两者相差20～30个百分点,导致训练无法继续进行。有许多办法对抗过拟合,本节使用了数据增强、正则化两种方法。这一思路来自半监督学习,其采用数据扰动进行数据增强。CFAR的掩膜是面向对象的,它能区分前景和背景,将前景(目标区域)提取出来,并使用RGB方法混合两幅图像,这样能更有针对性地实现训练数据中的实例场景增强。

本实验在现有模型VGG16的基础上,提取了原始训练权重,并在本数据集的基础上,在全连接层进行了再训练,这种操作也称为Fine-Tuning。epoch为19次,结果很不理想,过拟合严重,训练精度与验证精度相差20个百分点,最终放弃了训练。对模型参数及结构进行多次调整,确定了4层卷积结构的网络模型。在训练轮数上,经过实验观察与统计比较,本实验认为70～80的训练轮数比较合适。在输入通道上,本实验尝试了1～3个通道的输入模型,建立了3个不同的分类模块CNN1, CNN2, CFRG-CNN。CNN1只有1个输入,使用了RGB特征合成的HH极化图像;CNN2有2个输入,使用了RGB特征合成的HH及HV极化图像,CFRG-CNN有3个输入,除2个特征合成极化图像外,还使用了入射角度作为输入。模型对比结果见表5-1,可以看出CFRG-CNN是其中表现最好的模块。

表5-1 卷积神经网络模型性能比较

模型	通道数	训练轮数	验证精度	验证误差	训练精度	训练误差
VGG16	3	19	0.608 7	0.619 2	0.812 9	0.398 2
CNN1	1	80	0.781 9	0.687 3	0.999 2	0.023 3
CNN2	2	112	0.879 8	0.286 9	0.993 0	0.044 5
CFRG-CNN	3	70	0.960 8	0.197 6	0.998 6	0.022 1

ShuffleNet V2是2018年提出的一种轻量型卷积网络架构,使用了组卷积技术和通道洗牌技术来提升网络性能。为了对比CFRG-CNN的性能,本章进行了KNN、SVM及ShuffleNet V2的实验,在相同数据集的基础上进行了4种方法的比较,见表5-2。其中:SVM模型使用RBF核函数,系数$\gamma=0.001$,惩罚系数$c=100$;KNN模型使用自动分类算法,距离函数是闵可夫斯基距离Minkowski,$p=2$,邻居的数量为$n_{\text{neighbors}}=3$;卷积网络使用Adam优化方法,学习率最初设置为0.025,随着训练次数增多而逐渐减小,批量规模batch为100,epoch的次数使用提前终止(Early Stopping)方法,即当验证过程中,出现了网络误差不再下降的情况,停止训练过程。

表 5-2　4 种方法的分类性能比较

模型	训练精度	验证精度
KNN	87%	77%
SVM	96%	96%
ShuffleNet V2	99%	96%
CFRG-CNN	99%	96%

测试结果显示如表 5-2，ShuffleNet V2 与 CFRG-CNN 的验证精度都达到了 96%。图 5-9 是 ShuffleNet V2 训练时的验证精度，从第 5 000 次 epoch 开始，验证精度差不多稳定在 96%上下；直到第 13 740 次 epoch，验证精度仍是 96%，这表明验证精度在训练中已达饱和。图 5-10 显示了在 CFRG-CNN 训练期间，训练轮数、损失值和精度之间的关系，epoch 在 70 次左右时，验证精度已经能稳定在 96%上下。图 5-9 与图 5-10 的比较结果显示 CFRG-CNN 网络训练时间优于 ShuffleNet V2 的时间，这也体现了 SAR 图像在馈入卷积网络前，进行数据增强的优越性。

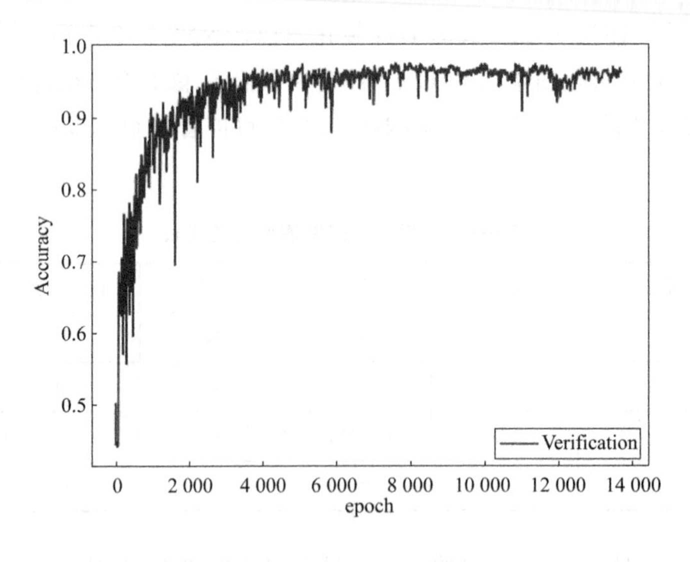

图 5-9　ShuffleNet V2 验证精度

在所有的网络层上使用相同的学习率，在训练过程中，模型将自动调整初始学习率。可以看到图 5-10 中，当 epoch 为 0～10 时，曲线比较陡峭，损失值下降，精度值提升；而当 epoch 达到 20 次以上时，曲线慢慢变得平滑，学习速度开始下降。验证精度比训练精度要高，说明 CFRG-CNN 模型的泛化能力表现较好。当 epoch 到达 50 次以上时，通过深度学习，训练精度超过了验证精度，当验证精度达到某一固定值且这个值很难再有什么变动时，使用预先终止法(Early Stopping Method)停止训练。

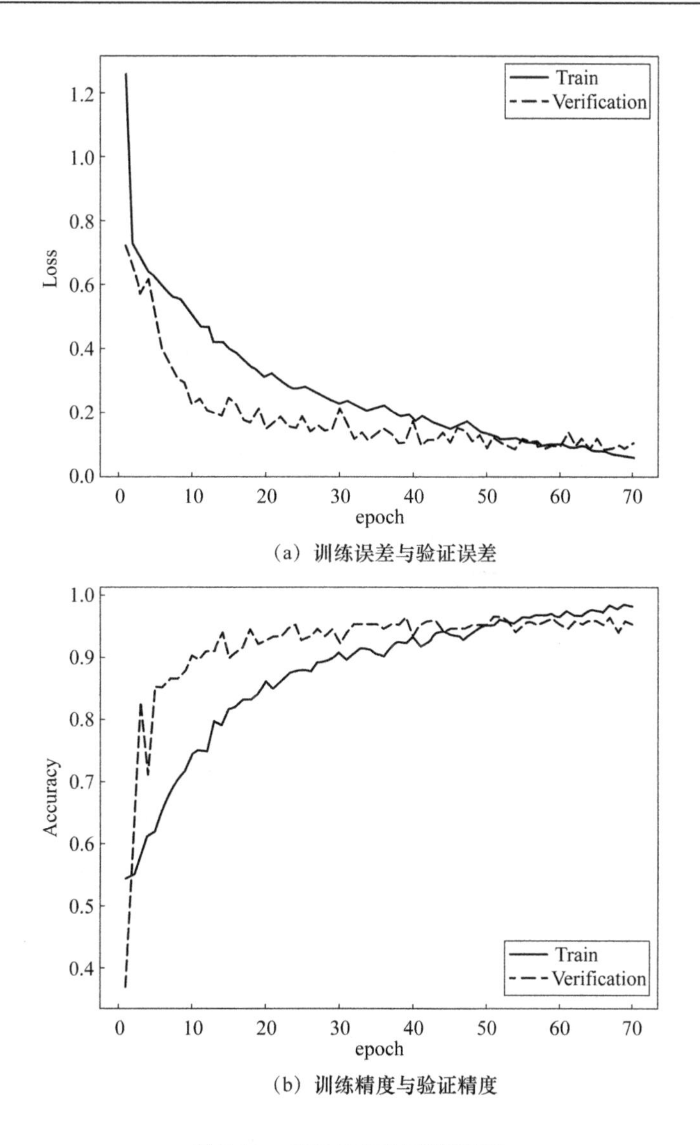

(a) 训练误差与验证误差

(b) 训练精度与验证精度

图 5-10 CFRG-CNN 训练情况

为了更全面地评价 CFRG-CNN 的性能，实验中除了精度外，还使用了 Precision-Recall 曲线和 ROC(Receiver Operator Characteristic)曲线来评价本章所提模型的表现，如图 5-11 所示。这两类曲线是机器学习中常用的分类评价方法，它们基于混淆矩阵的 4 个元素的值，分别是 TP(True Positive)、TN(True Negative)、FP(False Positive)和 FN(False Negative)。因此，能够通过式(5.13)得到准确率(Precision)、召回率(Recall)、假正率(True Positive Rate)和假负率(False Positive Rate)，从而得到图 5-11。图 5-11 对两个类别即船只与冰山进行了分类评价，AUC(Area Under Curve)为 ROC 曲线下的面积，我们观察到对船只与冰山而言，CFRG-CNN 对船只与冰山的分类效果不相上下。而 AP(Average Precision，Precision-Recall 曲线下的面积)对船只的分类效果要略优于对冰山的分类效果，在将 CFRG-CNN 训练所得权重用于测试集分类时，这一现象体现出与测试精度的一致性。测试集含有 8 424 张图片，全部用来做测试，得到的总测试精度为92.45%。其中，船只的分类精度为 93.8%，冰山的分类精度为 91.17%，略低于船只的分类精度。

$$
\begin{aligned}
&\text{Precision}=\frac{\text{TP}}{\text{TP}+\text{FP}}\\
&\text{Recall}=\frac{\text{TP}}{\text{TP}+\text{FN}}\\
&\text{True Positive Rate}=\frac{\text{TP}}{\text{TP}+\text{FN}}\\
&\text{False Positive Rate}=\frac{\text{FP}}{\text{FP}+\text{TN}}
\end{aligned}
\tag{5.13}
$$

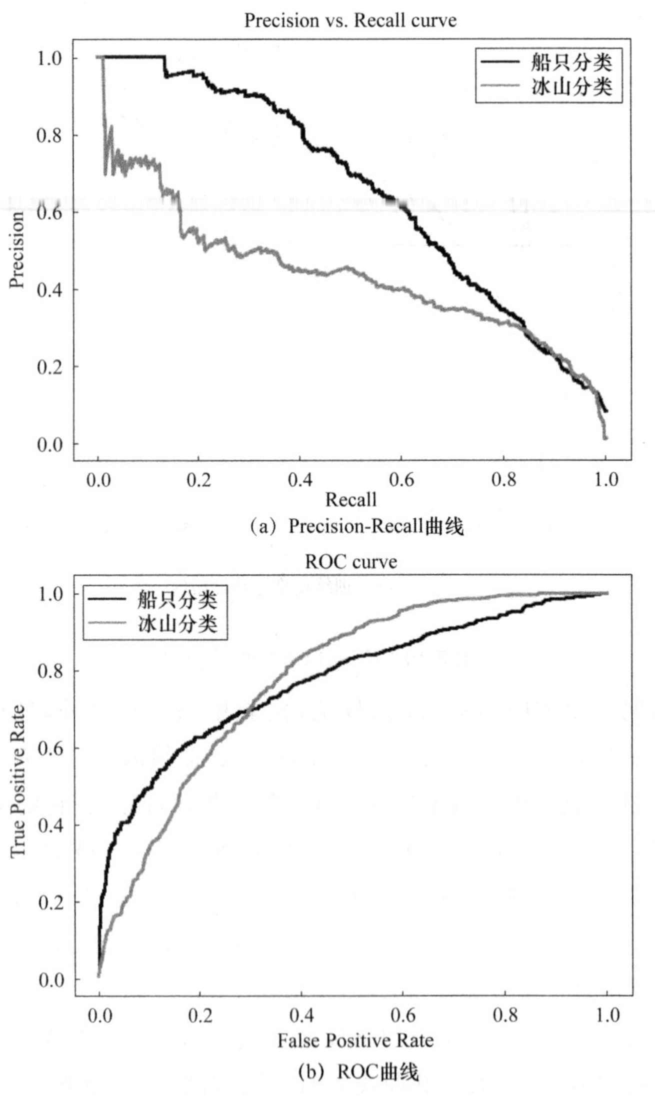

(a) Precision-Recall曲线

(b) ROC曲线

图 5-11　CFRG-CNN 的分类性能评价

实验中测试了不同卷积层的卷积核的大小，最终选择了 3×3 大小的卷积核，将其应用于每一层卷积中，4 层卷积核的数量分别设置为 16，32，64，64。原始的权重设置为一个最小值 1×10^{-4}，初始的偏移设置为 0。权重在训练过程中不断更新，权重矩阵也称为卷积核。第一层卷积核的可视化如图 5-12 所示，尺寸大小为 3×3，个数为 16 个。

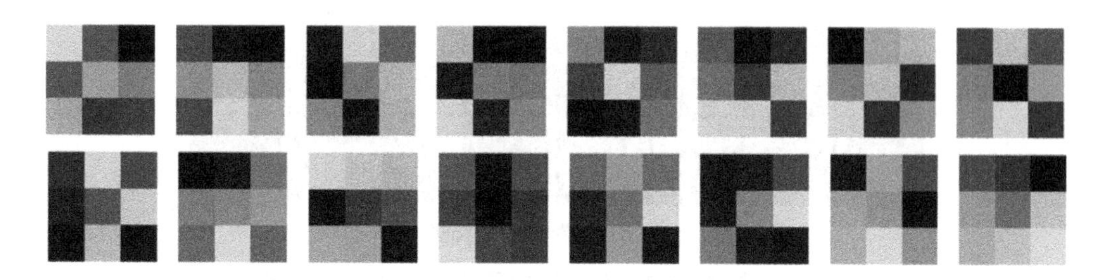

图 5-12　第一层卷积核的可视化

第二层有 32 个 3×3 大小的卷积核，但为了便于显示，把每个卷积核大小可视化为 16×3×3，如图 5-13 所示。

图 5-13　第二层卷积核的可视化

第三层卷积核和第四层卷积核由于数量太多，不一一显示。

使用反卷积法对每一层的特征图进行可视化，反卷积可视化以各层得到的特征图作为输入，来观察网络每一层学习到了哪些特征。需经过反池化、反激活及反卷积等步骤，不断重复这些操作，直到原始输入层。反卷积也为得到更好的模型给出了指导。图像的特征经过多层卷积，第一层提取的是一些边界触点等抽象特征，每往后一层，特征呈现就越具体，这也类似于人类视觉系统的视觉规律。CFRG-CNN 中 4 层卷积层的特征图可视化如图 5-14 所示。

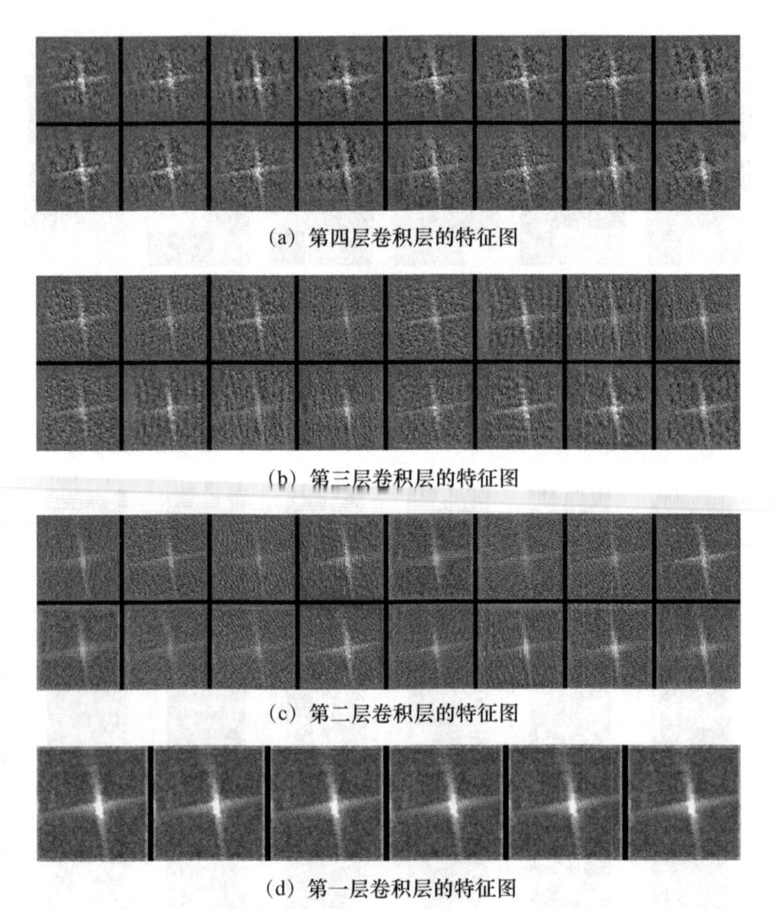

(a) 第四层卷积层的特征图

(b) 第三层卷积层的特征图

(c) 第二层卷积层的特征图

(d) 第一层卷积层的特征图

图 5-14　4 层卷积层的特征图可视化

图 5-15 是卷积网络第四层中张量取值分布情况的可视化，该图展示了不同层神经网络中参数的取值变化。图 5-16 更为细致地表示了每一层参数的取值分布与训练轮数(epoch)之间的对应关系，颜色越深的平面表示迭代轮数越少，颜色较浅的平面表面迭代轮数越多。以 con1/bias_0 的参数分布为例，偏置矩阵 bias_0 初始化为全零矩阵，在第一轮中，其取值都集中在 0 周围，但随着训练轮数的增加，曲线越加平缓，即代表其取值分布越来越趋于平均分布。

图 5-17 显示了 CFRG-CNN 分类的结果。从验证数据集中选择一些比较相似的图像展示分类的结果。上面的图是尺寸为 75×75 像素的 ROI 图像，直方图表示预测类别所

属的概率,横轴表示概率,纵轴表示类别,较高的概率表示分类的结果。图 5-17(a)和图 5-17(b)为对 2 幅 ROI 图像进行分类的结果,模型几乎以概率 1 成功预测了分类结果为船只。图 5-17(c)和图 5-17(d)为对 2 幅与图 5-17(a)和图 5-17(b)肉眼上相似的 ROI 图像进行分类的结果,模型以 90%多的概率成功预测了分类结果为冰山。而对另两幅相似的 ROI 图像,如图 5-17(e)和图 5-17(f),模型则错误预测了结果。可以看出,在模型预测的结果中,两种类别的概率相差不大,差值约为 30 个百分点。使用训练集中的 1 443 张图片训练的模型,测试了测试集中的 8 424 张图片,得到的测试精度为 92.45%。这也说明了采用 CFAR 提取目标并进行 RGB 合成的数据扰动这一措施的有效性,CFRG-CNN 分类方法体现了良好的性能。

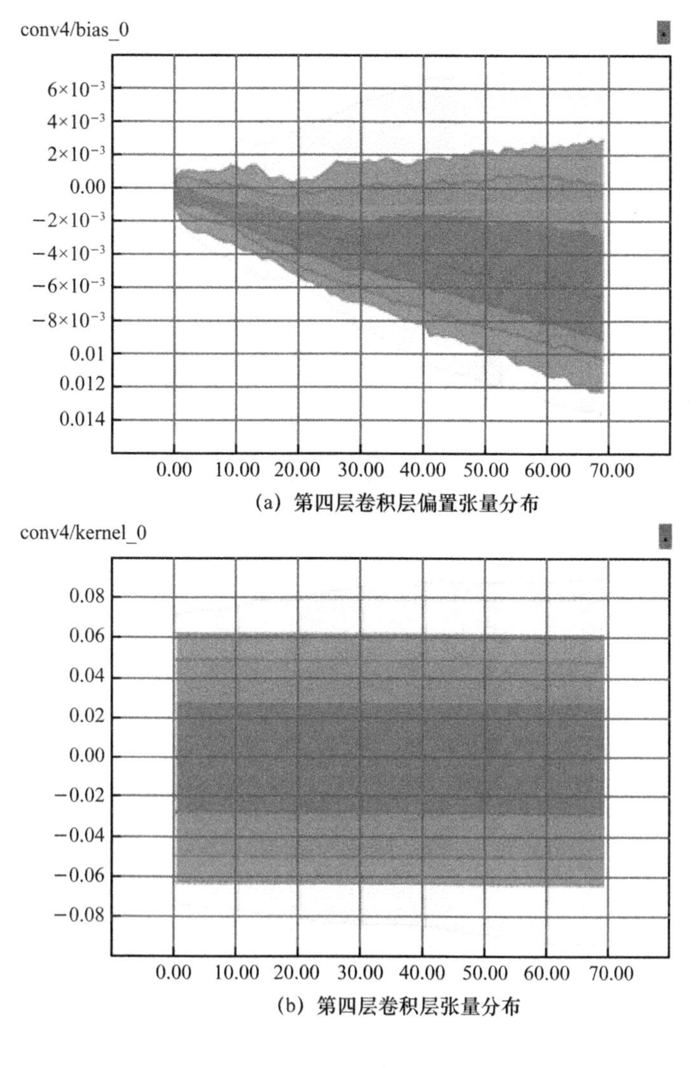

(a) 第四层卷积层偏置张量分布

(b) 第四层卷积层张量分布

图 5-15 张量取值分布效果

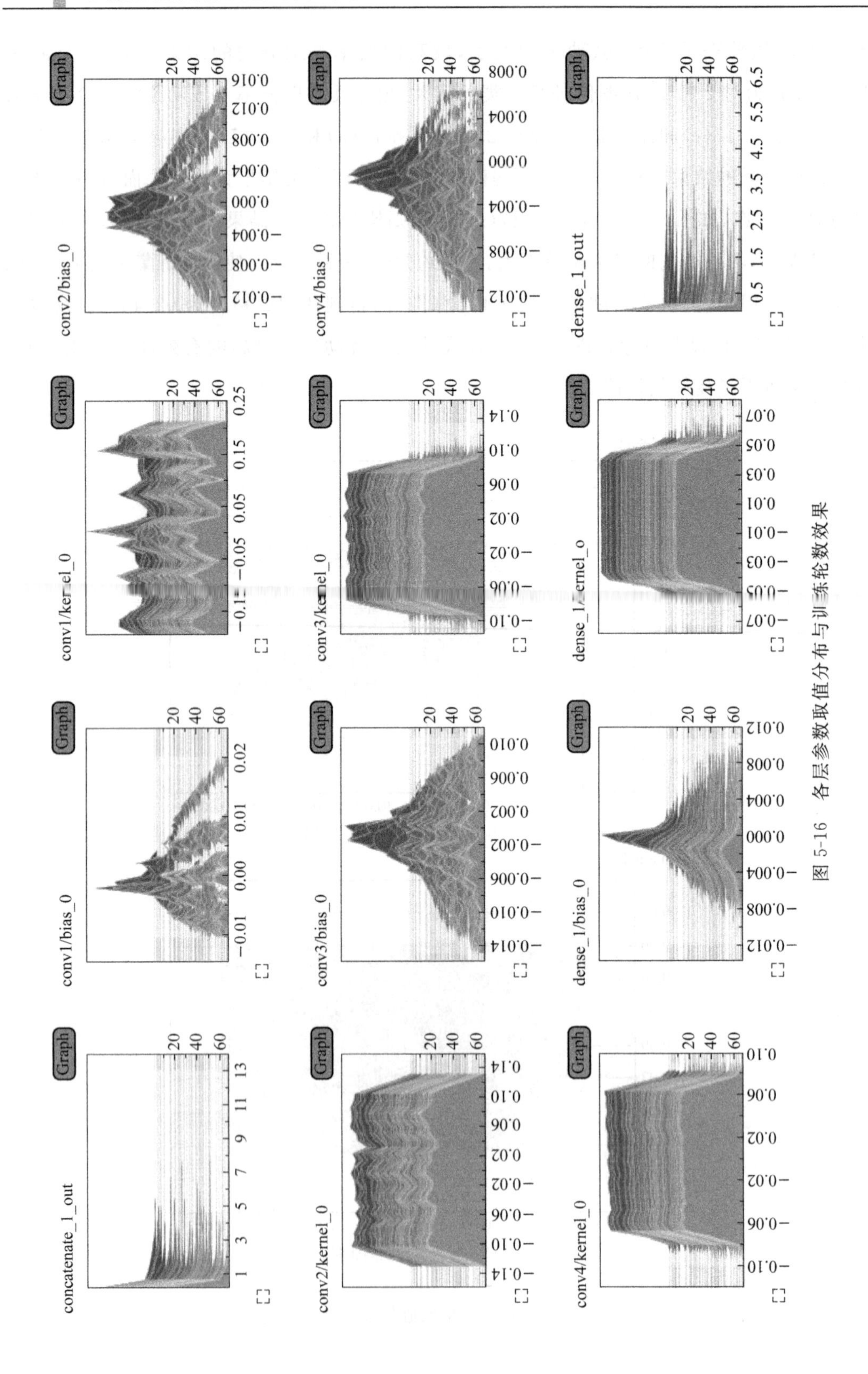

图 5-16　各层参数取值分布与训练轮数效果

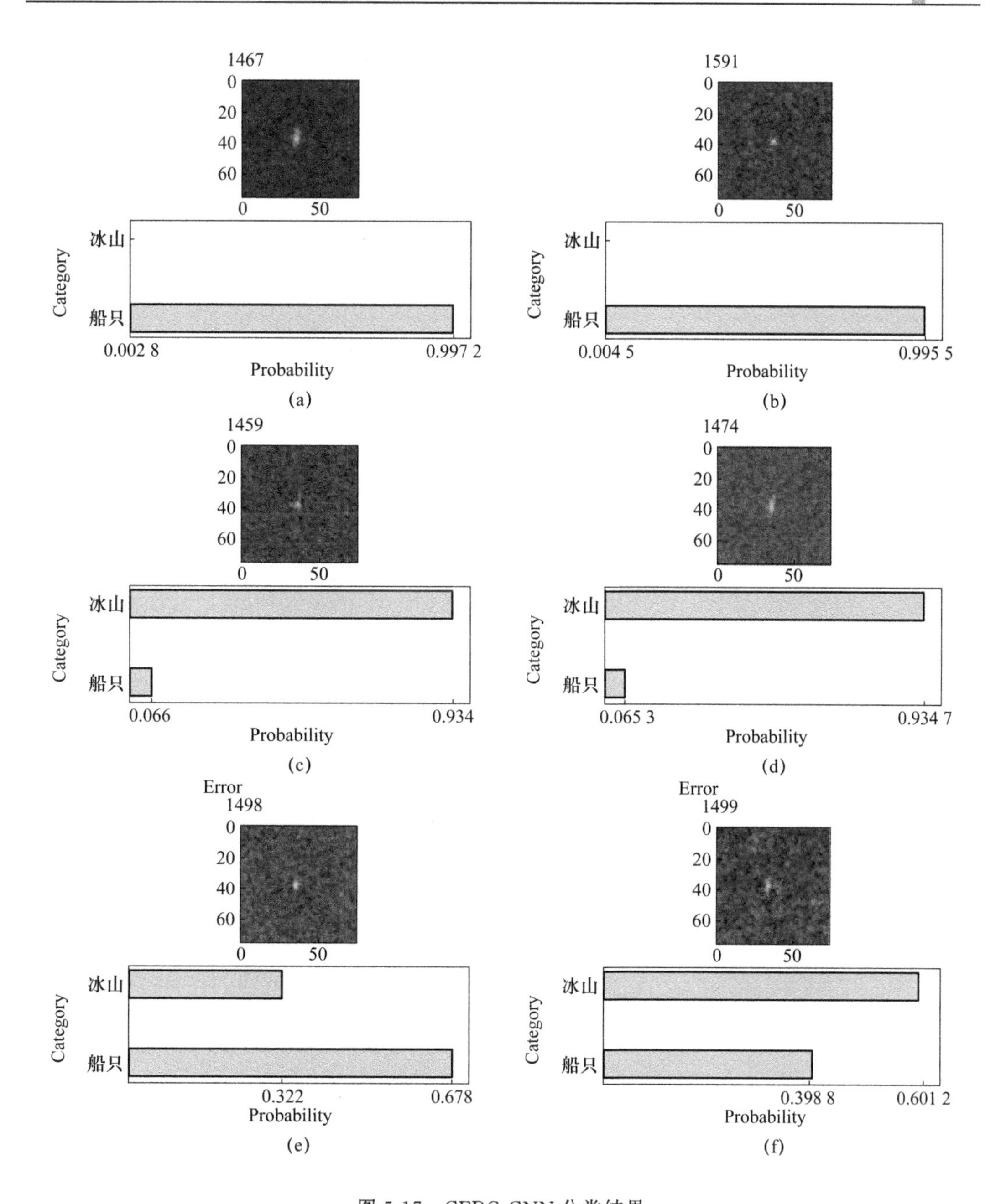

图 5-17 CFRG-CNN 分类结果

本章小结

本章提出一种深度学习的遥感图像分类方法，提出卷积神经网络的数据增强方法，研究了恒虚警方法、RGB 特征合成方法与卷积神经网络的集成方法，构建了适用于遥感图像分类的 CFRG-CNN 模型。实验时，将该模型的精度与时下流行的 SVM、KNN 及

ShuffleNet V2 模型进行了比较，结果显示在相同的数据集下本章所提模型与 ShuffleNet V2 模型都可以达到 96%的验证精度，优于实验中其他方法的精度，但经过预处理后的 SAR 图像在卷积网络中的运行效率优于 ShuffleNet V2 模型。实验证明了本章所提方法的可行性。对本章所提方法稍做扩展，可将其用于其他 SAR 图像目标识别分类中。

第6章　基于神经网络架构搜索的遥感图像分类方法

6.1　引　　言

迄今为止，国内外各种组织和研究小组都有与 NAS 相关的工作。NAS 领域在不断发展，新工作不断被提出。总结来说，关于神经网络结构搜索的研究有 3 个阶段：定义搜索空间、确定在搜索空间中使用的搜索策略，以及评估搜索策略的性能。性能评估阶段将在 6.4 节详细介绍。

1. 定义搜索空间

NAS 中的搜索空间是指可以对给定任务进行思考的一组可能架构。这个搜索空间包括各种超参数，例如，网络层数、网络层类型、激活函数类型、卷积层的过滤器大小、步幅和填充，以及其他超参数，如池化层的类型及其内核大小。以基于单元的网络架构思想为例，在搜索空间中定义单元（Cell）和操作（Operations），每个单元由操作组成。将这些单元堆叠组成一个宏观的搜索网络。Zoph 等在 2018 年提出了一种设计卷积架构的框架 NASNet。宏观的搜索网络是人工预先设定的，在搜索空间中，所有的卷积网络具有相同的结构，但其权重不同，这种小的、重复的结构被称为单元。搜索最优的卷积架构相当于搜索最优的单元结构。单元结构分为正常单元（Normal Cell）和衰减单元（Reduction Cell）两类。正常单元返回与输入相同维度的特征图，用于提取高级特征；衰减单元降低空间分辨率，返回的特征图的高度和宽度缩小至原始输入的 1/2。多个重复的正常单元后连接一个衰减单元，重复多次，形成最终的网络结构。现有的大部分搜索算法都采用这两种单元结构。Zhang 等在 2019 年提出了一种多尺度单元（Multi-scale Cell），它通过在单元格中融合多个尺度过滤器来捕获多尺度信息，即不同抽象或分辨率级别的信息，这使得其在对对象比例和大小变化进行学习的过程中，网络性能更加稳健，尤其是在提取不同尺度的对象特征时。搜索网络框架采用了 3 种单元结构（衰减单元、正常单元和多尺度单元），共同组成 CAS 网络，用于语义图像分割。

2. 确定在搜索空间中使用的搜索策略

搜索策略是决定如何优化单元和操作的方法。主要有两类：基于离散空间和基于可微分空间的搜索策略。基于离散空间的搜索策略常用的有强化学习和进化算法搜索方法,基于可微分空间的搜索方法常用的有梯度下降方法。早期的搜索方法主要基于强化学习(RL)和进化算法(EA)进行搜索,这些方法展示了寻找高质量网络架构的强大潜力。基于遗传算法的 NAS 模拟自然界种群进化过程,进行模型结构的学习,如 CoDeepNEAT 结合了 NEAT 和 deepNEAT 方法。基于强化学习的 NAS 使用强化学习优化神经网络结构,通过智能体选择不同的动作,并在测试集上计算奖励值,进行架构优化。如 NASNet、MetaQNN 和 BlockQNN 都使用了强化学习 Q-learning 方法。Zoph 等采用控制器 RNN+强化学习的方法,根据搜索空间生成 RNN,训练 RNN,使 RNN 输出 CNN 的超参数。强化学习时,以 CNN 的验证精度为奖励,更新策略函数的参数。基于 RL 和 EA 的算法在搜索时通常要承担沉重的计算负担,这阻碍了其在架构搜索中的应用和研究。权重共享的搜索算法可以有效地减轻计算负担,将 NAS 的计算速度提升了几个数量级。ENAS 由 google 提出,使用权重共享的方式提高架构搜索的效率。ENAS 中包含两种神经网络:RNN 和 CNN。控制器 RNN 一般采用 LSTM 循环神经网络,通过设定搜索策略产生多个 CNN 网络模型,这些 CNN 网络模型的超参数是通过梯度下降算法在给定训练集上收敛得到的。将训练好的 CNN 网络模型应用于验证集,以得到的验证精度作为奖励,更新模型参数。由于 RNN 的参数与 CNN 的验证精度之间的关系是离散的,不能使用梯度下降算法求解,因此,采用强化学习来更新 RNN 控制器的参数。每更新一次 RNN,都需要重新开始 CNN 的训练,计算的耗时较长。一类特殊的权重共享方法是可微分神经结构搜索(DNAS),它将离散操作转化为一组固定操作的加权,使搜索过程可微分,从而使超网络能通过基于梯度的双层优化方法进行训练。但是 DNAS 仍需要承担庞大的网络架构和大量的冗余空间所带来的巨大计算内存成本。

为了缓解计算压力,DARTS 和 DARTS 变体通过搜索基本块来发现最佳架构。DARTS 是基于梯度的方法,搜索网络由 L 个单元组成,一个单元的搜索空间可看作一个由 N 个节点的有序序列构成的有向无环图 DAG,两个节点之间通过在操作空间 O 上定义的操作 $O(\cdot)$ 来连接。Softmax 方法实现搜索架构参数的连续松弛化,该方法将离散的搜索空间转化为一个连续可微分的形式,并使用梯度优化技术来搜索网络结构。由于 DARTS 需要在每个 DAG 的节点上保存候选操作,这将导致 $|O|$ 倍的内存使用,对内存的消耗较大,搜索速度有待提高。DARTS 使用共享权重的方法,趋向于收敛到一个存在大量跳跃连接(Skip Connection)的子网,容易导致模型泛化性能不佳。

沿着这一路线,本章通过提出一种专门为遥感图像分类设计的可微神经架构搜索方法来解决这个问题。本章所提方法基于实现部分通道连接的二元门策略,通过限制神经元之间的连接数量来减少网络中的参数数量。这种稀疏连接模式可以降低内存消耗并减少搜索过程的计算开销。此外,我们应用边界归一化来提高搜索过程的稳定性。

本章的主要贡献总结如下:

首先,搜索阶段,将本章所提方法与 DDSAS 与 DARTS 进行比较,本章所提方法的验证精度为 85.3%比 DDSAS 方法的验证精度(70.2%)高 15.1 个百分点,虽然比 DARTS 方法的验证精度(89.8%)低 4.5 个百分点,但是本章所提方法花费的时间相较于 DARTS 减少了 88%,同时所需的网络参数数量相较于其他两种方法减少了 84%。

然后,架构评估阶段,实验使用本章所提方法得到的验证精度比作者 2021 年发表的论文中提出的手动设置 CNN 网络的验证精度提高了 2.79 个百分点。

最后,鲁棒性实验也表明本章所提方法具有良好的泛化性和稳定性。

6.2 神经网络架构搜索基础

神经网络架构搜索方法主要涉及搜索空间的定义和制定适合的搜索策略。搜索空间包括各种超参数,如滤波器高度、滤波器宽度、步幅高度、步幅宽度、滤波器数量和残余连接点。由于多层堆叠,搜索空间可能非常大,且搜索过程的计算量可能也很大。搜索网络将所有的架构组装为子网,形成一个连续的空间,通过对目标函数进行梯度下降找到适合目标任务的架构。搜索空间组成了一个超网,网络由单元组成,单元由节点组成,如图 6-1 所示。

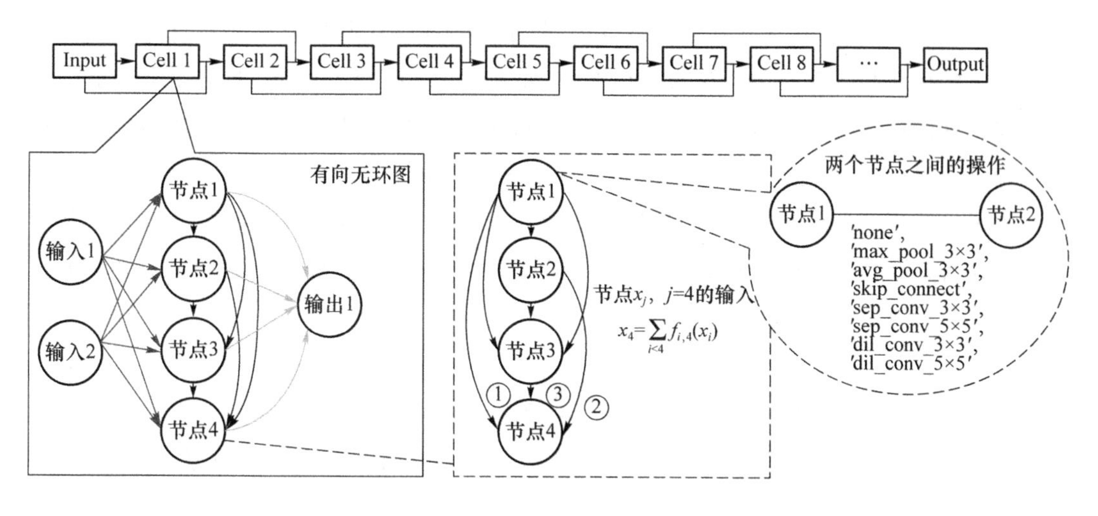

图 6-1 搜索空间的组成

1. 节点

节点是搜索网络的基本组成单元,表示神经网络中可能的特征图 $x_i(i=0,1,\cdots,N-1)$。两个节点(i,j)通过一条有向边 $e(i,j)$连接,一条边代表搜索空间 O 中的一个可能操作 o,其中 $o\in O$。

2. 单元

单元是一个由 N 个节点组成的有向图,包含了多个节点和多条边。每个单元有 2 个输入节点,1 个输出节点,其余是 N-2 个中间节点,中间节点要通过搜索来确定。对于卷积单元,输入节点被定义为前两层单元的输出;对于递归单元,输入节点被定义为当前步骤和上一步骤的隐藏状态。

3. 网络

网络由 L 个正常单元和衰减单元堆叠而成,这两种类型的单元在搜索网络中扮演着不同的角色。衰减单元的步长为 2,正常单元的步长为 1。这些单元旨在捕获输入数据的重要特征,并对网络的下一层做出决策。衰减单元用于降低特征图的空间维度,有助于降低网络的计算复杂性,并提高其学习输入数据的抽象表示能力;而正常单元用于增加网络深度并保持特征图的空间维度。衰减单元通常位于搜索网络的 1/3 和 2/3 处,与正常单元堆叠在一起形成一个完整的搜索网络。搜索网络中,衰减单元和正常单元的组合为寻找给定分类任务的最佳网络架构提供了一个更为灵活有效的框架。

4. 搜索策略

搜索策略主要是在搜索框架的基础上确定权重的更新方法。权重更新包含两个部分,一部分是搜索框架的权重更新,另一部分是循环网络的权重更新。搜索框架的权重更新决定了网络的架构,如层数和类型、激活函数等。这种权重更新是使用基于梯度的优化技术(如反向传播和梯度下降)来执行的。循环网络的权重更新涉及微调网络参数,如层的权重和偏差,以优化给定任务的网络性能,权重更新是使用与搜索框架权重更新相同的基于梯度的优化技术执行的。通过搜索框架和循环网络的权重更新,网络搜索能够为给定的卷积神经网络分类任务找到最佳网络架构和参数。网络优化过程一直持续到网络性能达到令人满意的性能水平或迭代次数达到预定的数值为止。

为了使搜索空间连续可微分,架构搜索选择具有 m 个并行路径的混合操作。将从节点 i 到节点 j 传播的信息流表示为在搜索空间 O 上的加权和。对于变量 x_i,边 edge(i,j) 的混合操作的计算可以表示为式(6.1),即

$$M_{i,j}(x_i) = \sum_{o \in O} \frac{\exp\{\alpha_{i,j}^{o}\}}{\sum_{o' \in O} \exp\{\alpha_{i,j}^{o'}\}} \cdot o(x_i) \tag{6.1}$$

其中,x_i 表示第 i 个节点的输出,$\alpha_{i,j}^{o}$ 表示操作 $O=\{o_l\}$,$l=1,\cdots,m$ 的权重系数,m 为所有可能的 m 个候选操作(例如,卷积、池化、跳过、识别等)的集合。对于一条边 $e(i,j)$,$\alpha_{i,j}^{o}=(\alpha_{i,j}^{o_1},\alpha_{i,j}^{o_2},\cdots,\alpha_{i,j}^{o_m})$ 表示架构操作的权重向量。对 $a_{i,j}$ 的 one-hot 近似 $\xi_{i,j}$ 可以通过式(6.2)来表示。

$$\text{soft max}(a_{i,j}) \approx \xi_{i,j} \tag{6.2}$$

在一个单元中,搜索的目的是找到一个最优的操作 $o \in O$ 来连接节点对(i,j),其中,$0 \leqslant i < j \leqslant N-1$,选择最优操作即找到具有最大权重的边的集合。

当我们针对现有的框架进行神经架构搜索时,主要考虑 3 个方面:第一,在现有的 DARTS 框架内,应用不同的架构或搜索空间;第二,选择特定任务的模型架构;第三,对

搜索空间进行优化。

6.3　一种神经网络架构搜索方法

遥感图像由多个波段组成，每个波段代表特定范围的电磁辐射波长，对应不同的特征或属性，如植被、水或城市区域。为了降低 DARTS 的开销，我们对遥感图像的多个波段信息进行分解，如图 6-2 所示。通过分解遥感图像的多个波段的信息，降低了 DARTS 算法的计算复杂度。这不仅降低了图像的维数，而且减少了遥感图像各个分解波段的维度。传感图像被独立处理或分析以提取相关特征或成分，从而减少了训练时间。通过比较图 6-1 和图 6-2 可以看出，图 6-1 中的通用单元的结构为正常单元和还原单元，其中，还原单元连接在几个连续的正常单元之后。除第一个单元格外，所有剩余单元格的输入都是前两个单元格的输出。第一个单元很特殊，因为它的输入被指定为所有 n 个波段的图像，其中，n 个图像并行输入到搜索网络中。图 6-2 中最右侧的 $\oplus$ 表示连接或加法操作，$p_k(0<k\leqslant n)$ 表示不同波段经过单元后的信息流权重。

$$\text{output}=\sum_{k=1}^{n}\text{gate}_k(f(x_{b_k};\alpha^O,\beta))\cdot\sum_{k=1}^{n}\frac{\exp\{p_k\}}{\sum_{l=1}^{n}\exp\{p_l\}}\tag{6.3}$$

其中，gate 是二进制门操作，如式(6.4)所示。

$$\text{gate}_k(z)=\begin{cases}1\times z, & \text{概率 } p_k\\ 0, & \text{概率 } 1-p_k\end{cases}\tag{6.4}$$

其中，p_k 表示波段图像通过第 k 个二进制门的概率，z 表示波段图像。最后，输出连接成最终图像。

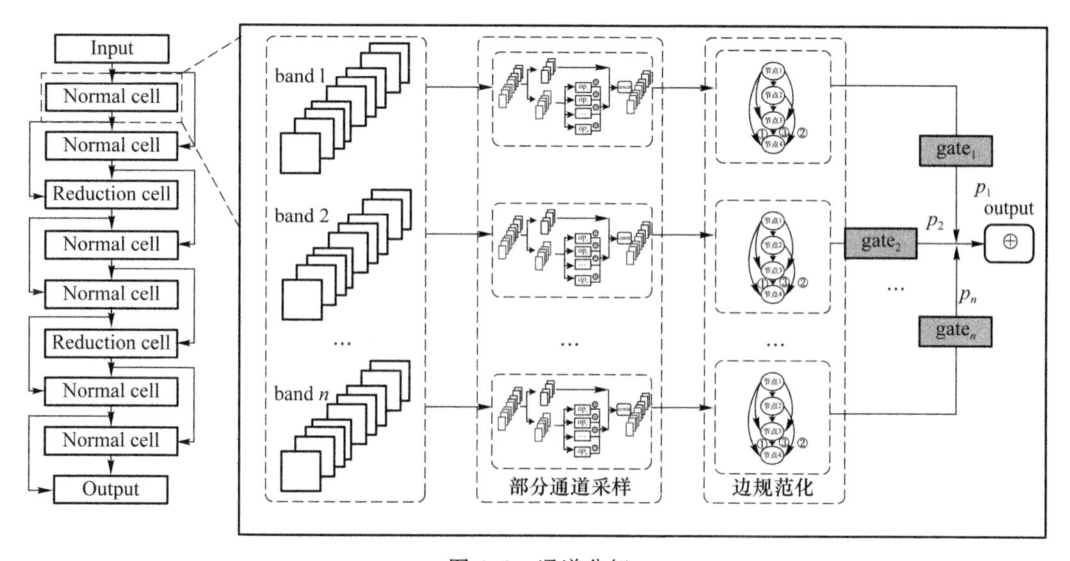

图 6-2　通道分解

采用随机抽样策略，即 $p_k=1/k$，这种随机抽样策略的优势是使得每个路径中的操作得到公平的训练，超网表现得更随机，搜索方法更具竞争力。

以某一条边(i,j)的信息流为例，信息从节点 i 流向节点 j，节点 j 的输出用函数 $f_{i,j}(x_{b_k};\alpha_{i,j}^{O},\beta_{i,j})$ 表示，如式(6.5)所示。

$$\begin{aligned} f_{i,j}(x_{b_k};\alpha_{i,j}^{O},\beta_{i,j}) &= f_{pc_{i,j}}^{O}(x_{b_k};\alpha_{i,j}^{O})\cdot f_{en_{i,j}}(x_{b_k};\beta_{i,j}) \\ &= \left(\sum_{o\in O}\frac{\exp\{\alpha_{i,j}^{O}\}}{\sum_{o'\in O}\exp\{\alpha_{i,j}^{o'}\}}\cdot o(s_{i,j}\times x_i)+(1-s_{i,j})\times x_i\right)\cdot\sum_{i<j}\frac{\exp\{\beta_{i,j}\}}{\sum_{i'<j}\exp\{\beta_{i,j}\}} \end{aligned} \tag{6.5}$$

其中：$s_{i,j}$ 为通道采样掩码，仅包含 0 和 1 的通道采样掩码；o 表示在节点 x_i 上的操作；$f_{pc_{i,j}}^{O}$ 表示部分通道采样后的函数；$f_{en_{i,j}}$ 表示边规范化函数；O 表示搜索空间；$\alpha_{i,j}^{O}$ 表示在搜索空间上由节点 i 流向节点 j 的边的权重；$\beta_{i,j}$ 表示在有向无环图中由节点 i 流向节点 j 的边的参数。

深度神经网络包含大量参数，学习这些参数在计算上可能会耗费很多时间。部分通道连接提供了一种通过限制神经元之间的连接数量来减少网络中参数数量的方法。这种稀疏连接模式能减少内存消耗，缓解搜索时的巨大计算量问题。部分通道采样技术是受到徐宇辉等在 2020 年发表的论文中所提方法的启发，具体实现细节如图 6-3 所示。

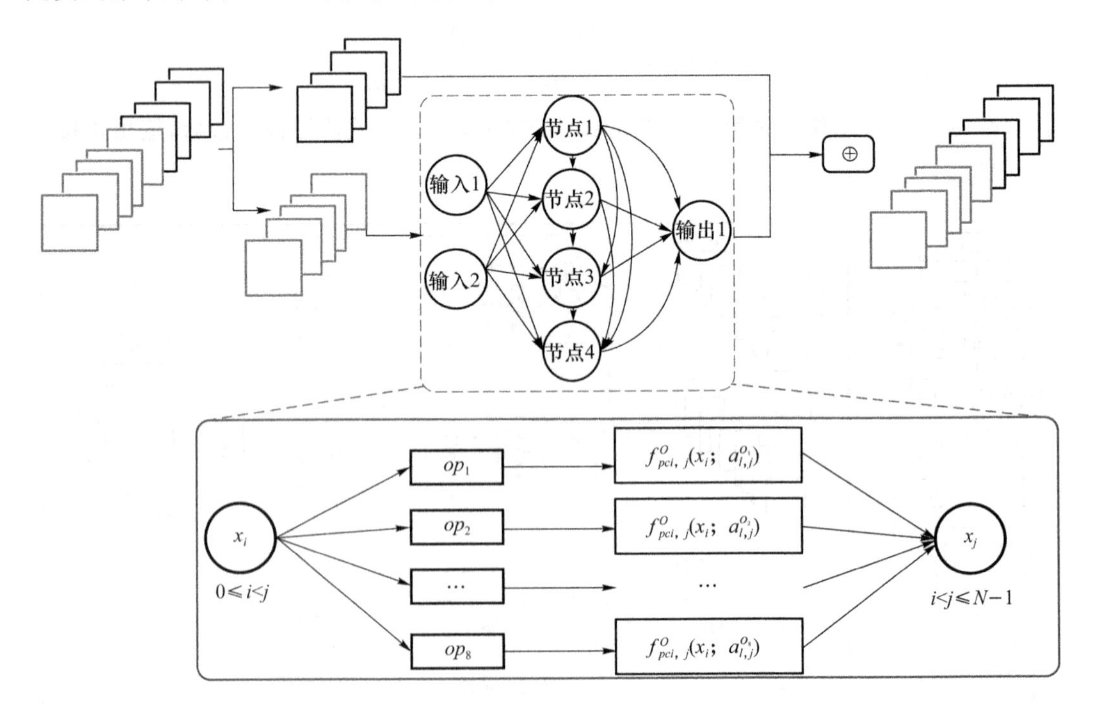

图 6-3 部分通道采样技术

图 6-3进一步说明了在第一个单元中进行的各个操作，这些操作为 n 个分解频带分配了部分信道连接并进行边界归一化。可以看出，有向图中的信息流从源节点经过 8 个可能的算子到达目的节点。这个过程可以用函数表示，其中，边的权重由架构参数决定，上标 O 代表搜索空间，x_i 表示第 i 个节点的输出，$\alpha_{i,j}^{o}$ 表示操作 $O=\{o_l\}$，$l=1,\cdots,m$ 的权重系数，m 为所有可能的 m 个候选操作(例如，卷积、池化、跳过、识别等)的集合。网络训练的目标是找到最大权值。随机采样策略的优点是每条路径中的操作被统一训练，使得超级网络显得更加随机，搜索方法更具竞争力。图 6-3 中，在有向无环图的两个节点间有 8 条并行的操作算子，起始节点 x_i 在特征图中经过不同算子的信息，流向终止节点 x_j，这一过程可用函数 $f_{pc_{i,j}}^{O}(x_i;\alpha_{i,j}^{O})$来表示。$x_i$ 表示输入，这条边的权重由架构参数 $\alpha_{i,j}^{O}$决定，训练过程就是寻找最大权重的过程。

由于采用了部分通道采样，且每个输入节点 x_j 都需要从$\{x_0,x_1,\cdots,x_{j-1}\}$中挑选出两个权重最大的节点，而这些节点是通过部分通道采样的方式得到的超参数，因此，部分通道采样有可能导致网络不稳定。在搜索的早期，搜索算法更倾向于选择无权重的操作(如跳跃连接、最大池化等)，这些操作能输出一致的结果；而有权重的操作(如卷积)，在梯度优化的过程中容易出现不一致的情况，即使后续能得到很好的优化，也无法赶超无权重操作。采用边规范化减弱无权重操作的这一优势，其在有向无环图的所有 op 操作中共享权重，具体实现如图 6-4 所示。

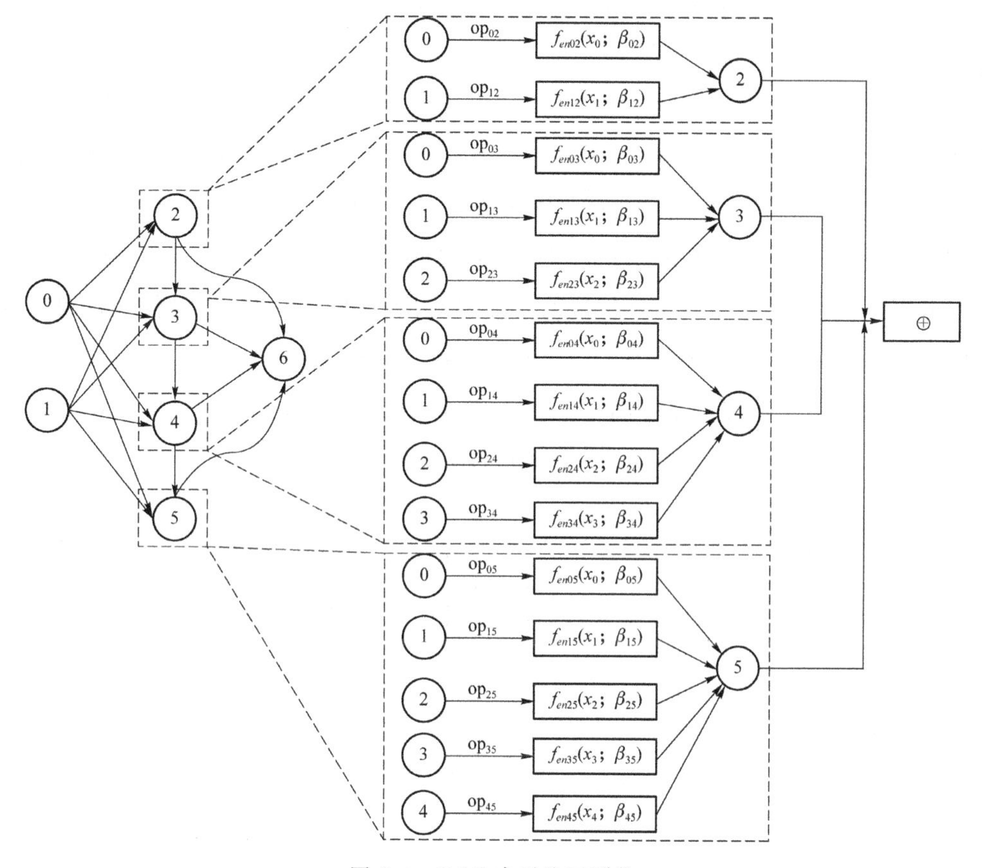

图 6-4　DAG 中对边正则化

边归一化的实现如图 6-4 所示。可以看出，两个节点之间的信息流由函数 $f_{en_{i,j}}(x_i; \beta_{i,j})$ 表示，其中，$\beta_{i,j}$ 是用于计算边权重 $\sum_{i<j}\exp\{\beta_{i,j}\}/\sum_{i'<j}\exp\{\beta_{i,j}\}$ 的架构参数。NAS 过程完成后，有向图中节点 $\sum_{i<j}\exp\{\beta_{i,j}\}/\sum_{i'<j}\exp\{\beta_{i,j}\}$ 的边权重由架构参数 $\alpha_{i,j}^O$ 和 $\beta_{i,j}$ 确定。由于训练期间每个操作的权重是共享的，因此，学习到的参数对通道采样不太敏感，这使得网络搜索过程更加稳定。

架构参数 α 和 β，以及网络权重参数 w 可根据双优化函数〔式(6.6)〕进行更新。

$$\begin{aligned}&\min_{\alpha}\ \mathcal{L}^{\text{val}}(w^*(\alpha,\beta),\alpha,\beta),\\&\text{s.t.}\ \ w^*(\alpha,\beta)=\arg\min_{w}(\mathcal{L}^{\text{train}}(w,\alpha,\beta))\end{aligned} \tag{6.6}$$

其中，$\mathcal{L}^{\text{val}}$ 和 $\mathcal{L}^{\text{train}}$ 是训练集和验证集的交叉熵损失函数，α 和 β 代表架构权重，w 代表卷积网络的权重。

6.4 实验结果及分析

根据本章所提方法进行遥感图像分类的神经网络架构搜索，评估本章所提方法的性能。数据集源自加拿大东海岸 Sentinel-1 卫星任务的 C 波段雷达数据的遥感图像集，训练数据集占总数的 90%，含有 1 443 个样本，验证数据集占总数的 10%，包含 161 个样本。训练数据集中船只的数据量是 726，冰山的数据量是 717，这两种类别的样本量比较均衡，这是有利于训练过程的。本节应用的架构搜索分为两个阶段，包括搜索阶段和评估阶段。搜索阶段得到每个 cell 中每一条边 $\{i,j\}$ 的最佳超参数集合 $\{\alpha_{i,j}\}$、$\{\beta_{i,j}\}$ 和超网的权值参数，这些参数决定了可能具有最佳性能的 cell；评估阶段使用搜索到的最佳 cell 构建更大的架构，从头开始训练数据集，验证搜索到的网络结构的泛化能力。

该过程中使用的超级网络如图 6-5 所示，其中，在搜索阶段使用包含 8 个单元的浅层超级网络，而在评估阶段使用包含 20 个单元的深层超级网络。

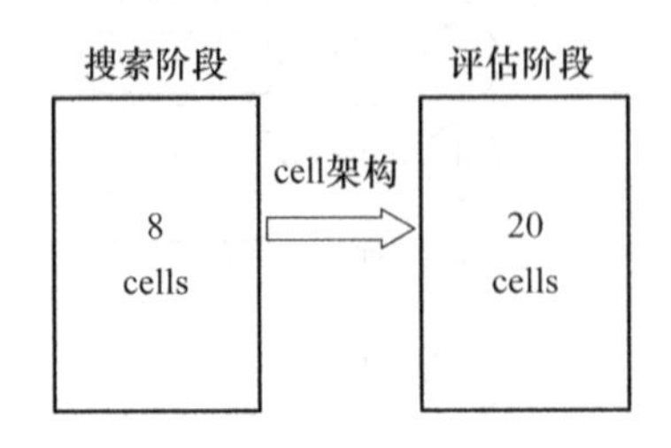

图 6-5　架构搜索的两个阶段

搜索(S)和评估(E)阶段采用的超级网络的具体参数值如表 6-1 所示,搜索阶段和评估阶段使用的两个归约单元位于超级网络的 1/3 和 2/3。对于应用于搜索阶段超级网络的 50 个训练 epoch,在前 15 个 epoch 中,它们仅结合随机梯度下降(SGD)优化器更新了网络参数(w),而网络和架构参数 α 均被更新。从第 16 个 epoch 开始,β 与 Adam 优化器同时更新。相比之下,与 SGD 优化器一起应用于评估阶段超级网络的 350 个训练周期仅更新了网络参数。在架构评估阶段,将架构搜索阶段确定的最优超级网络架构的超参数和超参数作为固定值,从头开始训练超级网络,以优化权重。

表 6-1 两个阶段的参数比较

<table>
<tr><th colspan="2">阶段</th><th>正常单元</th><th>衰减单元</th><th>通道数</th><th>通道采样</th><th>轮次</th><th>优化器</th><th>学习率</th><th>动量</th><th>权重衰减</th><th>参数/MB</th><th>批尺寸</th><th>架构学习率</th><th>架构权重衰减</th></tr>
<tr><td rowspan="3">搜索</td><td>W</td><td rowspan="3">6</td><td rowspan="3">2</td><td rowspan="3">16</td><td rowspan="3">1/4</td><td rowspan="3">50</td><td>SGD</td><td>0.025</td><td>0.9</td><td>3×10^{-4}</td><td rowspan="3">0.3</td><td rowspan="3">128</td><td rowspan="3">6×10^{4}</td><td rowspan="3">1×10^{-3}</td></tr>
<tr><td>α</td><td rowspan="2">Adam</td><td rowspan="2">6×10^{-4}</td><td>0.5</td><td rowspan="2">1×10^{-3}</td></tr>
<tr><td>β</td><td>0.999</td></tr>
<tr><td colspan="2">评估 w</td><td>18</td><td>2</td><td>36</td><td>1/4</td><td>350</td><td>SGD</td><td>0.025</td><td>0.9</td><td>3×10^{-4}</td><td>3.63</td><td>100</td><td>—</td><td>—</td></tr>
</table>

实验分为以下 3 个部分。架构搜索性能:将本章所提方法的结果与使用 DARTS 和 DDSAS 方法获得的结果进行比较。架构评估:将通过本章所提方法获得的 CNN 的分类性能与之前为检测船只和冰山的相同图像分类任务手动设计的 CNN 的分类性能进行比较。通过比较使用不同方法设计的 CNN 在不同随机种子点、不同训练周期数,以及超级网络每个单元中应用的不同节点数下的验证精度,评估了 DARTS、DDSAS 和本章所提的 NAS 方法的鲁棒性。网络:本节还比较了应用不同二元门时获得的计算成本和分类精度。所有实验均在 Tesla A100 图形处理单元(GPU)上使用 Python3.8 进行。

6.4.1 架构搜索

架构搜索的目的是找到最优的 cell 结构,即找出图 6-3 左侧每个中间节点的两条最优的入边,而边的权重根据式(6.5),由超参数 $\alpha_{i,j}^{O}$ 和 $\beta_{i,j}$ 决定,这些操作通过修改 PyTorch 中的 forward 函数实现。从 8 个候选操作及其相应的卷积掩码中为这些选定边选择最佳操作,包括无、最大池化(max_pool_3×3)、平均池化(avg_pool_3×3)、跳跃连接(skip_connect)、可分离卷积(sep_conv_3×3,sep_conv_5×5)、扩张卷积(dil_conv_3×3,dil_conv_5×5)。

为了方便与 DDSAS 和 DARTS 方法进行比较,实验中考虑和它们采用一样的单元结构,基本单元架构为每个单元使用 7 个节点,其中包括 2 个输入节点并代表前两个单元的输出,1 个输出节点和 4 个标记为 0、1、2 和 3 的中间节点,每个中间节点有 2 条入边,代表架构搜索阶段权重值最高的两个操作。使用 $\max\limits_{o\in O, o\neq \text{zero}} \alpha_{i,j}^{o}$ 确定最大权重，保留两个最大权重，并修剪连接到节点的其他边。一个单元有 14 条边，上面讨论的 8 个候选操作之一被应用于每条边。普通单元和缩减单元在超级网络中依次堆叠并共享这些权重。本章所提出的 NAS 方法获得的最佳正常和缩减单元架构分别如图 6-6(a)和图 6-6(b)所示。DDSAS 和 DARTS 方法获得的相应网络架构分别如图 6-7 和图 6-8 所示。

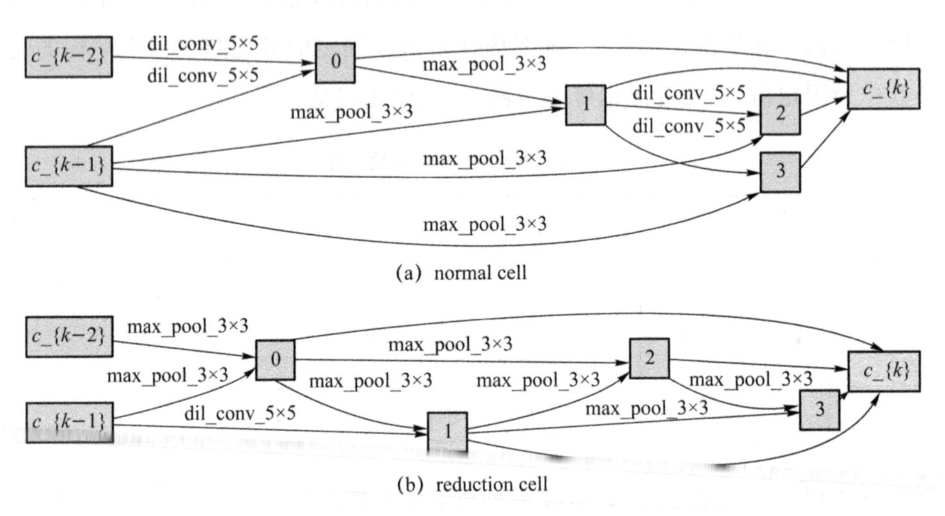

(a) normal cell

(b) reduction cell

图 6-6　本章所提方法搜索出的框架

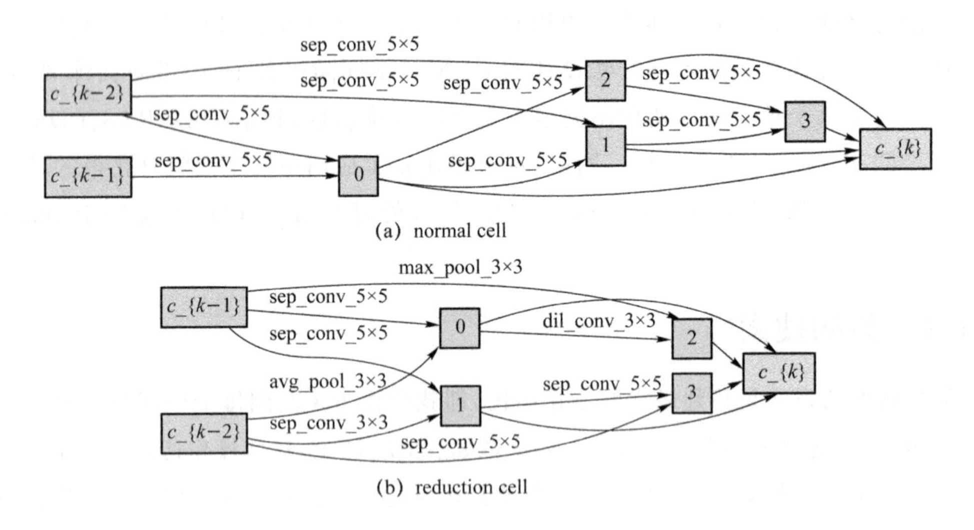

(a) normal cell

(b) reduction cell

图 6-7　DDSAS 方法搜索出的框架

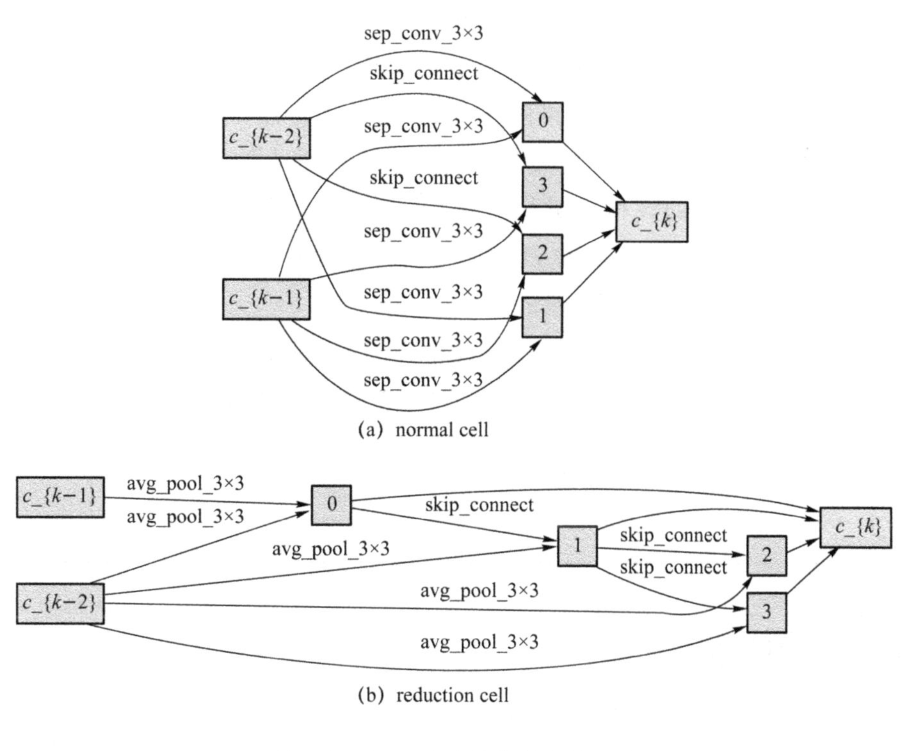

(a) normal cell

(b) reduction cell

图 6-8 DARTS 方法搜索出的框架

架构搜索阶段，在 8 个 cell 的浅网络结构中执行 50 个 epoch，得到候选网络结构；架构评估阶段则在 20 个 cell 的深网络中执行 350 个 epoch，得到学习参数并优化模型。实验选择 DDSAS 和 DARTS 作为 baseline，3 种方法的参数设置如表 6-1 所示。

在架构搜索阶段，得到的性能评估如表 6-2 所示。分析表明，DARTS 方法在所有 3 种方法中获得了最大的训练精度和验证精度，而 DDSAS 方法获得了最低的精度。相比之下，本章所提方法的验证精度为 85.3%比 DDSAS 方法的 70.2%高出 15.1 个百分点，比 DARTS 方法的 89.8%低 4.5 个百分点。然而，DARTS 方法在 3 种方法中需要最长的搜索时间，而本章所提方法相较于 DARTS 方法，搜索时间缩短了 88%。此外，本章所提方法需要的网络参数数量相较于其他两种方法大幅减少了 84%。因此，与 DARTS 方法相比，本章所提方法将搜索时间缩短了 8 倍以上，同时几乎不牺牲分类精度。

表 6-2 在架构搜索阶段，不同方法的性能比较

方法	参数大小/MB	时间/s	训练精度/%	验证精度/%	轮数
DARTS	1.93	52 748	99.552	89.8	50
DDSAS	1.93	23 408	74.592	70.184	50
本章所提方法	0.3	6 119	92.772	85.308	50

理想情况下，训练精度与验证精度应尽可能接近，以表明模型在训练数据和验证数据

上的表现相似,具有较好的泛化性能。训练精度与验证精度差异较大,可能会导致模型在实际应用中的泛化性能力不足,无法很好地处理新的、未见过的数据。表 6-2 表明在搜索阶段,DARTS 的训练精度与验证精度的差为 9.753 个百分点,本章所提方法的训练精度与验证精度的差为 7.464 个百分点,相比之下,本章所提方法在泛化性能上更优。在架构评估阶段,3 种方法得到的评估情况如表 6-3 所示。本章所提方法的验证精度相较于 DARTS 的验证精度高 1.5 个百分点,比 DDSAS 的验证精度高 9.04 个百分点,同时,其时间和空间上依旧保持了在搜索阶段的优势。

表 6-3 在架构评估阶段,不同方法的性能比较

方法	参数大小/MB	时间/s	训练精度/%	验证精度/%	轮数
DARTS	3.94	18 461	99.99	97.74	350
DDSAS	4.24	8 192	99.592	90.184	350
本章所提方法	2.21	2 153	99.84	99.22	350

6.4.2 架构评估

本章所提方法使用图 6-6 的 cell 结构,而在文献[5]中,手动设计的 CNN 架构使用 4 层卷积层与池化层交替叠加的方式排列,结构如图 6-9 所示。架构搜索阶段,手动设计的 CNN 得到了每条边(i,j)上的架构超参数 $\alpha_{i,j}^{O}$ 和 $\beta_{i,j}$。根据搜索到的最佳架构,评估阶段从头开始在数据集上进行训练,即固定架构超参数 $\alpha_{i,j}^{O}$ 和 $\beta_{i,j}$,优化权重 w。采用初始学习率为 0.025 的 SGD 优化器,采用余弦退火调整学习率,直至学习率为零。

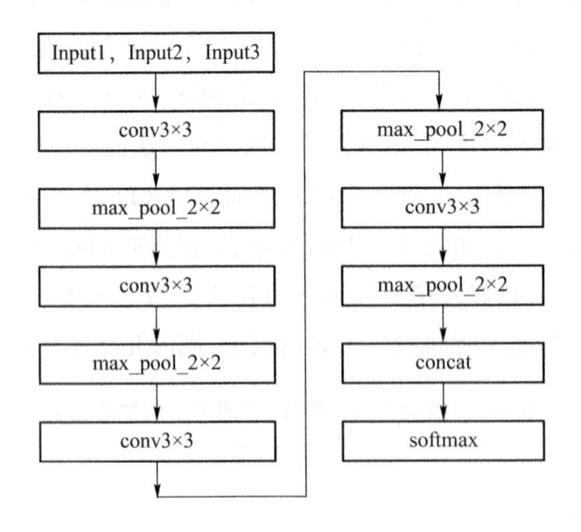

图 6-9 手动设计的 CNN 架构

我们将本章所提方法生成的 CNN 在训练和验证期间获得的分类性能与先前提出的针对相同图像分类任务手动设计的 CNN 架构的分类性能进行了比较,如表 6-4 所示。可以看出，训练精度上，两种方法的性能差距较小，都达到了99%。本章所提方法的验证精度为99.22%比手动设计的CNN架构的验证精度(96.43%)高2.8个百分点。这说明使用架构搜索方法得到的网络结构比手动设计的CNN架构具有更好的泛化性能。图6-10显示了该方法在350个训练时期内观察到的分类性能。

表6-4 本章所提方法搜索的架构与第3章手动设计的CNN架构的比较

模型	训练精度/%	验证精度/%	搜索方法
本章所提方法	99.84	99.22	gradient
第3章手动设计的CNN架构	99.89	96.43	manual

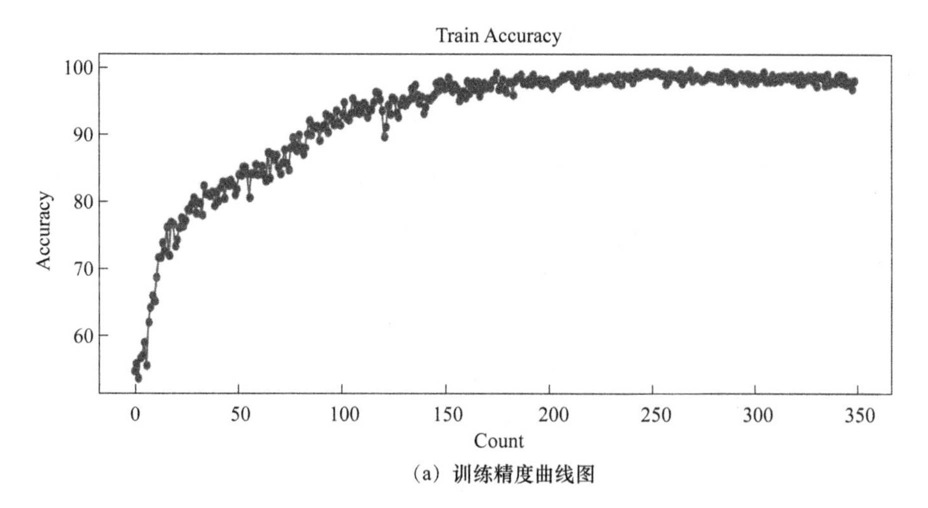

(a) 训练精度曲线图

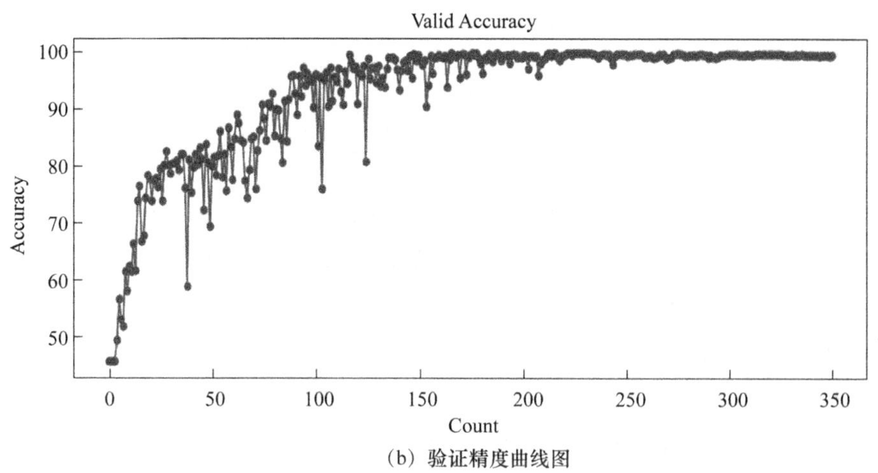

(b) 验证精度曲线图

图6-10 使用架构搜索方法得到的架构在评估阶段的表现

6.4.3 消融研究

架构搜索过程中，设置随机种子点的作用是保持模型稳定性，但过多的种子点将增加计算的复杂性，导致不必要的资源浪费。表 6-5 列出了在搜索阶段，使用 DARTS、DDSAS 和本章所提出的 NAS 方法设计的 cell 结构在不同随机种子点、不同训练周期数和超级网络每个单元中应用的不同节点数下的验证精度。首先，我们尝试了将随机种子点分别设置为 0、1、2、3、4 这 5 种情形，DARTS 方法的标准差为±0.161，DDSAS 的标准差为±0.289，本章所提方法的标准差为±0.158。这说明本章所提方法不易受到参数随机性的影响，该方法的性能稳定性比其他两种方法更高。

然后，为了评估 epoch 数量在搜索阶段对架构性能的影响，我们尝试了将 epoch 分别设置为 50、75、100、125 这 4 种情形，DARTS 的标准差为±1.01，DDSAS 的标准差为 4.98，本章所提方法的标准差为 1.72，DDSAS 的验证精度具有最大的标准差，表明当前的架构搜索时间还不够，不足以获得最优的 cell 结构。权衡搜索成本与精度的关系，如再延长 DARTS 与本章所提方法的搜索时间，意义不大。故将 epoch 设置为 50 是较理想的。

最后，扩大了搜索空间，我们尝试在 cell 中分别设置 5、6 和 7 个节点。增加搜索空间，从而增强模型的表达能力，但并不是搜索空间越大越好，搜索空间越大，模型的复杂度越高。如果数据集简单，搜索空间越大也越容易导致过拟合。从 5 个节点转换到 6 个节点，DDSAS 及本章所提方法的性能都有所提升，而从 6 个节点转换到 7 个节点，3 种算法的性能都有所下降。因此，在搜索阶段选择 6 个节点是较为理想的。

表 6-5　稳健性实验

模型	随机种子点					轮次				节点		
	0	1	2	3	4	50	75	100	125	5	6	7
DARTS	89.42	89.46	89.8	89.79	89.67	89.8	90.67	91.32	92.18	89.92	89.8	89.69
DDSAS	70.1	69.94	71.18	70.79	70.21	70.18	76.33	79.25	81.75	70.08	70.18	70.15
本章所提方法	85.07	85.08	85.31	85.82	84.99	85.31	87.18	88.43	89.27	85.22	85.31	85.24

对照图 6-2 的通道分解方法，本章所提方法在搜索阶段使用不同数据集频带（例如 HH 和 HV）获得的所需搜索时间，以及训练精度（TA）和验证精度（VA）如表 6-6 所示。表中还包含本章所提方法针对不同数量的训练时期（50、75、100 和 125）评估不同的二元门 B1、B2 和 B3 的结果。其中，二元门值为 0 表示数据集带通过了二元门，二元门值为 1 表示数据集带未能通过二元门。可以看出，这些数据集带通过两个二元门产生的分类精度比它们单独通过二元门时更高。然而，仅通过单个二元门大幅缩短了搜索时间。

数据集有 2 个波段，1 个入射角，考虑将入射角作为特征之一，输入到网络中一起参与训练。将入射角处理为与 B1、B2 一样的格式后，通过门禁 B3，输入如图 6-2 所示的通道中，得到表 6-6。在打开 B2 通道，关闭 B1 和 B3 通道，epoch 为 50 的情况下，验证精度仅 67.5%，与训练精度存在较大差距，出现过拟合的特征。分析原因，主要由于数据集相对简单，模型在该数据集上的性能已经达到了一个瓶颈。表 6-6 显示，当 epoch 为 75、

100、125 时，模型存在过拟合特征，得不到理想的验证精度。将 B2 与 B3 通道打开，验证精度为 79.23%，而将 B1、B2 和 B3 通道同时打开，验证精度为 88.91%，相较于单通道与双通道的情况，三通道的验证精度分别提升了 11.73 个百分点和 21.41 个百分点，实现了较大幅度的提升，但搜索时间也成倍增长了。遥感图像存在多个波段信息，但一般不是每个波段的数据都需要在分类中使用，仅使用其中某些波段的组合就能得到较好的效果，达到平衡效率与精度的目的。多个通道的设计能更好地实现并行，这也是作者将继续研究的工作。目前，通道设计使用软件实现，后续会考虑用硬件实现通道设计，预计搜索时间将进一步缩短。

表 6-6 本章所提方法使用不同的二元门(B1、B2 和 B3)的搜索时间与分类精度的比较

二元门			轮次											
B1	B2	B3	50			75			100			125		
			TA/%	VA/%	Time/s	TA/%	VA/%	Time/s	TA/%	VA/%	Time/s	TA/%	VA/%	Time/s
0	1	0	83.13	67.5	1 341	85	61.88	2 582	90.63	61.88	3 452	96.88	76.88	4 322
0	1	1	86.52	79.23	4 986	88.64	82.81	8 049	92.76	84.9	10 741	94.48	87.02	13 433
1	0	0	83.13	67.5	1 384	85	68.13	2 567	90	60	3 466	93.13	71.88	4 350
1	0	1	86.93	77.88	4 962	89.62	79.63	7 934	93.97	82.17	10 622	95.73	83.33	13 295
1	1	0	92.77	85.31	6 119	95.74	88.27	9 528	97.06	88.35	12 923	97.53	88.9	16 317
1	1	1	94.48	88.91	9 764	97.78	91.34	14 996	99.33	94.35	20 213	99.76	96.65	25 285

注：B1、B2、B3 是二元门，50、75、100 和 125 代表选择不同数量的训练时期。

本章小结

机器学习在遥感图像分析中的成功应用仍然受到手动设计神经网络的困难的限制。然而，虽然自动搜索过程〔也称神经架构搜索(NAS)〕的发展为发现新的、更有效的网络架构提供了独特的潜力，但现有的 NAS 算法是计算密集型方法，需要大量数据和计算资源。因此，将其应用于开发用于遥感图像分类的最佳神经网络架构具有挑战性。本章研究工作通过提出一种专门为遥感图像分类设计的可微神经架构搜索方法来解决这个问题。基于实现部分通道连接的二元门策略，本章所提方法通过限制神经元之间的连接数量来减少网络中的参数数量，从而生成稀疏连接模式，减少内存消耗并降低搜索过程的计算开销，同时，应用边界归一化来提高搜索过程的稳定性。实验证明，与当前可用的计算效率高的 NAS 算法(包括 DARTS 和 DDSAS)所需的网络参数相比，在搜索阶段，本章所提方法相较于 DDSAS 方法提高了 15.1 个百分点的验证精度，虽然比 DARTS 方法略低 4.5 个百分点，但是我们缩短了 88%的搜索时间，并减少了 84%的网络参数。在架构评估阶段，本章所提方法的验证精度相较于手动设置的 CNN 提高了 2.79 个百分点。

第7章　卷积神经网络的并行实现机制

7.1 引　　言

第5章介绍了CFRG-CNN模型来处理SAR图像的分类，获得了较高的精度，后台使用的是TensorFlow开发工具。该开发工具是由Jeff Dean团队研发，由第一代深度学习系统DistBelief发展而来的，具有更加稳定、通用的特点，在工业界与学术界都已经取得了广泛的应用。对于深度学习而言，要走出实验室、真正与实际应用结合，就无法避免海量训练数据、问题复杂程度高等挑战。如单机情况下，训练Inception-v3模型到78%的精度，大约需要半年的时间，这样的训练速度无法应用于实际生产中。由于卷积神经网络的参数众多，计算量和参数量在各层分布不均匀，因此，提高卷积神经网络的运算性能，研究网络内部存在的并行性实现机制是提高训练速度的一个有效手段。本章将研究卷积神经网络训练的并行方法，包含如何划分训练数据、分配训练任务、调配计算资源、整合训练结果、充分考虑通信与计算的平衡，以在不损失精度的基础上，提高计算效率。

从硬件角度来说，目前常用的卷积神经网络加速方法有两种，一种是CPU+GPU结构，其中，CPU主要负责调度，GPU主要进行运算。这类组合比较适合单指令流多数据流的操作(Single Instruction Multiple Data，SIMD)，CPU进行调度的速度与高速计算的GPU速度存在较大差异，这成为限制此方法的瓶颈。另一种是CPU+FPGA结构，这种实现方式能兼顾CPU和FPGA的处理速度，FPGA实现灵活，在实现多指令流单数据流操作(Multiple Instruction Single Data，MISD)时，比GPU更具优势。在深度学习中，CPU依旧是主流深度学习平台的重要组成部分，著名的人工神经网络Google Brain曾用了16 000颗CPU，而AlphaGo则使用了1 920颗CPU。CPU有着良好的通信控制能力，这是GPU和FPGA都无法比拟的，因此，在平台的选择上，本章选择在CPU上进行并行策略的研究。

7.2 协议的形式化验证相关理论

本节将介绍本章用到的形式化模型的定义、迁移点火规则及转换约定，其他有关种群协议模型(Population Protocol Model, PPM)的基本概念和定义请参考文献[6-10]。

7.2.1 种群协议模型

种群协议模型由一个5元组组成，表示为PPM=$(Q,\Sigma,\ell,\omega,\delta)$，其中：$Q$是组件状态的有限集合；$\Sigma$是输入集合；$\ell$是从$\Sigma\to Q$的映射函数，$\ell(\sigma)$表示一个输入为$\sigma$的组件的初始状态。$\omega$是从$Q\to Y$的映射函数，$\omega(q)$表示在状态$q$下组件的输出，$Y$表示输出集合。

$\delta\subseteq Q^4$表示一对组件交互所产生的迁移关系。假设两个分别处于状态$q1$和$q2$的组件进行交互，交互后的状态迁移为$q1'$和$q2'$，那么$(q1,q2,q1',q2')$就处于迁移关系δ中。

一个配置(Configuration)由协议中所有组件状态组成的向量描述，表示为$C:A\to Q$，其中，A表示组件集合。

若$C\to C'$表示两个组件一次交互的状态迁移，那么协议的一次执行(Execution)是由配置$C_0,C_1,C_2,\cdots$组成的序列描述。

如果有k个组件，$\Pi=\{\pi_1,\pi_2,\cdots,\pi_k\}$表示组件的集合，那么协议的组件都可以用有限状态机的形式表示。

7.2.2 带标签迁移系统

各个状态间的迁移可形式化表述为一个带标签迁移系统(LTS)，用点表示状态，用被标记的边表示迁移。它可表述为一个4元组LTS=(S,I,Σ,Δ)，其中，有限状态集用S表示，初始状态集用$I(I\subseteq S)$表示，Σ表示标签的有限集，$\Delta\subseteq S\times\Sigma\times S$表示标签迁移的有限集，或者用符号$s\to s'$表示$(s,\ell,s')\in\Delta$。

标签迁移系统是描述系统的状态及状态之间迁移关系的模型。该模型用于描述系统行为，并对系统建模。

7.2.3 变迁规则

变迁规则也称点火规则，其形式化描述为$E=S_0,\ell_0,S_1,\ell_1,\cdots,S_i,\ell_i,\cdots$，$E$是LTS的一个执行序列。其中，$S_0\in I$，对于$\forall i\geqslant 0$，有$S_i\to S_{i+1}$。一个标签$\ell$在执行序列$E$中使能，当且仅当满足条件：存在$i$使得$\ell$在状态$S_i$使能。

迁移的引发规则对路径进行了约束，引发规则定义了LTS的执行轨迹。LTS的状态空间通过迁移的引发可用可达树或可达图的形式来表示。

7.2.4 PPM语义到LTS语义的投影规则

从PPM语义到LTS语义的投影有如下规则。

(1) 状态S是一个$\Pi\to Q$的映射函数，指明了每个组件的状态，因此$S=2^{\Pi\to Q}$。

(2) 初始状态I由在PP模型中的函数ℓ产生。

(3) 标签集：$\Sigma \subseteq P_2(\Pi) \times \delta$，其中，$P$ 表示幂集。

(4) 标签转换函数：

$$\Delta = \{s \rightarrow s' \mid \exists \pi_i, \pi_j \in \Pi \text{ s.t. } t = s(\pi_i) \mid \mid s(\pi_j) \rightarrow s'(\pi_i) \in \delta,$$
$$\ell = (\{i, j\}, t), \forall \pi \in \Pi \backslash \{\pi_i, \pi_j\}. s(\pi) = s'(\pi)\}$$

通过投影规则，将 PPM 定义的语义转换为 LTS 语义后，即可使用 Petri_Net 图形化描述状态之间的变迁及用线性时序逻辑(Linear time Temporal Logic，LTL)表示的配置约束。

7.3 一种并行的卷积神经网络训练模型

张量划分是实现并行加速的一项有效手段，比如沿多个维度对张量进行划分，并实现自动搜索最佳张量划分维度。尤其对于大型的 DNN 模型，张量划分能够平衡每个 GPU 的内存使用，该方法较其他方法对加速器的利用率更高。目前这方面的研究主要聚焦于粗粒度的张量划分，如全连接层和 2D 卷积层，使用的场景比较有限，要么为特定模型开发专门的实现，要么只允许组合常用的 DNN 层。在数据流图中，对每个张量进行划分可以有多种组合选择，对应不同的执行时间和加速器的内存消耗，但对数据流进行划分以获得最佳性能是一个 NP 难题。在多加速器环境中，本节研究对数据流(特征图、卷积核、梯度张量)的划分，并使用动态规划的自动搜索技术而不是枚举算法实现这些划分的最优化；研究并行类型与不同权重层之间的通信，量化这些通信，最终使得训练一个深度模型期间的总通信量最小。

数据并行与模型并行的张量切分方式不同，数据并行是切数据，而模型并行是切模型。对于多维张量，在不同的维度上切分，效果也不同，在样本数、通道数、样本宽度、样本长度等维度都可以切分。不同的切分方式可以看成一种组合，不同的组合将导致不同的效果。沿着这一思路，我们寻找最优的并行方式，并将其转化成一种搜索最优组合的搜索问题。

训练过程中 3 种张量计算的形式化表示如式(7.1)、式(7.2)、式(7.3)所示。

前向传播计算中的张量形式化表示为

$$\boldsymbol{F}_{l+1} = f(\boldsymbol{F}_l \otimes \boldsymbol{W}_l) \tag{7.1}$$

误差反向传播计算中张量形式化表示为

$$\boldsymbol{E}_l = (\boldsymbol{E}_{l+1} \otimes \boldsymbol{W}_l^*) \odot f'(\boldsymbol{F}_l) \tag{7.2}$$

梯度计算中张量形式化表示为

$$\Delta \boldsymbol{W}_l = \boldsymbol{F}_l^* \otimes \boldsymbol{E}_{l+1} \tag{7.3}$$

其中，$\otimes$ 表示卷积，B 为批量大小，$\boldsymbol{F}_l$ 表示第 l 层的特征图。每个特征图都是一个三维张量，高度为 H，宽度为 W，深度为 C(这里的 C 表示为第 l 层的通道数)。$\boldsymbol{F}_l$ 的大小为 $B \times (H_l \times W_l \times C_l)$，$W_l$ 的大小为 $(K \times K \times C_l) \times C_{l+1}$，$K$ 为卷积核的高度或宽度，$f(\cdot)$ 是一

个激活函数。$\boldsymbol{E}_l$ 表示第 l 层的误差，$\boldsymbol{W}^* = \boldsymbol{W}^{\mathrm{T}}$，$\odot$是逐元素乘法，$f'(\cdot)$是 $f(\cdot)$的导数。

7.3.1　6种张量切分模型

数据层包含了对数据的切分和对模型的切分，以 Matmul 算子为例，设 $B=128$，全连接层的输入和输出神经元个数为 256 和 1 024。因此，特征图 $\boldsymbol{F}_l$ 的大小为 128×256，卷积核 $\boldsymbol{W}_l$ 的大小为 256×1 024，$\boldsymbol{F}_{l+1}$的尺寸为 128×1 024。式(7.1)中的张量运算可以表示为图 7-1。

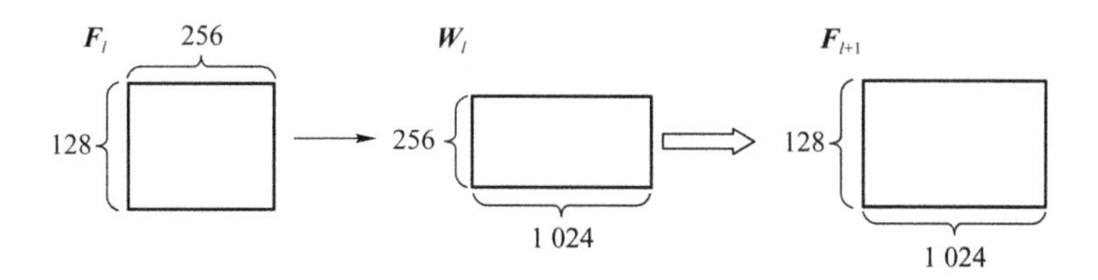

图 7-1　张量运算

假设有两个 worker，用不同的颜色表示被分配在不同 worker 上的数据或模型，在数据并行模式下，图 7-1 张量的运算可以表示为图 7-2。

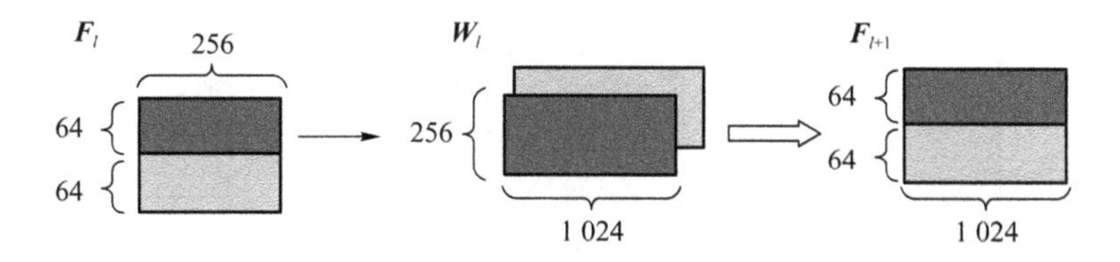

图 7-2　前向传播过程中数据并行模式的张量表示

在模型并行模式下，图 7-1 张量的运算可以表示为图 7-3。

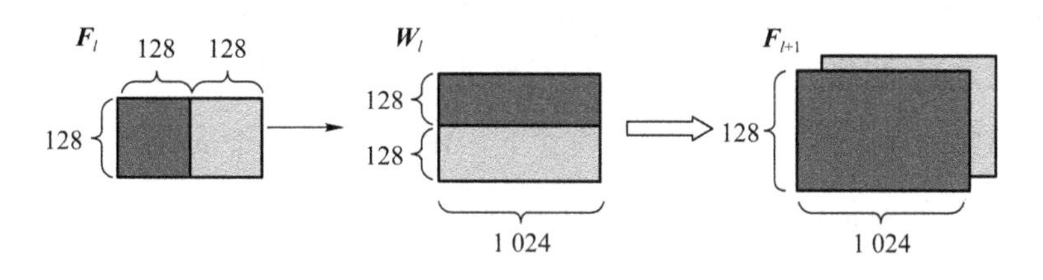

图 7-3　前向传播过程中模型并行模式的张量表示

式(7.2)中的张量乘法的数据并行与模型并行可以表示为图 7-4 和图 7-5。

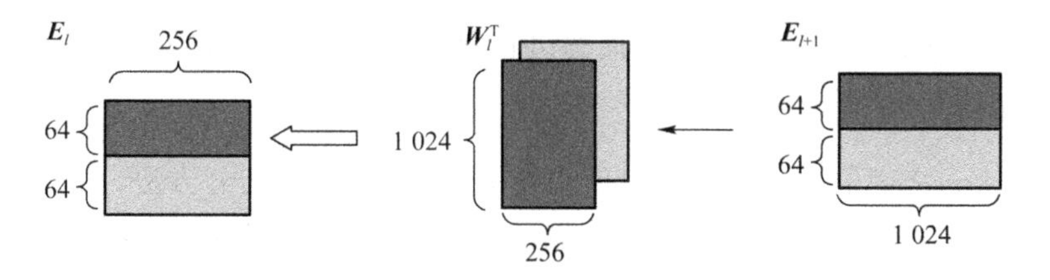

图 7-4　误差反向传播过程中数据并行模式下的张量表示

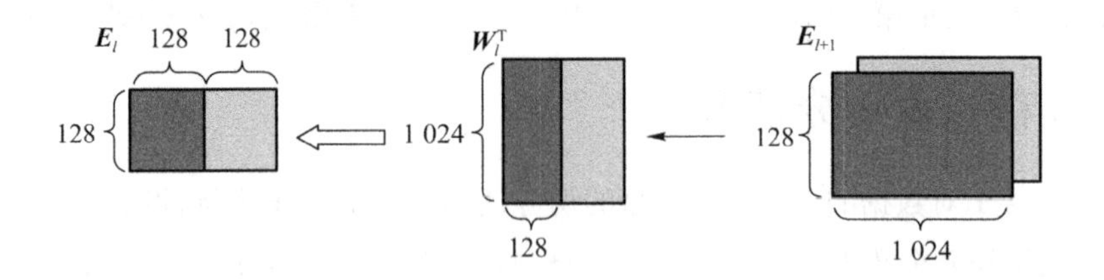

图 7-5 误差反向传播过程中模型并行模式下的张量表示

式(7.3)中的张量运算的数据并行与模型并行可以表示为图 7-6 和图 7-7。

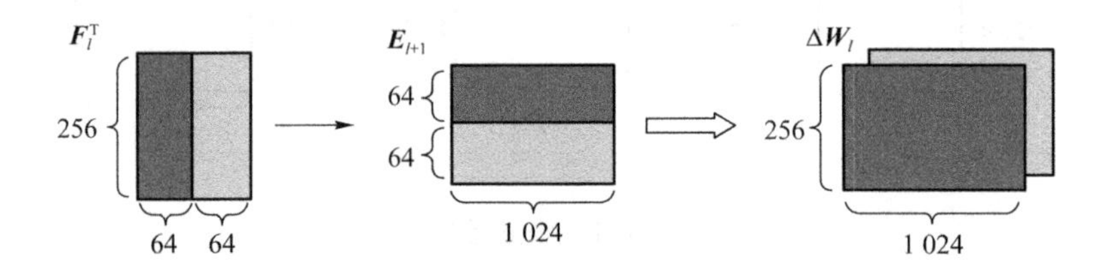

图 7-6 梯度计算过程中数据并行模式下的张量表示

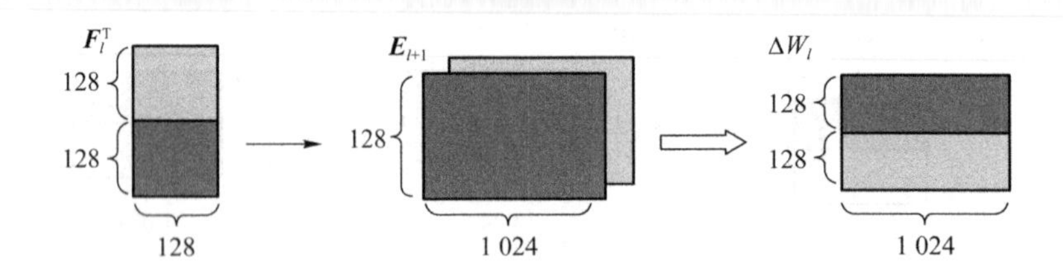

图 7-7 梯度计算过程中模型并行模式下的张量表示

在数据并行模式下，每个 worker 都包含一部分划分的数据和一个完整的权重矩阵，只有在更新权重时，相邻两个 worker 之间需要进行通信，将两个 worker 之间的部分梯度求和得到总梯度。在图 7-6 的数据并行模式下，$\Delta \boldsymbol{W}_l$ 张量是两个 worker 的和，因此，两个 worker 之间要进行通信，而另外两种数据并行的张量运算(图 7-2 和图 7-4)不需要进行通信。

在模型并行模式下，卷积核被划分，特征图也被分配到多个 worker 上，在前向传播时输出特征图，两个 worker 之间将发生通信。在图 7-3 的模型并行模式下，$\boldsymbol{F}_{l+1}$张量的最终形成需要两个 worker 之间进行通信，而另外两种模式并行的张量运算(图 7-5 和图 7-7)不需要进行通信。

多个 worker 之间的张量表示可以使用图 7-2 至图 7-7 的切分方法，两两迭代，以行或列维度，或者行列组合的维度进行切分，切分情况可相应扩展到 $2N$ 个 worker 环境下。例如，一个矩阵，在第一次按行切分后，可以被再次切分。如果第二层是按列切分，那么矩阵被切分成 2×2 的网络；而如果第二层是按行切分，那么矩阵将沿行维度被切分成 4 个部分。

7.3.2 两个工作节点之间的通信量化方法

通过 7.3.1 小节的张量切分方式，我们能够量化 worker 之间的通信。层内通信有两种情况：一种仅发生在更新权重时，worker 双方需要的通信量为 $\Delta \boldsymbol{W}_l$ 数据总量，用 amount($\Delta \boldsymbol{W}_l$)表示；另一种发生在模型并行的前向传播的矩阵乘法计算时，worker 双方需要的通信量为 amount($\boldsymbol{F}_{l+1}$)。层间通信有 3 种情况，其中一种发生在数据并行至模型并行，张量的维度不一致时，这时候需要进行 worker 之间的通信来交换缺失的那部分张量。以前向传播计算中的运算为例，如果前一层是数据并行，后一层是数据并行，那么 $\boldsymbol{F}_{l+1}$ 张量的维度一致，不需要通信；如果前一层是数据并行，后一层是模型并行，那么 $\boldsymbol{F}_{l+1}$ 张量的维度不一致，要通过 worker 之间的通信交换得到 0.25×(amount($\boldsymbol{F}_{l+1}$)＋amount($\boldsymbol{E}_{l+1}$))的通信量，才能保证张量的顺利运算。而当前一层采用模型并行，后一层采用模型并行或数据并行的模式时，通信量都是 0.5×amount($\boldsymbol{E}_{l+1}$)。

通信量化完成后，就可以计算层内及层间的最小通信量了，以最小通信量为代价函数，作为动态规划算法的约束条件，算法描述为 3 个步骤。

步骤 1：用矩阵表示每一层 layer 的张量尺寸 $\boldsymbol{F}_l$、$\boldsymbol{W}_l$、$\Delta\boldsymbol{W}_l$ 和 $\boldsymbol{E}_l$。

步骤 2：循环变量 i 从 0 至 L，其中，L 为 layer 层数。对第 i 层的每一个张量按图 7-2 至图 7-7 的模型切分方法，分别计算层内及层间通信量的和 com_dp(i)和 com_dp(i)。存储通信量最小的并行模型序列 p_dp 和 p_mp。

步骤 3：递归计算最优模型序列 com_dp($i-1$)或 com_mp($i-1$)。

7.3.3 多个工作节点并行通信及形式化验证方法

当有两个以上 worker 时，通信变得复杂，为解决该问题，本小节提出了一个并行通信协议，为便于描述，以误差后向传播为例。协议基于 master-worker 并行模式，包含一个 master 节点和 n 个 worker 节点。master 节点负责整个训练过程的总体控制，而 worker 节点负责具体的训练计算工作。训练前，数据被划分到 n 个 worker 节点中，每个 worker 节点都包含网络的一个复制，以及它们需要完成分配至其上的训练集权重计算及更新任务。

master 节点和 worker 节点初始化后，master 节点开始将初始的权重 $\boldsymbol{W}$ 广播给所有的 worker 节点。每个节点在本地的数据集上进行训练，训练包含了前向及后向两个过程，每个 worker 完成了本地数据集上的权重后，就向 master 节点发送权重信息，当收到来自所有 worker 节点发送的权重信息后，master 会更新存储的权重，但这个过程需要避免重复的数据更新和网络传输。

如图 7-8 所示，master 和 worker 首先进行初始化操作，之后，master 给所有 worker 广播初始权重 $\boldsymbol{W}$，worker 收到权重 $\boldsymbol{W}$ 后，同步地，在各自所分配的训练集上进行权重的更新，然后将每次 epoch 时更新的值 Δw_{local} 保存下来，并将 Δw_{local} 发送给 master。待 master 收到全部的 Δw_{local} 值后，其用聚类存储中的所有 Δw_{local} 更新上一步骤中广播的权重信息，上述的过程以迭代方式进行。最后，进行训练终止条件判断，如满足，停止运算；如不满足，则进行下一个 epoch 的训练。

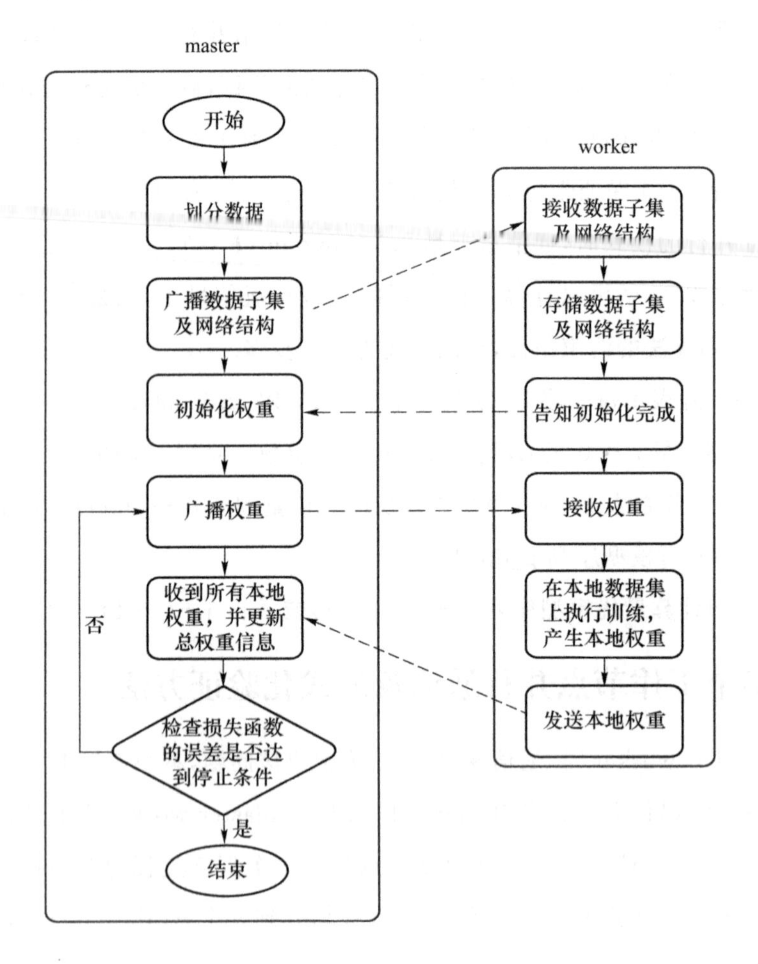

图 7-8　通信层流程图

7.3.4 一种通信协议的形式化验证方法

在通信层，为保证通信协议间的同步及避免冲突，在通信协议的设计中加入形式化的方法进行可靠性验证。

设计了相对应的验证框架，主要分为以下几个步骤完成。

步骤1： 建立通信层协议的PPM，给5元组的各元素分别赋值。将已建好的PPM按7.3.3小节所述的投影规则，构建通信协议的LTS模型，并用Petri_Net图形化表示。

步骤2： 在步骤1的基础上，将PPM转换为Petri_Net，其中，每一个状态Q对应Petri_Net中的place，δ的每一个迁移对应Petri_Net中的transition，组件对应Petri_Net中的token，Petri_Net中的一次点火对应PPM中组件之间的一个交互。然后，对Petri_Net模型按指定的协议需求进行配置。

步骤3： 根据模型本身的配置需求，将约束用自然语言描述，并用LTL公式形式化表示配置约束及模型约束。

步骤4： 最后通过检测LTL是否满足可达性，分析并验证可配置模型是否满足模型的结构属性和协议需求。

协议模型验证框架如图7-9所示。

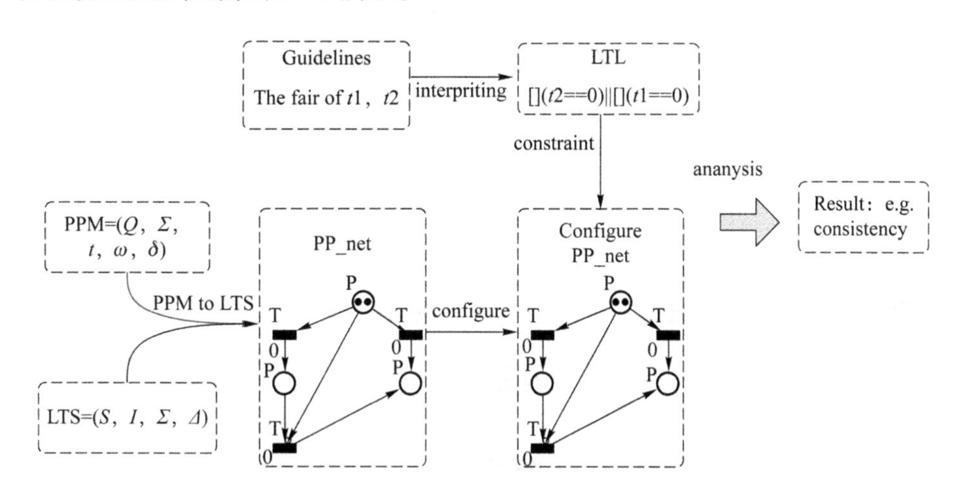

图7-9 通信层协议验证流程图

master与worker之间的通信可用一个PPM模型来描述。

依据Poppulation Protocols理论，两个关键组件worker和master作为参与交互的一对实体，其中，5元组的形式化表示，如式(7.4)所示。master和worker的状态变迁如图7-10和图7-11所示。

$$
\begin{aligned}
&\text{PPM}=(Q,\Sigma,\ell,\omega,\delta)\\
&Q=\{\text{send\_subdata},\text{init\_weight},\text{broadcast},\text{receive\_updata},\text{if\_convergence},\text{end},\text{wait},\\
&\quad\text{receive\_subdata},\text{load\_subdata},\text{answer},\text{receive\_weight},\text{train\_weight}\}\\
&\Sigma=\{\text{answer},\text{skip},\text{train\_weight},\text{Nworkers}<n,\text{Nworkers}=n,\text{no\_convergence},\\
&\quad\text{convergence},\text{sent\_subdata},\text{broadcast}\}\\
&\ell=\{(\text{answer},\text{init\_weight}),(\text{skip},\text{broadcast}),(\text{train\_weight},\text{receive\_updata}),\\
&\quad(\text{Nworkers}<n,\text{receive\_updata}),(\text{Nworkers}=n,\text{if\_convergence}),\\
&\quad(\text{no\_convergence},\text{init\_weight}),(\text{convergence},\text{end}),(\text{sent\_subdata},\text{receive\_subdata}),\\
&\quad(\text{skip},\text{load\_subdata}),(\text{skip},\text{answer}),(\text{broadcast},\text{receive\_weight}),\\
&\quad(\text{convergence},\text{end}),(\text{skip},\text{train\_weight}),(\text{no\_convergence},\text{receive\_weight}\}\qquad(7.4)\\
&\omega=\{(\text{send\_subdata},\text{answer}),(\text{init\_weight},\text{skip}),(\text{broadcast},\text{train\_weight}),\\
&\quad(\text{receive\_updata},\text{Nworkers}<n),(\text{receive\_updata},\text{Nworkers}=n),\\
&\quad(\text{if\_convergence},\text{no\_convergence}),(\text{if\_convergence},\text{convergence}),\\
&\quad(\text{wait},\text{sent\_subdata}),(\text{receive\_subdata},\text{skip}),(\text{load\_subdata},\text{skip}),\\
&\quad(\text{answer},\text{broadcast}),(\text{receive\_weight},\text{convergence}),(\text{receive\_weight},\text{skip}),\\
&\quad(\text{train\_weight},\text{no\_convergence})\}\\
&\delta=\{(\text{send\_subdata},\text{wait})\rightarrow(\text{init\_weight},\text{receive\_subdata}),\\
&\quad(\text{init\_weight},\text{receive\_subdata})\rightarrow(\text{broadcast},\text{answer}),\\
&\quad(\text{broadcast},\text{answer})\rightarrow(\text{receive\_updata},\text{train\_weight}),\\
&\quad(\text{receive\_updata},\text{train\_weight})\rightarrow(\text{if\_convergence},\text{wait}),\\
&\quad(\text{if\_convergence},\text{wait})\rightarrow(\text{init\_weight},\text{train\_weight}),\\
&\quad(\text{if\_convergence},\text{wait})\rightarrow(\text{end},\text{end})\}
\end{aligned}
$$

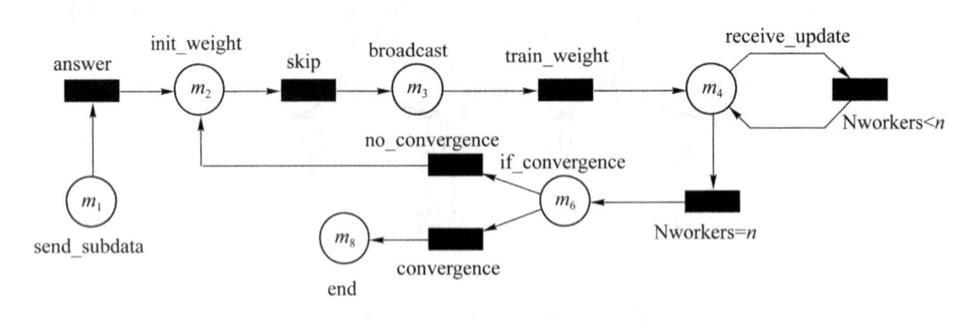

图 7-10　master 的状态变迁图

图 7-11(a)中，存在多个 skip 事件。依据 Petri 网约简规则，只要符合 6 种化简方案中的一种，就能够实现图 7-11(a)至图 7-11(b)的转化，约简后的性质不变。观察 worker 的状态变化及变迁发生序列的情况，其有界性和活性并没有因约简而产生变化。图 7-12(a)用版本号为 V5.1.6 的 SPIN 模拟了 worker 和 master 交互的仿真结果，图 7-12(b)模拟

了变迁状态空间统计信息及活动信息。

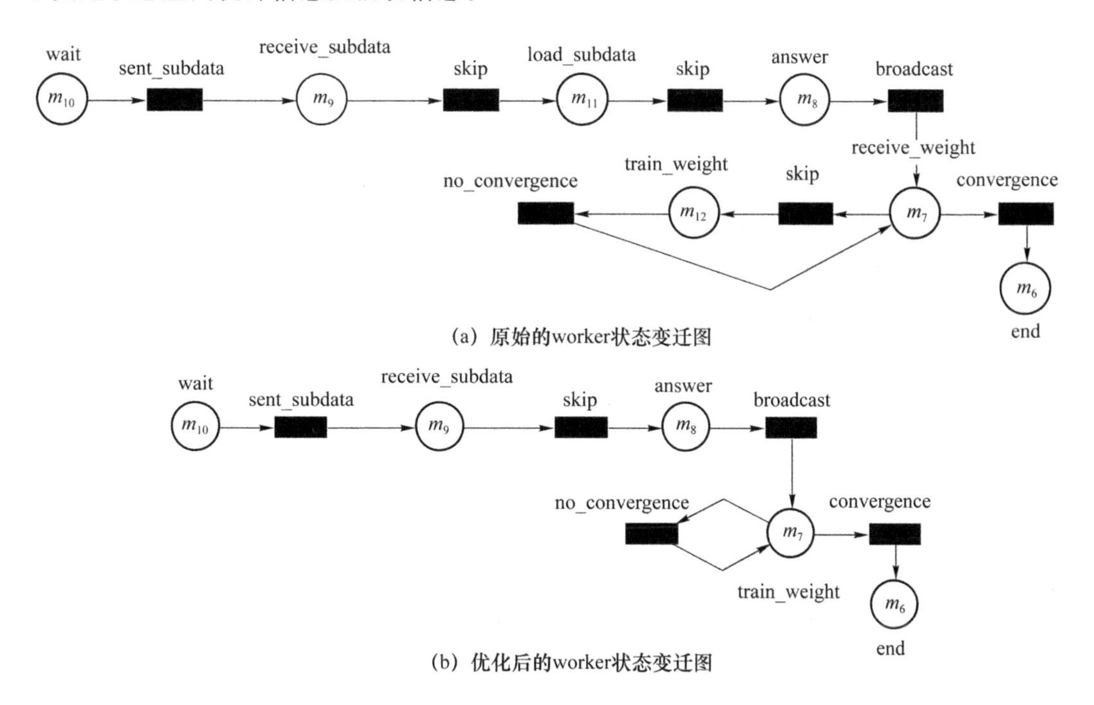

(a) 原始的worker状态变迁图

(b) 优化后的worker状态变迁图

图 7-11 worker 的状态变迁图

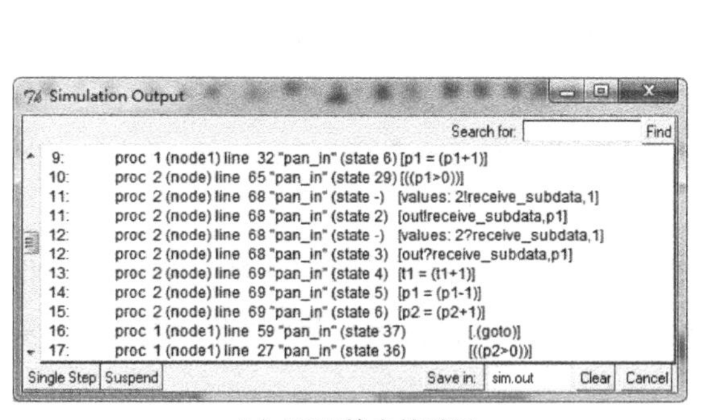

(a) SPIN输出结果图

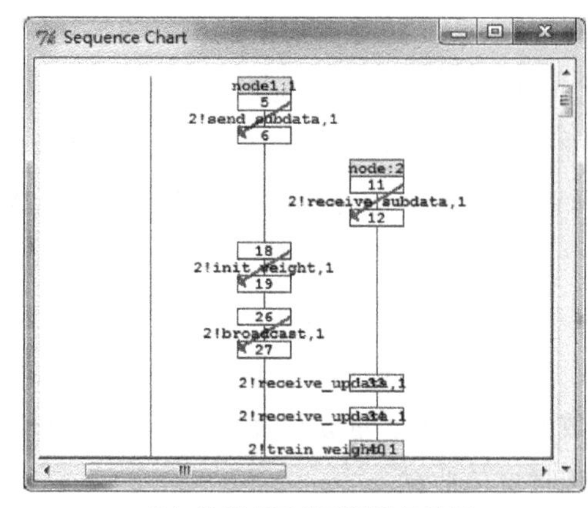

(b) 协议交互的可视化显示图

图 7-12 通信协议可达图

本小节已经采用 PPM 对通信协议建立了形式化模型，为了保证模型的正确性，需要给已建立的模型加上约束规则，通过 SPIN 验证其是否满足目标的约束。对模型的属性约束使用 LTL 描述。关于 LTL 公式的定义如下，其他有关 SPIN 中 LTL 的使用方法，请参考 Holzmann 等在 2003 年发表的论文。

设 AP 为原子命题集，LTL 公式(Formula)可表示为

$$\phi ::= p \in AP \mid true \mid false \mid \neg \phi \mid \phi 1 \vee \phi 2 \mid X\phi \mid \phi 1 U \phi 2$$

其中,4 个算子○、▷、□、< >,分别表示下一刻(Next-state Operator)、直到(Until)、必然(Always)、可能(Finally)。其中,算子□可用 G 表示,< >可用 F 来表示, ○可用 X 表示, ▷可用 U 表示。因此,所有的 LTL 公式都可用布尔符号¬与∨、量词符号∀与∃,以及算子□、< >来表示。

以互斥算法为例,描述以下 3 个用自然语言表示的属性:

① 每个进程最终将可以进入它的临界区;

② 每个进程将不时地进入它的临界区;

③ 每一个等待进程最终能进入它的临界区。

上面 3 个属性用 LTL 公式分别表示为

① < > cs_i;

② □< > cs_i;

③ □($waiting_i$→< > cs_i)。

其中,cs_i 表示临界区的进程 i,$waiting_i$ 表示处于等待中的进程 i。

本部分设计了 LTL 来验证本小节所提算法并行的正确性,将通信协议用形式化语言(Process Meta Language,Promela)描述后,使用 SPIN 对通信协议进行模拟分析,通过设置断言(Assertion)判定通信协议是否满足所定义的 LTL 公式,如图 7-12 所示。协议验证的主要目的是判断提出的协议是否满足所要求的性质,即可达性、没有死锁、没有活锁、有界性、不变性等。根据本小节的描述,状态变迁的 3 个迁移规则用 LTL 描述如下:

(1) □((init_weight→○broadcast)∧(broadcast→○receive_updata)∧(receive_updata→○if_convergence)∧(if_convergence→○end))

表明 master 从初始化权值开始,其状态按约定的时序变化。

(2) □((Nworkers=n∧¬convergence)⇒(¬convergence▷(no_convergenc∧¬convergence)))

表明通信协议中,在收到所有的更新权重后,master 在梯度计算时可能会遇到无法收敛的情况,需要重新广播更新后的总权值,要求 worker 进行权值计算,如此反复,最终实现梯度值收敛。

(3) □(receive_updata→< > if_convergence)

master 最终能收到所有 worker 传来的权重。从当前状态开始,当 receive_updata 为真时,总一个时刻能够满足 if_convergence 为真。

LTL 公式 p-> < > q 描述 master 能得到来自所有其他进程的数据。最下方的 Verification Result 为 valid,表示本小节所提方法最终能完成分配在各 worker 工作节点上的更新的权重。定义 #define p t7>0,#define q t3>0,运行窗口显示验证结果成立。图 7-13 列出了在仿真过程中,所有消息的发送和接收,上述结果表明了本小节所提并行通信机制在弱公平条件下的正确性,为后续的仿真实验平台搭建奠定基础。

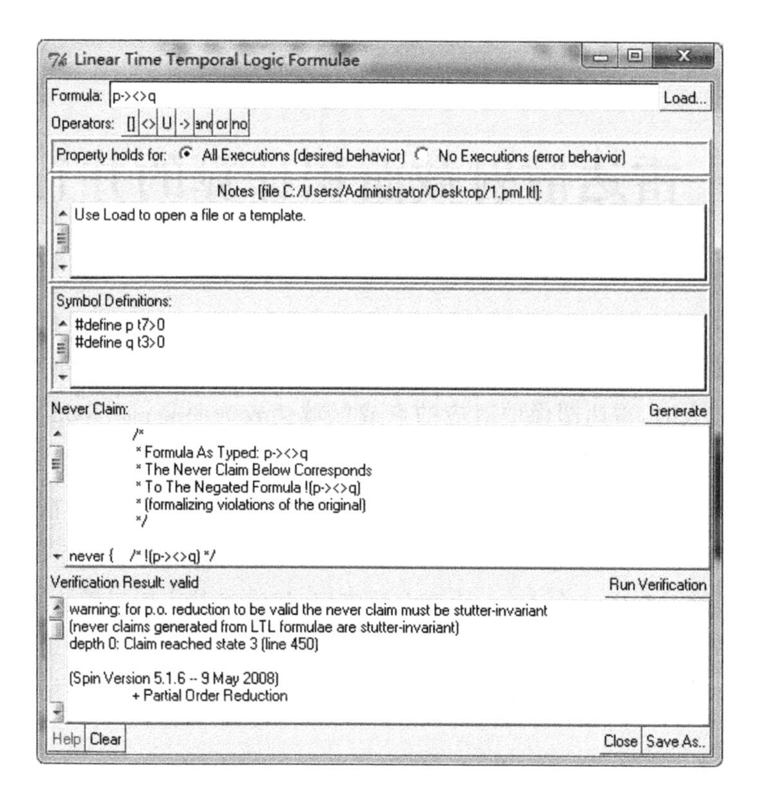

图 7-13　LTL 验证结果图

本章小结

卷积神经网络由多层隐藏层构成，需要进行训练的参数数量往往数以亿计，计算任务艰巨。本章针对卷积神经网络训练过程中计算量大的问题，提出了卷积网络中的张量切分方法，研究了分配在多个工作节点的张量进行更新时的通信量化方法。本章所提方法在通信层的基础上构建了 master 与 worker 交互的协议，为了描述协议的正确性与可靠性，用形式化方法对该通信协议进行了验证。本章将种群协议模型引入到通信层协议中，提出了通信协议验证框架，构建了 master 与 workers 交互产生的状态变迁模型。最后，本章用 SPIN 模型检测工具和 LTL 线性时序逻辑验证了弱公平条件下该模型的自稳定性。本章所提方法为分析与验证并行通信协议的正确性提供了一种行之有效的方法。

第 8 章　雷达散射截面积计算的并行化方法

雷达散射截面积(Radar Cross Section, RCS)是衡量雷达成像中每个像素反射强度的指标。RCS 较大时,雷达图像中对应的点或区域会较为明亮;而 RCS 较小时,图像则显得较暗。通过分析雷达图像的亮度分布,可以推测目标的形状、尺寸和材料特性等。RCS 是雷达图像分析的基础之一,通过计算和分析 RCS,可以预测目标在图像中的表现。此外,雷达图像也可用于反推目标的 RCS 和散射特性,实现精确的目标识别与分类。本章旨在研究第 7 章并行方法在 RCS 计算中的应用,最终将其应用于雷达图像分类。

8.1 引　言

在实际应用中,电磁散射积分方程常被用于仿真与数值计算,以帮助研究人员设计和优化雷达系统,预测目标的 RCS。通过数值方法,如矩量法(MoM)、快速多极子方法(FMM)等,求解这些积分方程,并模拟复杂目标的电磁散射特性。基于麦克斯韦理论,用数值算法代替数学解析式来分析电磁场的方法,将人脑从大量复杂运算中解放出来。电磁场计算中常用的算法有矩量法(Method of Moments, MoM)、时域有限差分(Finite-Difference Time-Domain, FDTD)法、有限元法(Finite Element Method,FEM)等,都是将建模对象分为电小尺寸进行所需参数的求解。FDTD 基于麦氏方程差分形式,主要用于分析屏蔽问题、生物电磁效应等;FEM 基于麦氏方程微分形式,主要用于分析腔体滤波器、波导问题等;MOM 基于麦氏方程积分形式,主要用于长导线仿真、电超大尺寸问题等的分析。其中,MOM 具有较高的计算精度,将导体分为电小尺寸,通过计算所有导体单元上的电流,得到所有导体电流单元总体产生的电磁场。

在使用 MOM 离散化过程中,基函数及线性方程系数的选择是直接影响电磁散射参数计算的两个重要因素。Rao 等学者提出使用三角形偶对的方法来构造基函数和权函数,将该基函数命名为 Rao-Wilto-Glisson 基函数,简称 RWG 基函数,该方法至今被广泛应用于各类工程计算中。在电磁场离散化过程中,使用矩量法能提高复杂介质散射的计算精度,但缺点是它将问题转化成矩阵方程和求解矩阵方程时需要较高的计算复杂度。矩量法需要求解一个二重面积分,其构成的阻抗矩阵通常是一个稠密矩阵,计算复杂度为 $O(n^2)$,计算耗时长且矩阵占用大量存储空间,是其应用的一个瓶颈。

快速多极子方法(FMM)由学者 Rokhlin 提出，该方法将稠密矩阵与向量的乘积运算转化为几个稀疏矩阵与向量的乘积运算，将矩阵与矢量乘积的计算量和计算复杂度降到了 $O(n^{1.5})$。但相较于 RWG 基函数场、源三角形产生奇异的处理更复杂，处理不好将导致矩阵的条件数差、积分收敛速度慢等问题。

作为消息传递模型中的杰出代表，相较于另一个基于消息通信的并行模型 PVM (Parallel Virtual Machine)，MPI(Message Passing Interface)在标准化方面做了大量工作，驻留在不同节点上的进程可以通过网络传递消息、相互通信，以实现进程间的信息交换、协调步伐、控制执行等，节约了计算资源，使复杂的数值计算在速度上得到提高。MPI 适用于分布式存储结构，采用异步并行操作方式，可移植性好。在 MPI 机制(阻塞性消息传递机制)中，常因通信调用的顺序不当，造成死锁。避免这种情况发生的有效措施是在程序代码实现前使用形式化的方法预先对消息通信模型进行可靠性验证。形式化的方法是用来设计安全的通信协议的一个重要手段，采用经过严格数学逻辑检验的通信模型设计出来的协议具备更高的安全性和可靠性。

因此，为解决矩量法在电磁散射数值计算中计算量大的问题，提高数值计算的安全性、可靠性，本章首先介绍了 RWG 矩量法求解积分方程的基本原理，对于矩量法求解效率低下的问题，给出使用 MPI 消息传递机制进行阻抗填充的并行解决方案；然后针对 MPI 消息传递不同步易造成死锁等异常情况，结合形式化分析方法提出并行通信协议正确性验证机制；最后给出数值算例，验证了该并行算法的准确性，测试了并行效率和计算能力。从这些数值可以看出，基于并行的积分方程结果和 Mie 解析的结果吻合得非常好，通过加速比和效率来评估本章所提并行算法，实验结果充分证明了本方法的可靠性和有效性。

8.2 RWG 基函数的基本知识

RWG 基函数(Rao-Wilton-Glisson Basis Functions)是一种用于数值求解电磁场问题的分片线性基函数，特别是在矩量法(MoM)中求解电磁散射和辐射问题的表面电流分布时有较多应用。RWG 基函数是定义在三角形网格上的分片线性基函数，用于近似导体表面上的电流分布。它在每个三角形单元上定义，并在共享一个边的两个相邻三角形上具有非零值。每个 RWG 基函数与一条边关联，其值在关联边上连续，在其他边上为零。

电场积分方程如下：

$$E_z^{\mathrm{inc}}(\vec{r})=jk\eta\int_C J_{ez}(\vec{r}')G(\vec{r},\vec{r}')\mathrm{d}l' \tag{8.1}$$

其中，$E_z^{\mathrm{inc}}(\vec{r})$表示导体表面的入射电场，$J_{ez}(\vec{r}')$表示导体表面的等效面电流，$G(\vec{r},\vec{r}')=\dfrac{\mathrm{e}^{-jkR}}{R}$表示并矢格林函数，$R=|\vec{r}-\vec{r}'|$表示场点到源点的距离，$k$ 表示自由

空间的波数，η 表示自由空间的波阻抗。当受激励源照射时，导体表面产生感应电流，只要求得感应电流分布，便能算出散射场。在求散射场的过程中，矩量法精确但速度慢。

RWG 基函数充分利用了三角形贴片可以精确模拟任何表面物体的特性。尤其是对复杂目标的建模，满足电流连续性条件和电荷守恒定律。

使用 RWG 基函数将电流离散为 n 个基函数与系数求和的形式，为求解 n 个系数，加入 m 个测试函数，使用伽辽金法（Galerkin Method）将式(8.1)转换为如下形式：

$$[Z_{m\times n}]\{I_n\}=\{V_m\} \tag{8.2}$$

其中，

$$Z_{m\pm n\pm}=jk\eta\int_{m\pm}\pm\frac{l_m}{2A_m^{\pm}}(\vec{r}-\vec{r}_{m\pm})\mathrm{d}s\cdot\int_{n\pm}\Big[\pm\frac{l_n}{2A_n^{\pm}}(\vec{r}-\vec{r}_{n\pm})\frac{\mathrm{e}^{-jk|\vec{r}_m^{c\pm}-\vec{r}'|}}{4\pi|\vec{r}_m^{c\pm}-\vec{r}'|}-$$

$$\frac{1}{k^2}\frac{l_n}{A_n^{\pm}}\left(jk+\frac{1}{|\vec{r}_m^{c\pm}-\vec{r}'|}\right)\cdot\frac{\mathrm{e}^{-jk|\vec{r}_m^{c\pm}-\vec{r}'|}}{4\pi|\vec{r}_m^{c\pm}-\vec{r}'|}(\vec{r}_m^{c\pm}-\vec{r}')\Big]\mathrm{d}s' \tag{8.3}$$

其中，m 和 n 分别表示场三角和源三角的边，A 表示三角形面积，$\vec{r}_m^{c\pm}$ 表示第 m 个三角形的质心，正负号由三角形中电流在公共边上流动的方向与平面法向量的叉积决定，l 表示公共边的边长，$\vec{r}_m$ 表示第 m 条边对应的顶点，{}表示向量，[]表示矩阵。

对式(8.3)进行数值求解时，将 Z_{mn} 拆分为 4 个部分之和，如下：

$$Z_{mn}=Z_{m+n+}-Z_{m+n-}-Z_{m-n+}+Z_{m-n-} \tag{8.4}$$

矩阵填充时，当两条内边相关的 2 个三角形发生共面时，矩阵将产生奇异性。这时，用高斯方法计算格林函数积分，可能导致内存溢出，或者将使阻抗矩阵值产生大幅度跳跃，该情况需要进行奇异处理，否则高斯方法将得出无穷大值，使计算机无法得到有意义的结果。在使用解析法求解奇异值时，需要事先得到三角形面元三边的外法向量的单位矢量、场点到源三角形各边端点的距离、场点到三角形各边的距离、坐标映射后在内边上的一个方向矢量，通过这些数据判断进行奇异处理时应使用解析方法还是积分方法，最终得到阻抗值。这些值在计算过程中仅需计算一次，可多次使用。

依据公式(8.2)已知 Z 和 V 求出 I，求 Z 的过程也称阻抗矩阵填充，阻抗矩阵填充在整个程序中也仅需要计算一次。阻抗矩阵属稠密矩阵，矩阵填充是一个耗时的过程，在仿真复杂或电大尺寸的目标时，空间及时间将呈几何指数增长。因此，本文考虑并行处理来提高数值计算速度。

8.3 并行通信机制研究

8.3.1 矩阵填充并行方案

为提高 RWG 计算速度，本章采用 MPI 消息传递机制来进行阻抗矩阵填充的并行设计。本章设计了如图 8-1 所示的流程框图来描述过程。

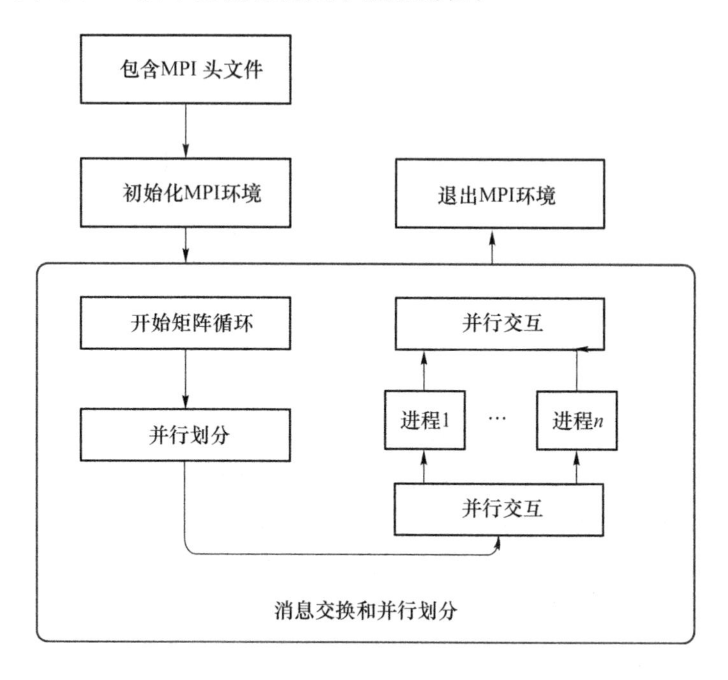

图 8-1　矩阵并行填充流程图

在流程图中，并行交互处理与并行计算模块主要针对阻抗矩阵填充的两个方面：一方面，在外循环对阻抗矩阵的循环进行并行处理；另一方面，在循环内部对 4 对三角正负面片组合进行并行处理。除常用的 MPI 的基本接口外，本章还使用了消息发送与接收、数据广播与归约机制。对内边进行数据广播时，确定根进程后，将消息发送给通信器中的其他进程，这是一对多的模式。运算规则如图 8-2 所示。

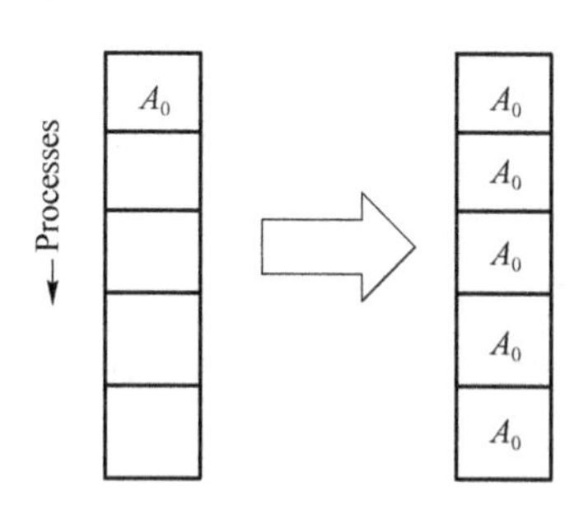

图 8-2　对内边的数据广播

当各个进程都完成对三角面片组合的数值计算后，将各自的结果进行指定运算后，返回根进程，在归约运算中，本章根据所需运算采用自定义的复数相加形式，这是多对一的模式，运算规则如图 8-3 所示。

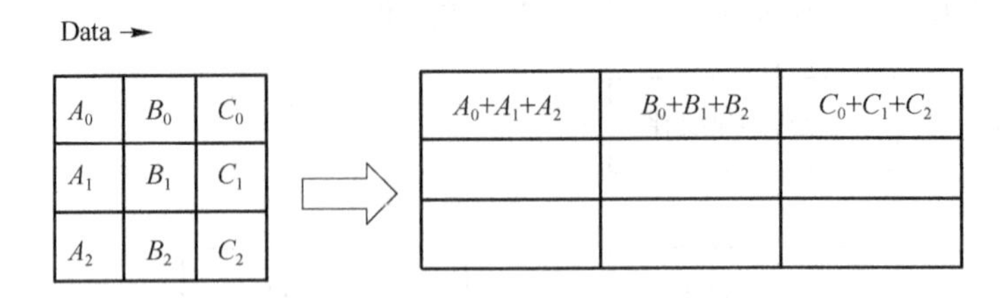

图 8-3　对正负三角面片的数据归约

8.3.2　消息通信方法

通信开销制约了并行算法的效率。随着处理器数量的增多，并行计算时间在不断减少，而通信时间在不断增加，这些将影响并行算法的可扩展性。且迭代空间划分所引入的条块依赖关系阻碍了循环的并行化，因此，本章采用如下描述的消息通信方法。

(1) 数据划分是并行处理中的一个重要环节，利用棋盘划分可以达到比按行及按列划分更细的并行粒度。例如，把一个 $n \times n$ 的矩阵按照棋盘划分映射到一个 $q \times q$ 的二维网格上，每个进程包含 n^2/q 个矩阵元素。矩阵填充时，在不同进程上操作的数据彼此独立，因此，划分后的数据处理是安全的。

(2) 每个处理器处理各自的内积分、外积分、奇异积分，同时根据所分配的内边编号确定所属进程的外积分，组合计算该进程中内积分与所属外积分的点积。

(3) 处理器间相互通信，以获取各自所需的内积分进行点积运算。处理器对每一个分配给它的内边计算其正负三角形外积分、内积分和奇异积分。当处理器自身所分配的数据处理完毕，相互之间需要交换数据时，处理器之间要进行相关问询与应答。

(4) 聚合各处理器点积运算的结果。本章设进程数量等于处理器数量，因此，将处理器之间的通信描述为进程之间的通信。

将每个进程分为 5 种状态(Ready，Waiting，Send，Receive，Halt)，依次分别表示准备态、等待态、发送态、接收态和闲置态。

通信步骤(以进程 1 与进程 2 的交互通信为例)：

(1) 进程 1 与进程 2 的初始态为等待态，每个进程计算内积分、外积分及奇异积分。

(2) 计算完积分后，进程将状态转换为准备态，并向对方发送问询命令，要求传送所需的数据。

(3) 进程 2 收到问询命令，将状态转换为发送态，且将进程 1 传递过来的三角形编号与请求的编号进行比较，如果在此范围内，则找到奇异积分，将奇异积分传递给进程 1；否则，将把在(1)计算出来的所有内积分发送给进程 1。

(4) 进程 1 接收到来自进程 2 的值后，将状态转换为接收态。

(5) 进程 1 将(1)计算出来的外积分与接收到的内积分进行运算，存储结果，并将状态改为准备态。

(6) 如果进程 1 处于准备态，判断其是否将所属的内积分结果发送给其他进程。具体操作是：设置一个计数器 count，初始值为 0，在状态转换过程中，每向一个进程发送完结果，count 加 1，直至 count 大于等于进程个数，停止发送，将进程 1 状态转换为闲置态。

8.3.3　通信机制形式化建模

使用 MPI 阻塞型标准模式消息收发函数时，因操作不同步引起发送和接收操作不匹配，而导致程序死锁，此类错误常常不易察觉。通过形式化的方法对通信协议进行验证将有效避免实际运行程序代码时的死锁问题。

将上述 MPI 消息传递模型表示为形化模型 petri_net 的表示。将系统中的进程符号化为一系列状态，对两组件交互过程进行建模分析，依据进程和事件之间的关系，得到状态和输入事件之间的转移关系。petri_net 的描述有 4 种基本元素：库所(Place)、标记(Token)、变迁(Transition)、有向弧(Arc)。它属于有限状态机的一种，允许多种状态迁移同时交叉发生，对于异步并发过程的描述比有限状态机更为方便。

依据前面的描述，进程间信息交互的 petri_net 模型如图 8-4 所示，其中长方形表示触发的事件，圆圈表示阅读器或标签的状态，有向箭头表示状态变迁。

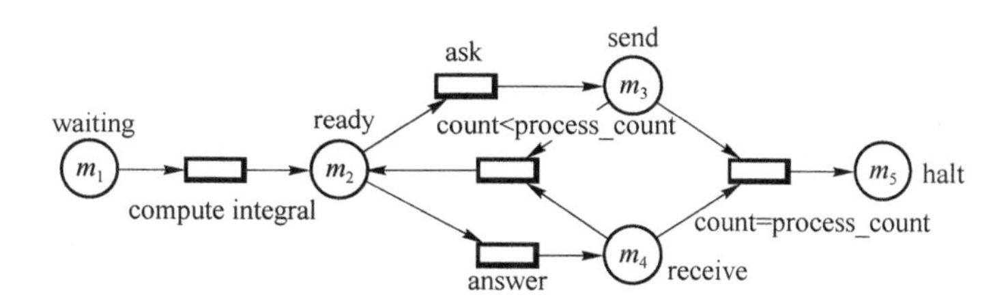

图 8-4　两个进程之间信息交互的 petri_net 模型 Σ_1

通过一个 petri_net 的可达标识图即可分析该模型的状态变化和变迁发生序列的情况，从而直观地判断模型的有界性和活性，图 8-4 的可达标识图 RG(Σ_1)描述如图 8-5 所示。

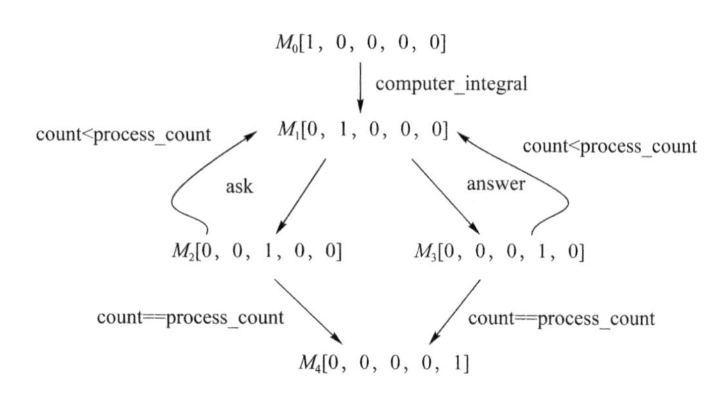

图 8-5　可达标识图 RG(Σ_1)

8.4 算例仿真

8.4.1 通信机制形式化方法正确性验证

本章设计了线性时序逻辑(LTL)来验证所提并行算法的正确性，将 8.3 节中提出的通信协议用 promela 语言描述后，使用 spin 对上述通信协议进行模拟分析，通过设置断言(Assertion)来判定通信协议是否满足我们定义的 LTL 公式。根据本章的描述，状态变迁的 2 个迁移规则可以用 LTL 描述为

(1) $G((\text{waiting}\rightarrow X(\text{ready}))\wedge(\text{ready}\rightarrow X(\text{send}))\vee(\text{ready}\rightarrow X(\text{receive})))$

这个需求表明当一个进程进行数值计算时，它能向其他进程发送数据或接收来自其他进程的数据，其状态按时序变化。

(2) $G((\text{send}\rightarrow F(\text{halt}))\wedge(\text{receive}\rightarrow F(\text{halt})))$

这个需求表明进程发送或接收数据后，最终完成所属三角形编号的内外积分数值运算。

图 8-6 中，LTL 公式 p-> < > q 描述每个进程能得到来自其他进程的数据，最终完成所分配在各进程上数据的内外积分数值运算。定义 # define p t7>0，# define q t3>0，运行窗口显示验证结果成立。图 8-7 中显示了在仿真过程中所有消息的发送和接收，上述结果表明了本章所提并行通信机制在弱公平条件下的正确性，为后续仿真实验奠定了基础。

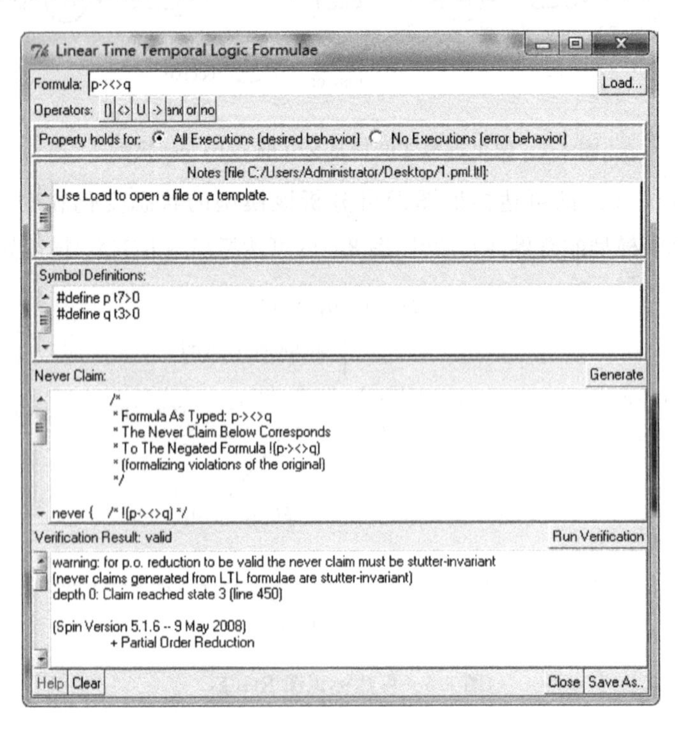

图 8-6 LTL 验证结果图

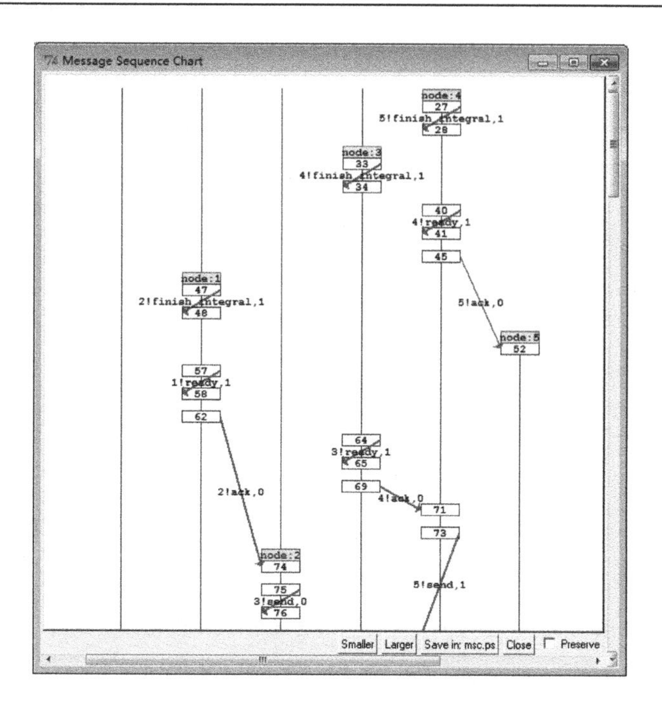

图 8-7　spin 界面

8.4.2　计算精度验证

Mie 级数方法是一种解析解，获得的解是严格精确的。本文选用 Mie 级数法来验证本章所提方法的正确性。在 Intel® Core™ i3-3217U CPU @ 1.80 GHz 及 Inter® Core™ i5-6300U CPU@2.40 GHz，4 核处理器，64 位操作系统的计算机上进行实验。一个半径为 1 m 的理想球导体被剖分为 426 个节点、848 个三角形、1 272 条内边，频率为300 MHz。平面波入射，入射角为 0°，将其与解析解 Mie 理论的精确结果进行比较。图 8-8 与图 8-9 分别表示 VV 极化与 HH 极化的结果，从图中我们可以清楚地看出，结果收敛于解析解。

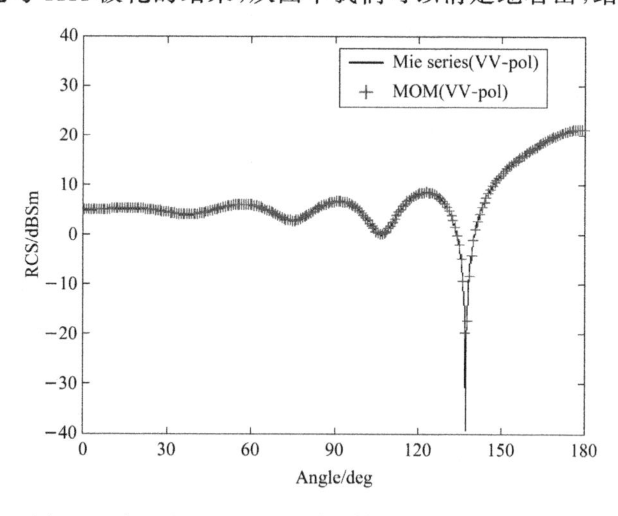

图 8-8　半径为 1 m 的理想球导体的 VV 极化散射截面

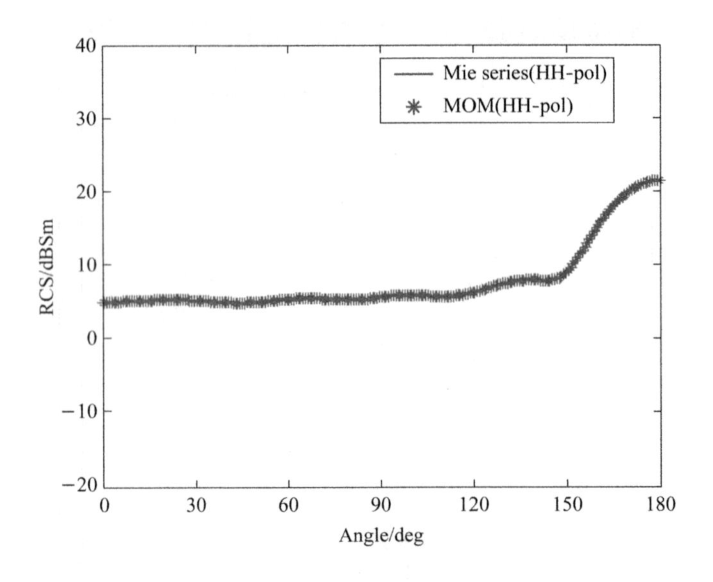

图 8-9 半径为 1 m 的理想球导体的 HH 极化散射截面

一个半径为 0.46 m 的理想球导体，被剖分为 738 个三角形、371 个节点、1 107 条边，频率为 300 MHz，平面波入射，入射角为 0°，其与 Mie series 结果进行比较。图 8-10 与图 8-11 分别表示 VV 极化及 HH 极化的结果，结果收敛于解析解。

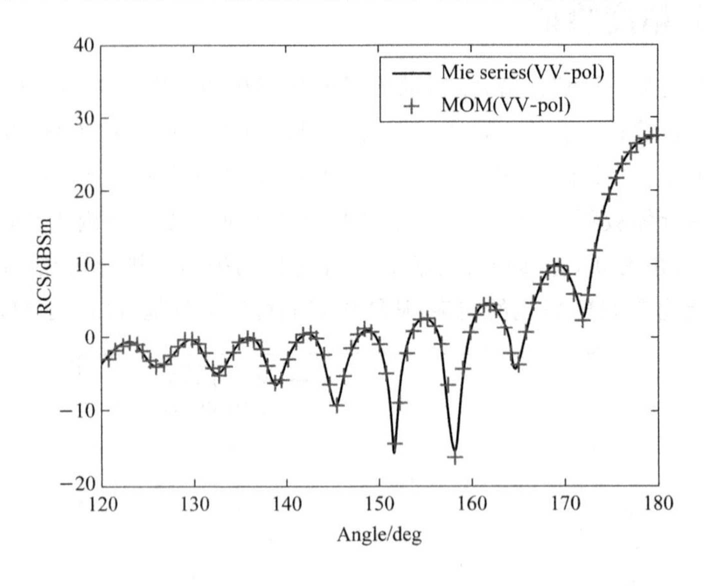

图 8-10 半径为 0.46 m 的理想球导体的 VV 极化散射截面

实验中产生了一些精度偏差，究其原因，一是几何建模生成网络带来的误差，二是求解线性方程组时迭代计算产生的误差。但这部分误差非常小，并不影响整体的实验结果。

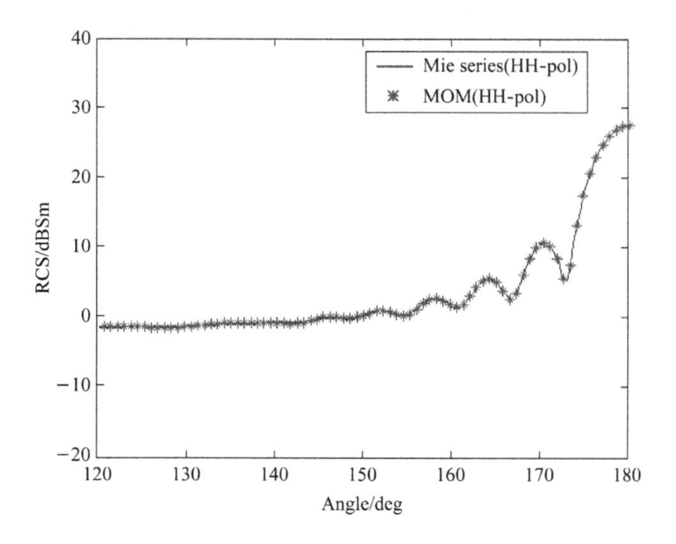

图 8-11 半径为 0.46 m 的理想球导体的 HH 极化散射截面

8.4.3 并行效率测试

程序用 C++编写，在 MPICH2-1.4 机器上运行，进程数为 8。有两台 PC 连接到网络，一台配置为主机，CPU i5 2.4 GHz，另一台配置为从机，CPU i3 1.8 GHz。图 8-12 显示了并行程序的运行时间。

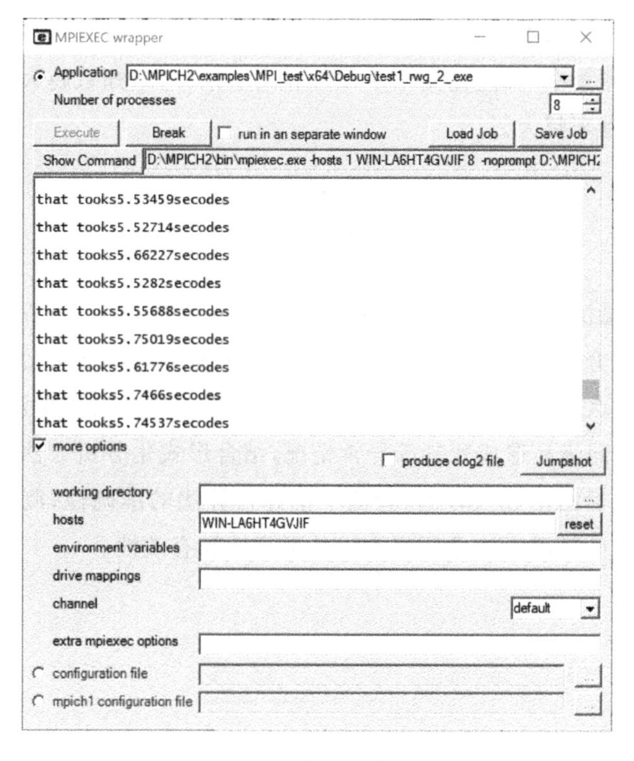

图 8-12 并行程序测试

为验证 MPI 并行处理的时间，本章使用并行加速比和效率来评价并行效果。

加速比定义为

$$S_p = \frac{T_S}{T_p} \tag{8.5}$$

效率定义为

$$E_p = \frac{S_p}{p} \tag{8.6}$$

其中，T_S 为单处理器时间，T_p 为程序并行化后并行执行 p 个进程所需要的时间。本章实现了单机并行和双机并行两种并行方式，将单机并行的进程数设为 4，双机并行的进程数设为 8，表 8-1 为在不同输入值的情况下测量加速比的值。

表 8-1　串并行阻抗矩阵填充程序运行时间

性能 \ 内边数量	12	498	1 107	1 272
加速比(4 进程)	2.49	4.17	3.06	2.90
效率(4 进程)	0.62	1.04	0.77	0.72
加速比(8 进程)	17.41	18.38	16.6	16.91
效率(8 进程)	2.18	2.3	2.07	2.11

第 1 个例子为一个八面体的网格剖分，第 2 个例子为一个长方体的网格剖分，第 3 个例子与第 4 个例子分别为不同半径球体的网格剖分。表中，未知数的个数由 2 位数增加到 4 位数。在实际测量中，加速比受限于硬件和网络条件，未知数越大，随着进程增加，获得的加速比和效率越来越大。

本章小结

为了解决用矩量法求解电磁散射积分方程的时间复杂度高及进程间并行通信可靠性低的问题，本章首先介绍了 RWG 矩量法求解积分方程的基本原理，为提高计算速度，利用 MPI 实现计算节点之间的通信，研究了在 CPU 机群上的并行矩量法加速技术；然后针对 MPI 消息传递不同步易造成死锁等异常情况，结合形式化分析方法提出并行通信协议形式化验证机制；最后给出数值算例，验证了该并行算法的准确性，测试了并行效率和计算能力，实验结果充分证明了本章所提方法的可靠性和有效性。

第9章　遥感时间序列变化预测方法

9.1　引　　言

从1972年第一颗Landsat卫星发射至今,Landsat传感器已经收集了40多年的遥感影像数据。其他遥感传感器,如MODIS和AVHRR,也已经存储了20多年的数据。然而,由于云层覆盖、传感器故障,以及空间和时间分辨率有限等因素,高质量遥感数据的可用性受到了限制。卫星影像时间序列来自一个复杂动力系统的输出,受到多个相互作用的变量(如传输和处理过程中产生的误差、云层及大气效应等)的影响,系统的动力学随时间变化表现出混沌运动,故对这类系统的预测具有重要的应用价值。2022年11月国家自然科学基金"十四五"发展规划正式公布,列出了完整的115条"十四五"优先发展领域。"复杂系统动力学机理认知、设计与调控"是其中的第4条,充分体现了其在国家科技创新和经济社会发展中的重要性。为了重建缺失数据,提高卫星影像时间序列的整体质量,预测未来的趋势和变化,研究人员利用实际系统某一状态的输出时间序列,在系统运动方程未知的情况下,建立描述时间序列变化规律的数学模型。研究背景如图9-1所示。

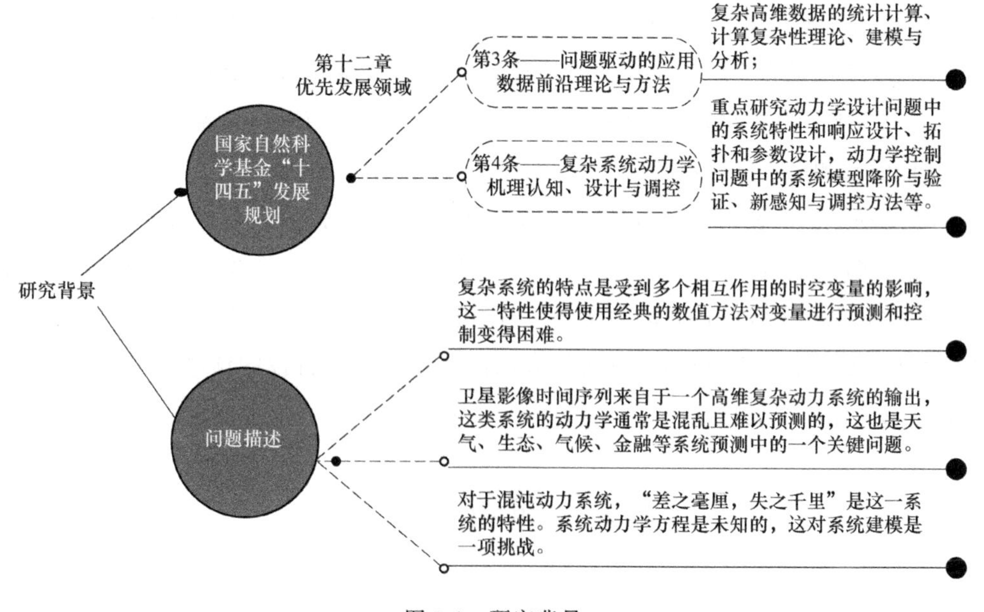

图9-1　研究背景

遥感图像不仅可以通过空间维度、光谱维度来描述，也可以通过时间维度进行描述。在第 8 章中，我们使用前馈神经网络提取遥感图像的局部特征，取得了较好的效果。除了光谱维度及空间维度，遥感数据在时间维度上的信息也是遥感特征提取的重要参考。从时间维度对地物特征进行描述，为遥感时间序列影像变化检测研究提供了更广阔的解决方案。

通过各种卫星数据，我们能够获得完整的遥感时序数据状态演变的观测数据，并希望能够预测数量庞大的时空混沌系统的未来演化。目前基于延迟坐标嵌入的无模型预测技术对于低维延迟混沌已经取得良好的效果，我们将在此基础上进行扩展。为了更好地预测动力系统随时间的演化，本章研究了储备池计算（Reservoir Computing，RC）的机器学习算法。这是一种模仿人脑工作方式的计算方法，它在预测动力系统演化方面取得了良好的效果。将动力系统的时间看作是离散的，即 Δt 尽可能小。通过训练 RC 的权重，使预测结果 pre(t)尽可能接近与输入 $s(t)$相对应的输出 $y(t)$。存储在 $s(t)$的测量数据被作为训练数据，由 RC 产生某个时间间隔（$-T \leqslant t \leqslant 0$）的 $r(t)$，再使用最小二乘法计算网络权值及网络输出参数 p。由于 $W_{out}[r,p]$在参数 p 中是线性的，因此，确定 p 及 W_{out}的值是一个简单的线性回归问题。

在对时序数据的预测中，若数据集是短期时间的，且具有高维变量的，那么预测是有一定难度的。一方面，能够预测短期数据的统计模型较少，可以使用历史数据中的最邻近序列来预测未来值，但短期数据在高维空间中是稀疏表示的，故有可能会产生错误最邻近问题；另一方面，高维变量容易产生维度计算大的问题，若是使用梯度下降算法进行神经网络中权值的拟合，将耗费大量的运算时间。利用储备池计算和时空变换理论，本章提出一种新颖的储备池计算方法。利用遥感图像的时谱信息，本章研究了高维短时序列的预测方法，在非线性动力系统理论模型的基础上，基于时空变换方程及其共轭方程构建了一个多层的储备池计算模型，该模型能实现时间维度上的多步预测，只需要输入少量的短期样本，就能够预测动态的时序信息。

本章所提方法的创新点是：相较于传统的神经网络训练过程，本章所提方法是低成本训练。与传统的储备池计算不同，本章所提方法将观测到的高维数据转换到储备池计算中，利用观测/目标系统的内在动力学方法对遥感时序数据进行分析。仅需要少量的短期样本，通过学习时空变换方程，本章所提方法能有效地产生目标的预测结果，可应用于小样本的遥感图像特征处理中。

9.2　储备池计算

储备池计算是一种基于神经网络的框架，具备使神经网络高效学习的巨大潜力。1

个储备池包含多个循环连接的神经元，其将输入信号映射到一个高维空间。RC 的架构由 3 个组件组合而成，分别为一个将观察到的数据馈送到网络的输入层，一个对网络状态进行加权的输出层，一个相互连接的神经元池——储备池。它是一个隐藏的循环连接节点的神经网络，包含了大量稀疏连接非线性节点的动态递归层，是一个非线性动态系统，由输入序列$\{s(t)\}$驱动。

给定一组序列 Dataset$=\{s(t),y(t)\}_{t=1}^{T}$，其中，$s(t)$和 $y(t)$是时间点 t 上的一维输入和输出信号，数据集 Dataset 为训练数据。储备池计算从训练数据 Dataset 中学习 s 和 y 之间的关系。当训练周期 $t>T$ 时，对于一个给定的新输入数据 $s(t)$，储备池计算将给出一个估计 $\hat{y}(t)$，用于预测一个未知的输出 $y(t)$。对于输入的时序数据$\{s(i)\}_{i\leqslant t}$，储备池计算的目标是预测 $s(t+\tau)$，即 $y(t)=s(t+\tau)$，这称为 τ 步超前预测。

在储备池计算中，输入层和储备池之间的连接权值，以及储备池内部的连接权值是预先（如随机）固定的，而不是经过训练的。储备池计算唯一需要训练的是储备池与输出层之间的连接权重，这大大降低了网络训练产生的计算量。

令 $t(t=1,2,\cdots)$表示时间，$r_i(t)$表示第 i 个节点$(i=1,\cdots,N)$ 在时间 t 的状态。储备池状态随时间演变如式(9.1)所示。

$$r_i(t)=\phi\left[\sum_{j=1}^{N}\boldsymbol{J}_{ij}r_j(t-1)+v_is(t)\right] \tag{9.1}$$

其中：$\phi[\cdot]$为激活函数，一般使用 $\varphi[u]=\tanh gu, g\in\mathbb{R}$ 是一个参数，u 是输入数据；v_i 和 $\boldsymbol{J}_{ij}$ 是网络中节点之间的连接权重，v_i 是输入权重向量，$\boldsymbol{J}_{ij}$ 是储备池权重矩阵。它们的值一旦由初始随机数确定后就固定下来，网络仅需对输出权重$\{w_i\}_{i=1}^{N}$进行训练。输出层是一个线性读出，可通过求解凸优化问题得到输出。

期望输出 $\hat{y}(t)$是储备池状态的加权和，如式(9.2)所示。

$$\hat{y}(t)=\sum_{i=1}^{N}w_ir_i(t) \tag{9.2}$$

输出权重的训练通过最小二乘法学习。$y=(y(1),\cdots,y(t))^{\mathrm{T}}$ 是期望输出的序列。这里，T 表示转置。$w=(w_1,\cdots,w_N)^{\mathrm{T}}$ 是权重向量，$r_j(k)$用矩阵 $\boldsymbol{\Phi}_{kj}$ 表示，则式(9.2)可表示为 $\hat{y}=\boldsymbol{\Phi}w$。

根据最小化平方误差的条件 $E(w)=\|y-\hat{y}\|^2$，其中$\|\cdot\|$是 L2 范数，得到方程组 $\partial_{w_i}E(w)=0(i=1,\cdots,N)$及其解 $w=(\boldsymbol{\Phi}^{\mathrm{T}}\boldsymbol{\Phi})^{-1}\boldsymbol{\Phi}^{\mathrm{T}}y$。网络训练所需要的只是计算 $\boldsymbol{\Phi}^{\mathrm{T}}\boldsymbol{\Phi}$ 的逆矩阵，其大小为节点数 $N\times N$。

要使 $\hat{y}(t)$能很好地接近 $s(t)$，在训练完成后，通过用 $\hat{y}(t)$替换输入 $s(t)$来预测 $t>0$ 时输入 $s(t)$的未来演变。

9.3 非线性动力系统的延迟嵌入

状态随着时间变化的规律反映了动力系统中的动态特性。这个变化过程可在相空间表示，相空间中的每一个点都代表系统的一种可能状态。动力系统在某一瞬间的全部状态都集中于一点，而系统演变的情形通过相空间中点的移动来表示。动力系统随着时间演变，相空间中点将在相空间中描绘出一个轨迹。若时间连续则称该轨迹为流，若时间离散则称该轨迹为映射。相空间提供了将数字转化为图像的方法，从而便于在研究中观察系统的演化规律。

对于状态仅依赖于最近过去输入的时间耗散系统，其属性表明当前状态独立于较遥远过去的输入，即过去输入对当前状态和输出的影响逐渐消失，这是一种回声状态属性。这一时间耗散系统中的吸引子表达了耗散系统长时间演化的最终收敛类型，以几何图像的方式能表示在相空间中点的运动规律。

随时间变化的变量 $s(t)$，在 m 维流形 $M(M\subset\mathbb{R}^m)$ 上随着动态 $F_s(s(t))$ 演化，其中，$F_s:M\rightarrow\mathbb{R}^m$ 表示光滑向量场。设 $\nu:M\rightarrow\mathbb{R}$ 表示一个观察函数，表示为离散的观测序列 $\nu[s(t_i)]$，$t_i(i=0,1,2,\cdots,T)$ 代表采样时刻。传播映射函数 $\phi:M\rightarrow M$，描述了 $s(t)$ 在时间 t_i 上的流 $s(t_{i+1})=\phi(s(t_i))$。

根据 Takens 定理，存在一个映射 $\Phi_{\phi,\nu,2m+1}(s(t))=(\nu(s(t)),\nu(\phi(s(t))),\cdots,\nu(\phi^{2m}(s(t))))$。$2m+1$ 为时间延迟嵌入 $\Phi_{\phi,\nu,2m+1}(s(t))$ 的长度。对于定义在维度 m 的紧致流形 M 上的偶对 (ϕ,ν)，其中，$\nu:M\rightarrow\mathbb{R}$，$\phi:M\rightarrow M$。从 M 至 $\Phi_{\phi,\nu,2m+1}(s(t))$ 存在一一对应的关系，即存在 $\Psi_{\phi,\nu,2m+1}=\Phi_{\phi,\nu,2m+1}\circ\phi\circ\Phi_{\phi,\nu,2m+1}^{-1}$，符号"∘"代表函数组合操作，这一公式描述了低维延迟坐标下与 ϕ 相同的动力系统。通过非延吸引子对延迟吸引子进一步预测。当提供延时观测值 $(v(s(t)),v(\phi(s(t))),\cdots,v(\phi^{2m}(s(t))))$ 时，使用 $\Psi_{\phi,v,2m+1}$ 去预测一个新的值 $\Phi_{\phi,\nu,2m+1}(\nu(s(t)),\nu(\phi(s(t))),\cdots,\nu(\phi^{2m}(s(t))))=(\nu(\phi(s(t))),\cdots,\nu(\phi^{2m}(s(t))),\nu(\phi^{2m+1}(s(t))))$。

使用坐标延迟法时，重构相空间的延迟时间和嵌入维数是不相关的，常使用互信息函数法确定延迟时间。

假定两个离散变量 S 和 Q，分别代表时间序列 $s(t)$ 和延迟时间 $s(t+\tau)$。

互信息的计算公式如下：

$$I(S,Q)=(H(S)+H(Q)-H(S,Q)) \tag{9.3}$$

其中：$I(S,Q)$ 表示在已知系统 $s(t)$ 的情况下，待预测系统 $s(t+\tau)$ 的确定性大小，$I(S,Q)$ 若为 0，则表示系统完全不能预测；$H(S)$ 和 $H(Q)$ 分别表示离散变量 S 和 Q 的信息熵，$H(S,Q)$ 表示变量 S 和 Q 的联合熵。$p_S(i)$ 是变量 S 在状态 i 时出现的概率，$p_Q(j)$ 是变

量 Q 在状态 j 时出现的概率。$p_{S,Q}(i,j)$是变量 S 在状态 i 和变量 Q 在状态 j 时出现的概率。

Taken 理论阐述了当满足嵌入维数大于两倍的吸引子分形维数时，就能找到一个适合的嵌入维，根据观测变量能预测出一个新的延迟变量。但这一条件是充分而非必要的。在使用实测数据进行延迟预测时，通常采用其他方法来确定嵌入维数。实测环境下常采用这样的策略：选择延迟时间 τ 后逐渐增加 m，选择吸引子的几何不变量(如关联维度等)趋于稳定化时嵌入维 m 为重构的相空间维数。

9.4 遥感时序数据预测模型

在一个具有 T 个时间点的 N 维多变量时序中，时刻 t 的观测变量表示为 $s(t)\in\mathbb{R}^N$，为便于描述，用矩阵的形式表示这个时序序列 $\boldsymbol{S}=[s(1),s(2),\cdots,s(T)]^N$，$\boldsymbol{S}\in\mathbb{R}^{N\times T}$。

9.4.1 储备池状态的降维

由于储备池的高维特征将导致预测模型的参数数量太大，故为减少计算量，使用 PCA 给储备池降维。出现在 RC 中的状态变量可以描述为一个三维的张量 $\boldsymbol{H}\in\mathbb{R}^{N\times T\times R}$，$R$ 是组成储备池计算的隐藏神经元数量。维度约简相当于要实现 $R\rightarrow D$ 的转换，其中 $R\gg D$。

高维张量应用塔克分解实现降维，由于要分解的是 $\boldsymbol{H}$ 中的一个维度，相当于在一个特定的矩阵上应用二维 PCA 方法。具体操作是，为了减少输入张量 $\boldsymbol{H}$ 的第三维 R，通过模态 3 方法实现张量 $\boldsymbol{H}$ 的展开，从而得到 $\boldsymbol{H}_{(3)}\in\mathbb{R}^{NT\times R}$，然后将标准 PCA 投影到 $\boldsymbol{H}_{(3)}$ 上与协方差矩阵 $C\in\mathbb{R}^{R\times R}$ 的 D 个最大特征值相关的特征向量上，通过式(9.4)计算。

$$C=\frac{1}{NT-1}\sum_{i=1}^{NT}(h_i-\bar{h})(h_i-\bar{h})^{\mathrm{T}} \tag{9.4}$$

其中，h_i 代表 $\boldsymbol{H}_{(3)}$ 的第 i 行向量，$\bar{h}=\frac{1}{N}\sum_i h_i$。

但是这种计算方法将时间维度的信息与空间信息混合在了一起，失去了数据集的原始结构和时间顺序。为改进这一问题，沿 $\boldsymbol{H}\in\mathbb{R}^{N\times T\times R}$ 的第一维进行切片，得到 N 个样本 $N_i\in\mathbb{R}^{T\times R}$，$i=1,\cdots,N$。样本的协方差矩阵表示为式(9.5)。

$$C_{\text{new}}=\frac{1}{N-1}\sum_{i=1}^{N}(N_i-\overline{N})^{\mathrm{T}}(N_i-\overline{N}) \tag{9.5}$$

C_{new}的前 D 个最大特征向量堆叠成了矩阵 $\boldsymbol{E}\in\mathbb{R}^{R\times D}$，通过 3 模积运算得到张量 $\hat{\boldsymbol{H}}=\boldsymbol{H}_{(3)}\times\boldsymbol{E}$，其中，$C_{\text{new}}\in\mathbb{R}^{R\times R}$。

9.4.2 双向 RC 架构

储备池的双向架构能从输入序列中提取特征，从而说明时间上非常远的依赖关系。储备池的性能主要由 3 个超参数控制，分别是 RC 的神经元个数 R，隐藏层权重矩阵的谱半径 ρ 及输入的尺度因子 IS。通过优化调整这些超参数，从而使储备池的性能尽可能达到最优。当整个观测数据被储备池输入层获取后，最终将得到与对应的输入在时间上存在一个滞后状态的输出。要使储备池具备回声状态网络特性，应满足其内部状态与初始状态在输入时间上的弱相关性。因此，沿原始输入方向的逆向往同一个储备池中输入状态序列，将式(9.1)进行状态流向的调整，以表达双向输入的动态过程。

将输入向量 $s(t)$ 馈入双向 RC 动力系统，使用式(9.6)表示其动力演化过程。

$$\boldsymbol{r}_i(t)=\alpha f_{\text{active}}\left[\sum_{j=1}^{R}\boldsymbol{J}_{ij}\overrightarrow{\boldsymbol{r}}_j(t-1)+c_i\overrightarrow{\boldsymbol{s}}(t)\right]$$

$$\boldsymbol{r}_i(t)=\alpha f_{\text{active}}\left[\sum_{j=1}^{R}\boldsymbol{J}_{ij}\overleftarrow{\boldsymbol{r}}_j(t-1)+c_i\overleftarrow{\boldsymbol{s}}(t)\right] \tag{9.6}$$

其中，$\overleftarrow{\boldsymbol{s}}(t)=s(T-t)|_{t=0}^{T}$，$r_i(t)$ 是第 i 个节点($i=1,\cdots,R$) 在时间 t 的状态，$t=1,2,\cdots$。R 表示 RC 的神经元个数，$\alpha\in(0,1)$是泄漏率，f_{active} 表示激活函数。v_i 是输入权重向量，$\boldsymbol{J}_{ij}$ 是储备池权重矩阵。

通过串联两个状态向量，得到最后的状态向量$[\overrightarrow{\boldsymbol{r}}(t+1);\overleftarrow{\boldsymbol{r}}_i(t+1)]$。

确定好 RC 隐藏层层数及每层神经元个数，在输入层和隐藏层生成固定的权重 $\boldsymbol{J}_{ij}$ 及 c_i，经过最后一层隐藏层输出状态 $F_{\text{RC}}(s(t))$。

9.4.3 Takens 定理在 RC 中的应用

RC 中的状态序列包含了重建相空间所需的所有信息，而相空间反过来能产生动力系统在观测数据上的整个演化过程。

利用 n 维时间序列数据 $r_i(t)$，$i=1,2,\cdots,n$，可以重建两种吸引子：高维非延迟吸引子和低维延迟吸引子。根据嵌入理论，这些较低维的延迟吸引子及较高维的非延迟吸引子以不同的方式保存了整个系统的动态信息。在延迟吸引器中可利用单变量的时间信息，在非延迟吸引器中可利用高维变量之间的空间相关信息，我们将这两类信息结合起来实现动态时序信息的预测。

高维非延迟吸引子使用符号$\mathcal{N}$表示，

$$\mathcal{N}(r_1(t),r_2(t),\cdots,r_i(t),\cdots,r_n(t)) \tag{9.7}$$

其中，i 表示时序变量空间信息的维度。

低维的延迟吸引子用符号$\mathcal{M}$表示，

$$\mathcal{M}(r_k(t),r_k(t+\tau),r_k(t+2\tau),\cdots) \tag{9.8}$$

其中：t 是某一刻的时间；τ 是时间间隔，这里所有相邻两个延迟变量的时间间隔都是相等的；$r_k(t)$是在 t 时刻观察到的单个变量的状态，$k=1,\cdots,n$。

由于微分同胚映射，这两类吸引子在拓扑上与原始吸引子共轭，因此，存在一个映射：$\mathcal{N}\rightarrow\mathcal{M}$，即非延迟吸引子与延迟吸引子之间存在一一对应的平滑映射。

随机分布嵌入式方法 RDE 框架利用这一共轭特性，提出了一种多变量预测方法。依次计算每个元组的预测子 φ_l 及由预测子得到的未来某一时间 $t^*+\tau$ 的预测值 $\tilde{s}_k^l(t^*+\tau)$，得到的多组预测值将形成一个分布。这一分布反映出动力系统的属性，对这一分布进行期望估计或聚合估计得到最终的预测结果。预测子的计算使用高斯过程回归法，拟合一组预测值集合的分布则使用核密度估计方法。使用 RC 的训练过程来代替 RDE 框架中的拟合及聚合的计算过程。实验结果能证明本章所提方法与 RDE 框架同样适用于短期数据的预测。

RC 的隐藏层的输出用 $\boldsymbol{F}_{\mathrm{RC}}(s(t))$表示。根据嵌入定理可知，$\boldsymbol{\Phi}_{\phi,\nu,2m+1}=\boldsymbol{\Phi}$ 和 $\boldsymbol{\Phi}(\boldsymbol{F}_{\mathrm{RC}}(s(t)))=\boldsymbol{Y}^t$，$\boldsymbol{Y}^t$ 表示目标变量的时间信息。由于嵌入是一对一映射，它的共轭形式为 $\boldsymbol{\Psi}_{\phi,\nu,2m+1}=\boldsymbol{\Psi}$ 和 $\boldsymbol{F}_{\mathrm{RC}}(s(t))=\boldsymbol{\Psi}(Y^t)$，其中，$\boldsymbol{\Phi}:\mathbb{R}^D\rightarrow\mathbb{R}^L$，$\boldsymbol{\Psi}:\mathbb{R}^L\rightarrow\mathbb{R}^D$，$L$ 表示嵌入维度。

线性化 STI 后，可以使用矩阵的形式来表示上述两种形式的映射，如式(9.9)和式(9.10)所示。

$$\boldsymbol{A}\boldsymbol{F}_{\mathrm{RC}}(s(t))=\boldsymbol{Y} \tag{9.9}$$

$$\boldsymbol{F}_{\mathrm{RC}}(s(t))=\boldsymbol{B}\boldsymbol{Y} \tag{9.10}$$

其中，$\boldsymbol{AB}=\boldsymbol{I}$，$\boldsymbol{A}$ 的维度为 $L\times D$，$\boldsymbol{B}$ 的维度为 $D\times L$。

通过计算目标函数不断对权值矩阵 $\boldsymbol{A}$ 和 $\boldsymbol{B}$ 进行更新，达到一定阈值后，计算式(9.9)得到最终的预测结果。

9.4.4 模型训练方法

本章所提模型的网络结构如图 9-2 所示。

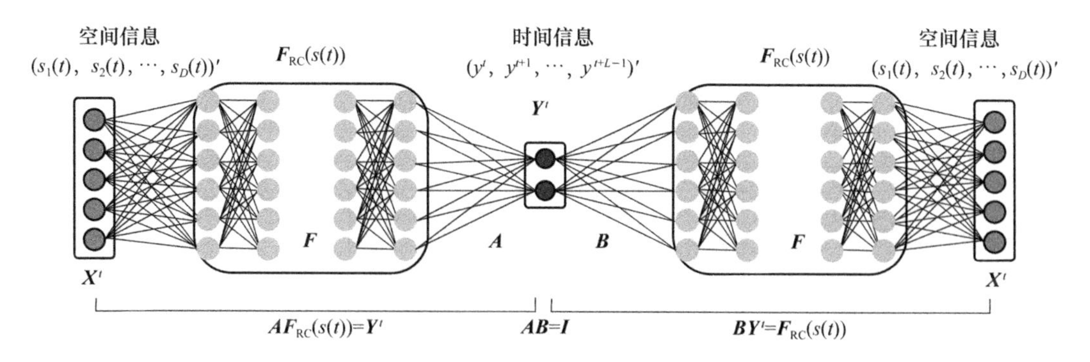

图 9-2 本章所提模型的网络结构

输入的向量 $s(t)$通过 RC 投影到随机生成的高维子空间 $\boldsymbol{V}(\boldsymbol{S})$上，而预测的目标则用低维子空间 $\boldsymbol{V}'(\tilde{y})=\{y_{h+1},y_{h+2},\cdots,y_{h+L-1}\}$表示。其中，$h$ 表示观测数据在时序维度的长

度，$y=\{y_1,y_2,\cdots,y_h,\cdots,y_{h+L-1}\}$ 是目标信息，$\boldsymbol{Y}$ 是目标信息 y 的矩阵形式，包含了真实的目标信息 $\{y_1,y_2,\cdots,y_h\}$ 及待预测的目标信息 $\{y_{h+1},y_{h+2},\cdots,y_{h+L-1}\}$，如图 9-3 所示。

$$\boldsymbol{Y}=\begin{bmatrix} y_1 & y_2 & \cdots & y_h \\ y_2 & y_3 & \cdots & y_{h+1} \\ \vdots & \vdots & & \vdots \\ y_L & y_{L+1} & \cdots & y_{h+L-1} \end{bmatrix}$$

图 9-3 本章所提模型中的目标矩阵

RC 的隐藏层有 n 层，h 个 N 维观测向量依次输入到 n 层储备池（$\mathbf{RC}_1,\mathbf{RC}_2,\cdots,\mathbf{RC}_n$）进行运算，输入的观测数据表示成矩阵，如图 9-4 所示。储备池中每一层的神经元个数分别为（$N_{r1},N_{r2},\cdots,N_{ri},\cdots,N_{rn}$），每一层的权重矩阵是随机产生，权重矩阵使用 $\boldsymbol{W}$ 表示，N_{ri} 代表第 i 层储备池的神经元个数。将 $s(t)\in\mathbb{R}^N$ 输入到储备池第一层，这时输入权重矩阵表示为 $\boldsymbol{W}_{\text{in}}\in\mathbb{R}^{N_{r1}\times N}$，第 i 层储备池的权重矩阵表示为 $\boldsymbol{W}_{\text{res}_i}\in\mathbb{R}^{N_{ri}\times N_{r(i-1)}}$，如图 9-5 所示。$\boldsymbol{W}_{\text{res}_i}$ 的泄漏率为 1%～5%，权重矩阵 $\boldsymbol{W}_{\text{res}_i}$ 和 $\boldsymbol{W}_{\text{in}}$ 在整个网络中是固定的。以储备池第一层为例，将输入矩阵分解的 h 维列向量中的一列馈入 RC_1 中，得到 RC_2 的输入。计算方法如图 9-6 所示。

$$\boldsymbol{S}\Rightarrow\begin{bmatrix} s_1 \\ s_2 \\ \vdots \\ s_N \end{bmatrix}\Rightarrow\begin{bmatrix} s_1^1 & s_1^2 & \cdots & s_1^h \\ s_2^1 & s_2^2 & \cdots & s_2^h \\ \vdots & \vdots & & \vdots \\ s_N^1 & s_N^2 & \cdots & s_N^h \end{bmatrix}$$

图 9-4 输入矩阵

$$\overset{\mathbf{RC}_1}{\begin{bmatrix} r_1^1 & r_1^2 & \cdots & r_1^N \\ r_2^1 & r_2^2 & \cdots & r_2^N \\ \vdots & \vdots & & \vdots \\ r_{N_{r1}}^1 & r_{N_{r1}}^2 & \cdots & r_{N_{r1}}^N \end{bmatrix}}\quad\overset{\mathbf{RC}_2}{\begin{bmatrix} r_1^1 & r_1^2 & \cdots & r_1^{N_{r1}} \\ r_2^1 & r_2^2 & \cdots & r_2^{N_{r1}} \\ \vdots & \vdots & & \vdots \\ r_{N_{r2}}^1 & r_{N_{r2}}^2 & \cdots & r_{N_{r2}}^{N_{r1}} \end{bmatrix}}\cdots\overset{\mathbf{RC}_n}{\begin{bmatrix} r_1^1 & r_1^2 & \cdots & r_1^{N_{rn-1}} \\ r_2^1 & r_2^2 & \cdots & {}_2^{N_{rn-1}} \\ \vdots & \vdots & & \vdots \\ r_{N_{r2}}^1 & r_{N_{r2}}^2 & \cdots & r_{N_{rn}}^{N_{rn-1}} \end{bmatrix}}$$

图 9-5 储备池各层的权重矩阵

$$\mathbf{RC}_1$$

$$\begin{bmatrix} s_1^1 \\ s_2^1 \\ \vdots \\ s_N^1 \end{bmatrix}\Rightarrow\begin{bmatrix} r_1^1 & r_1^2 & \cdots & r_1^N \\ r_2^1 & r_2^2 & \cdots & r_2^N \\ \vdots & \vdots & & \vdots \\ r_{N_{r1}}^1 & r_{N_{r1}}^2 & \cdots & r_{N_{r1}}^N \end{bmatrix}=\begin{bmatrix} r(t_1)_1 \\ r(t_1)_2 \\ \vdots \\ r(t_1)_{N_{r1}} \end{bmatrix}$$

$$\begin{bmatrix} r(t_1)_1 \\ r(t_1)_2 \\ \vdots \\ r(t_1)_{N_{r1}} \end{bmatrix}=\begin{bmatrix} s_1^1\cdot r_1^1+s_2^1\cdot r_1^2+\cdots+s_N^1\cdot r_1^N \\ s_1^1\cdot r_2^1+s_2^1\cdot r_2^2+\cdots+s_N^1\cdot r_2^N \\ \vdots \\ s_1^1\cdot r_{N_{r1}}^1+s_2^1\cdot r_{N_{r1}}^2+\cdots+s_N^1\cdot r_{N_{r1}}^N \end{bmatrix}$$

图 9-6 第一层的计算过程

对于 RC 来说，要使其稳定运行，连接矩阵的谱半径要满足接近但小于 1 的条件。为了使储备池达到稳定状态，采用式(9.11)更新。

$$\boldsymbol{J}_{ij}=\frac{\rho(J_{ij}^{0})J_{ij}^{0}}{|\lambda_{\max}(J_{ij}^{0})|} \tag{9.11}$$

其中，$\rho(J_{ij}^{0})$表示随机产生的连接矩阵 $\boldsymbol{J}_{ij}^{0}$ 的谱半径，$\lambda_{\max}$表示 $\boldsymbol{J}_{ij}^{0}$ 的最大特征值。

输入的尺度因子影响了储备池响应的线性水平，它能实现将输入信号变换到神经元激活函数的工作范围内，这个值通过试验进行调整。

时序变量 $s(t)$经过 RC 后由 N 维空间投影到 D 维空间上。矩阵 $\boldsymbol{B}\in\mathbb{R}^{D\times L}$初始化为全零矩阵，经过式(9.10)进行训练数据的拟合，如图 9-7 所示，其中，$i=(1,\cdots,D)$。

$$\begin{bmatrix} y_1 & \cdots & y_h \end{bmatrix}\Rightarrow\begin{bmatrix} y_1 & y_2 & \cdots & y_L \\ y_2 & y_3 & \cdots & y_{L+1} \\ \vdots & \vdots & & \vdots \\ y_{h-L} & y_{h-L+1} & \cdots & y_h \end{bmatrix}$$

$$\begin{bmatrix} y_1 & y_2 & \cdots & y_L \\ y_2 & y_3 & \cdots & y_{L+1} \\ \vdots & \vdots & & \vdots \\ y_{h-L} & y_{h-L+1} & \cdots & y_h \end{bmatrix}\begin{bmatrix} B_{i,1} \\ B_{i,2} \\ \vdots \\ B_{i,L} \end{bmatrix}=\begin{bmatrix} r_1^i \\ r_2^i \\ \vdots \\ r_{h-L}^i \end{bmatrix}$$

图 9-7 矩阵 **B** 的运算

最终，权重矩阵 $\boldsymbol{B}$ 由 $\begin{bmatrix} B_{i,1} \\ B_{i,2} \\ \vdots \\ B_{i,L} \end{bmatrix}$ 转置后纵向串联而成。在每次迭代的过程中按行线性更新权值，如式(9.12)所示。

$$\boldsymbol{B}_{i,j}=\frac{1}{\text{item}}\sum_{\zeta=1}^{\text{item}}w_{\zeta}\boldsymbol{B}_{i,j} \tag{9.12}$$

其中，item 表示迭代次数，w_{ζ} 表示每次迭代时的权重系数。

目标函数是均方根误差函数，如式(9.13)所示。

$$\min \text{RMSE}=\sqrt{\sum_{i=1}^{L}\frac{(\hat{y}_i-y_i)^2}{L}} \tag{9.13}$$

其中，$\hat{y}_i$ 和 y_i 分别表示预测值和真实值。

最终的预测结果由式(9.9)计算得到。根据输入 $s(1),\cdots,s(h)$ 直接预测多步输出 $y(h+L-1)$，相较于单步迭代预测方法，多步预测减少了每次迭代过程中的误差累积，可靠性较单步预测更高。

9.5 实验结果

本节使用了两类遥感数据集,图 9-8 是本实验使用的遥感数据集。图 9-8 (a)来自数据集 1,该数据集显示了全球的 PDSI 指数分布情况(1901 年);图 9-8 (b)来自数据集 2,该数据集显示了我国河南省项城市的 TDVI 指数分布情况(1987 年)。

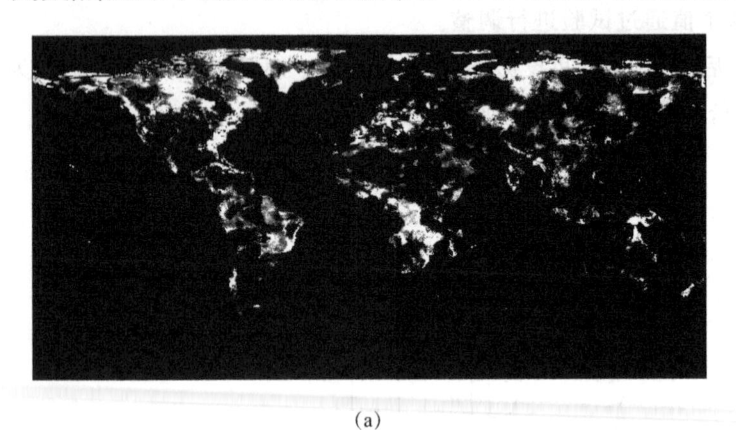

(a)

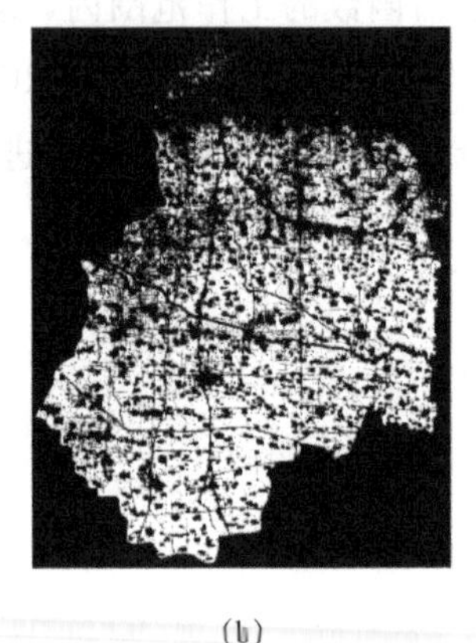

(b)

图 9-8 遥感数据集

数据集 1[①] 来自帕默尔干旱严重程度指数(Palmer Drought Severity Index, PDSI)。该指数根据温度、降水和土壤类型数据,评估一个地区在特定时期内对气候适宜的水分的要求,被广泛用于气象干旱监测。该指数的正值代表湿润,正值由小到大代表湿润程度逐渐增加;负值代表干旱,负值由大到小代表干旱程度逐渐增加。研究中使用了全球范围内的 2 000 个观测点在 1901 年至 2016 年的 PDSI 数据,每个观测点包含 116 个时序数据。

图 9-9 显示了网络的参数设置与 RMSE 之间的变化关系。我们选择了 6 个采样点的观测数据,分析观测到的时序长度 h 与 RMSE 之间的变化关系,如图 9-9(a)所示。图 9-9(a)的横坐标是时序长度,纵坐标为 RMSE 值。长度为 8～16 时,RMSE 值偏高,表明时序长度过短时,网络无法进行准确预测。长度为 16～41 时,RMSE 值渐渐下降,能保证 RMSE 在 0.5 以下。在时长为 38 时,RMSE 值出现一个起伏,结合图 9-10 进行分析,我们发现该起伏与时序曲线显现的一个明显的、不规则的波动有关。因此,在时序长度的选择上,我们没有选择最稳定的 26,而是选择了 41,这样做更能贴近实际的预测结果。图 9-9(b)表明了在时序长度为 41 时,RC 的尺度因子与 RMSE 之间的关系。中间的横线设置为RMSE=0.5,图 9-6(b)的横坐标为缩放倍数,纵坐标为与横坐标相对应的 RMSE 值与 0.5 的偏差程度。能观察到,当尺度因子在 200 左右时,RMSE 达到一个最低值。因此,

① http://climexp.knmi.nl/selectfield_obs2.cgi? id=someone@somewhere

在该数据集上，将尺度因子设置在[150，300]范围内比较合理。

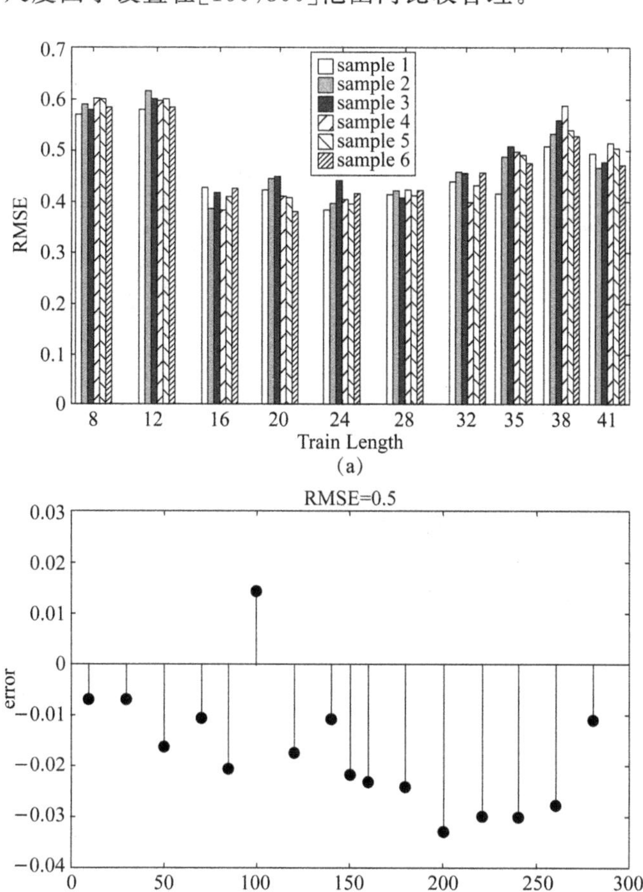

图 9-9　参数设置与 RMSE 变化

依据上述实验观测得到的参数设置我们的模型，对数据集 1 中的 PDSI 指数进行预测，RMSE 指标表明本章所提模型取得了较好的预测结果。我们随机选取了两个观测点的数据，图 9-10 是 5 个不同模型的预测结果。图 9-10(a)和图 9-10(g)是使用本章所提模型预测的结果，横坐标表示时间，纵坐标表示预测点对应的 PDSI 值。红色实线表示 PDSI 年度变化情况，蓝色虚线表示预测结果。图 9-10(b)和图 9-10(h)是 ARIMA-ANN 模型的预测结果，黑色虚线表示 PDSI 年度变化情况，红色实线表示预测结果。图 9-10(c)和图 9-10(i)是 ARIMA 模型的预测结果，黑色虚线表示 PDSI 年度变化情况，蓝色实线表示预测结果。图 9-10(d)和图 9-10(j)是 LSTM 模型的预测结果，图 9-10(e)和图 9-10(f)是 ESN 模型的预测结果。评价指标有平均绝对误差(Mean Absolute Error，MAE)，平均绝对百分比误差(Mean Absolute Percentage Error，MAPE)，均方根误差(Root-Mean-Square Error，RMSE) 和决定系数(The Coefficient of Determination，R2)，表 9-1 列出了不同模型在这 4 个指标下的性能，表明本章所提模型取得了较好的预测结果。

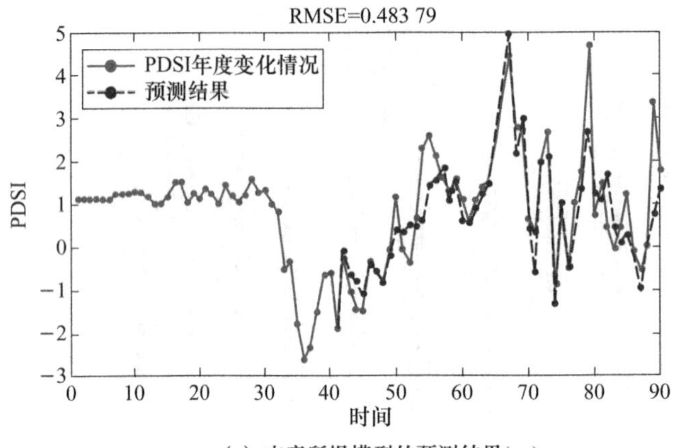

(a) 本章所提模型的预测结果(一)

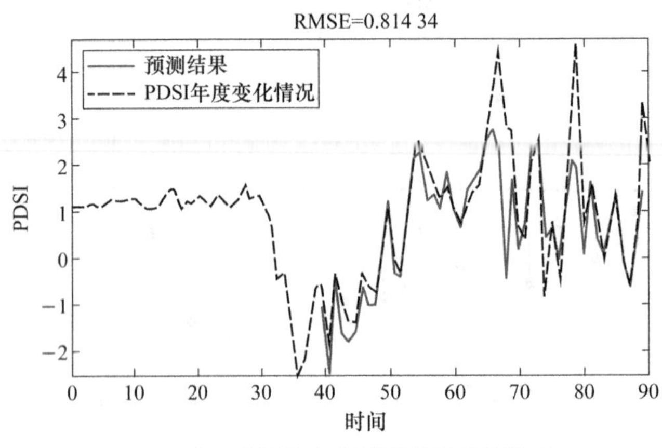

(b) ARIMA-ANN 模型的预测结果(一)

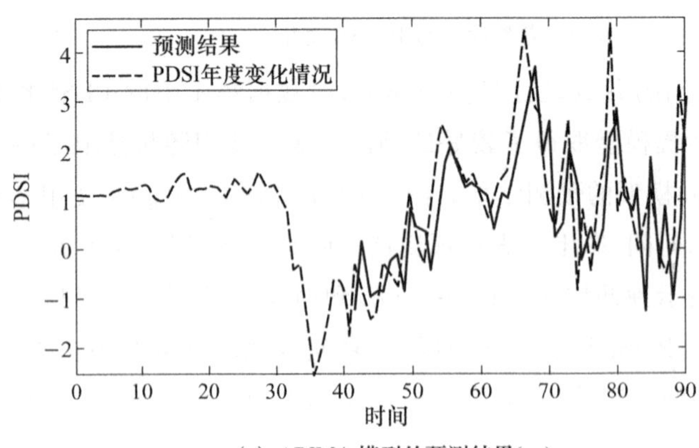

(c) ARIMA 模型的预测结果(一)

彩图 9-10

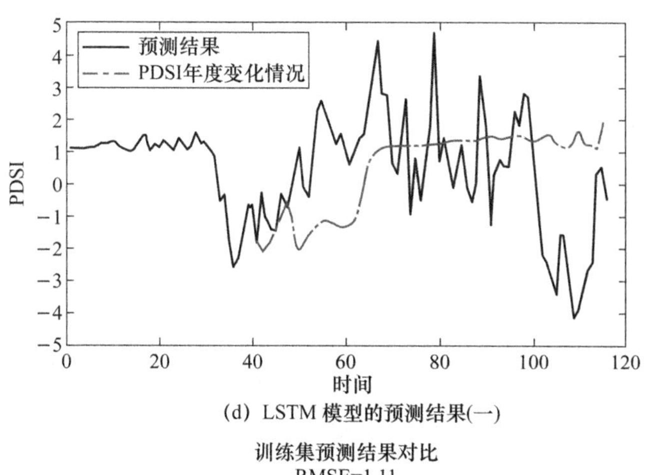

(d) LSTM 模型的预测结果(一)

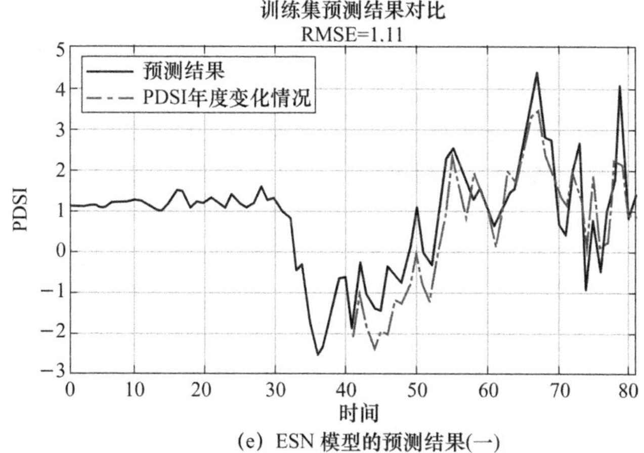

(e) ESN 模型的预测结果(一)

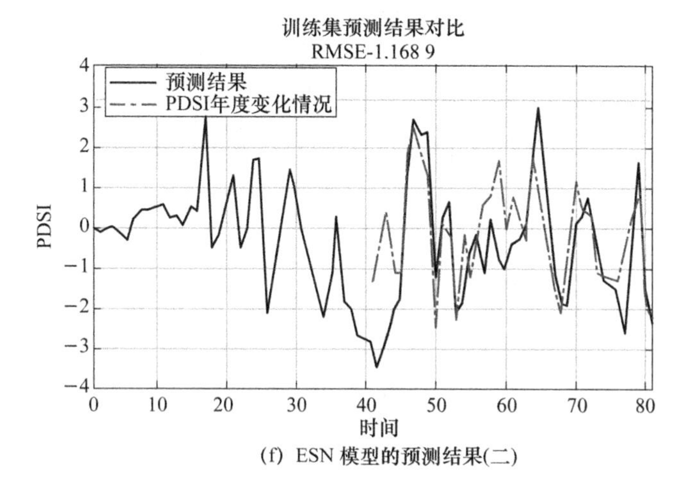

(f) ESN 模型的预测结果(二)

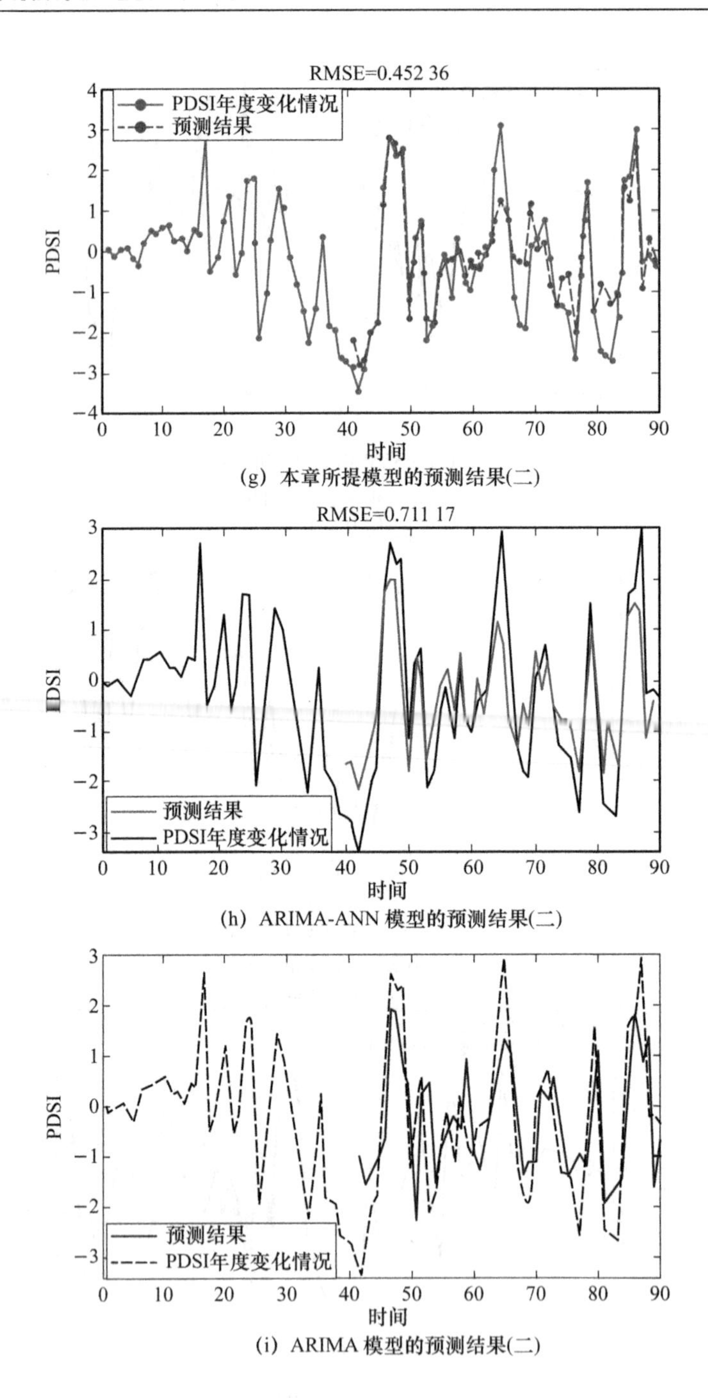

(g) 本章所提模型的预测结果(二)

(h) ARIMA-ANN 模型的预测结果(二)

(i) ARIMA 模型的预测结果(二)

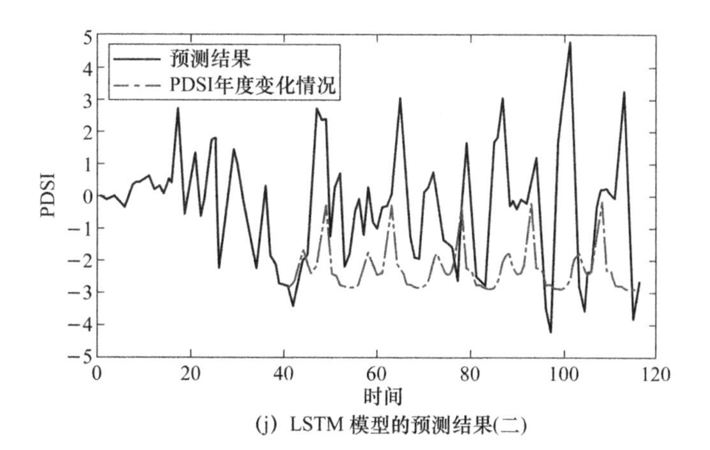

(j) LSTM 模型的预测结果(二)

图 9-10　PDSI 指标在两个不同观测点的预测结果

表 9-1　PDSI 预测性能的比较

模型	观测点 1				观测点 2			
	R2	MAE	MAPE	RMSE	R2	MAE	MAPE	RMSE
ARIMA-ANN	0.32	0.91	3.2	0.81	0.48	0.99	1.50	0.71
ARIMA	0.68	0.69	1.71	0.56	0.48	0.95	2.44	0.72
LSTM	−0.57	1.52	3.39	1.02	−1.5	2.47	5.82	1.57
ESN	0.64	0.12	0.56	0.59	0.58	0.13	0.8	0.64
本章所提模型	0.73	0.13	0.27	0.48	0.63	0.23	0.3	0.48

数据集 2 来自 USGS 的 Landsat5、Landsat7 及 Landsat8 卫星影像数据①，数据采集地位于我国的河南省项城市，地理坐标为东经 114°21′～115°40′，北纬 33°03′～33°30′。采用的是每年 4 月底的遥感数据，这个季节刚好是水稻生长的旺季，能较好地反映作物植被情况。我们选取了 3 个指数，包括转换差异植被指数(Transformed Difference Vegetation Index，TDVI)、增强植被指数(EVI)和归一化植被指数(Normalized Difference Vegetation Index，NDVI)，用于植被分析，计算公式如下：

$$\mathrm{TDVI}=1.5\times\frac{(\mathrm{NIR}-\mathrm{RED})}{\sqrt{\mathrm{NIR}^2+\mathrm{RED}+0.5}} \tag{9.14}$$

$$\mathrm{EVI}=2.5\times\frac{\mathrm{NIR}-\mathrm{RED}}{\mathrm{NIR}+6\times\mathrm{RED}-7.5\times\mathrm{BLUE}+1} \tag{9.15}$$

$$\mathrm{NDVI}=\frac{\mathrm{NIR}-\mathrm{RED}}{\mathrm{NIR}+\mathrm{RED}} \tag{9.16}$$

其中，NIR 表示近红外波段反射率，RED 表示红色波段反射率，BLUE 表示蓝色波段反射率。数据集 2 中使用了 2 000 个观测点在 1987—2021 年间的 TDVI、EVI 及 NDVI 数据，

① https://www.usgs.gov/

每个观测点包含35个时序数据。

在数据集2中，我们采样了10个观测点的时序数据进行NDVI指数的预测，图9-11(a)为时序长度为9～27时预测的RMSE的值，横坐标为时序长度，纵坐标为10个观测点对应的平均RMSE值。从该图中可观察得出，时序长度越长，预测的RMSE准确性越高。Ladset数据公开的时间不长，仅采集到35年的数据。因此，在数据集2中，我们将时序数据的训练长度设置为25，属于时序数据的短时预测。图9-11(b)表明了在时序长度为25时，RC网络尺度因子与RMSE之间的变化关系。因此，将尺度因子设置在[300,700]范围内比较合适。

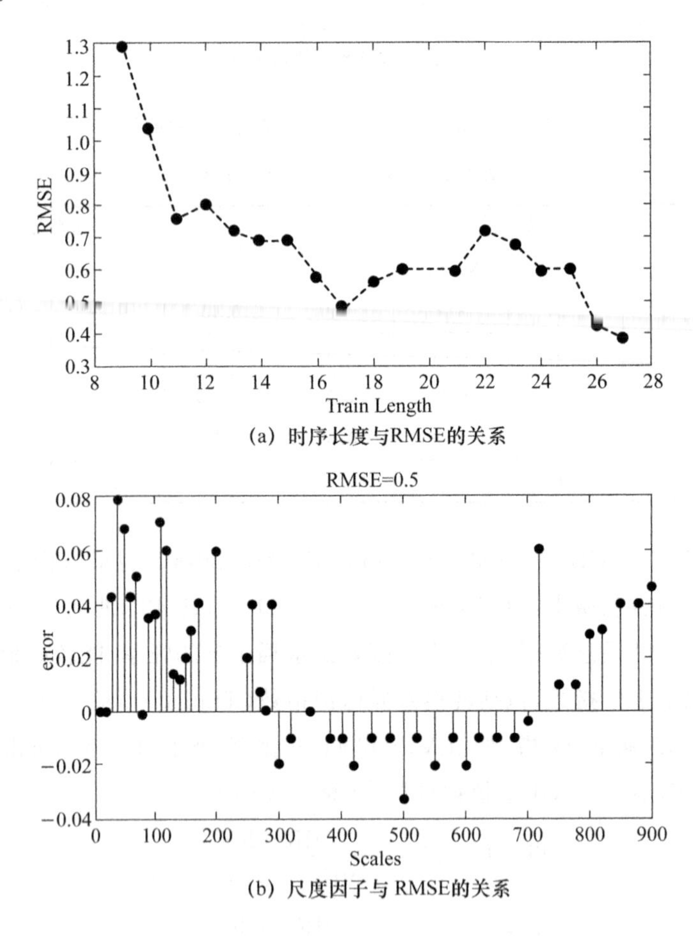

(a) 时序长度与RMSE的关系

(b) 尺度因子与RMSE的关系

图9-11 参数设置与RMSE之间的变化关系

依据上述实验观测得到的参数设置我们的模型，对数据集2中的3个指数TDVI、EVI及NDVI进行预测，RMSE指标表明本章所提模型取得了较好的预测结果。图9-12是随机选取的1个观测点在不同时序下的EVI指数的预测。图9-12(a)是本章所提模型的预测结果，图9-12(b)是ARIMA-ANN模型的预测结果，图9-12(c)是ARIMA的预测结果，图9-12(d)是LSTM模型的预测结果，图9-12(e)是ESN模型的预测结果。为说明不同模型对 TDVI、EVI 及 NDVI 指数的预测性能，随机选择一个观测点，表 9-2 分别列出了不同模型的 R2、MAP、MAPE 及 RMSE 结果。这说明本章所提模型适用于短期的数据，在大约 25 个测量数据的时间点能重建系统的动力学。

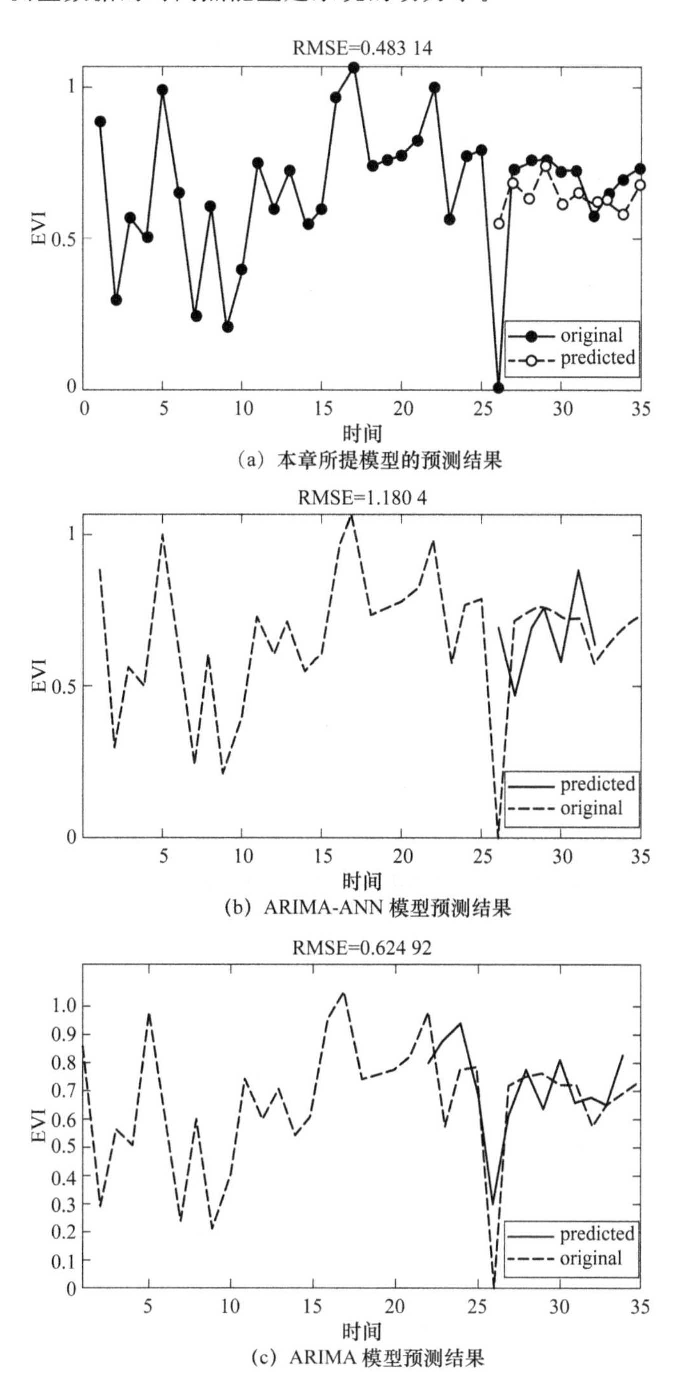

(a) 本章所提模型的预测结果

(b) ARIMA-ANN 模型预测结果

(c) ARIMA 模型预测结果

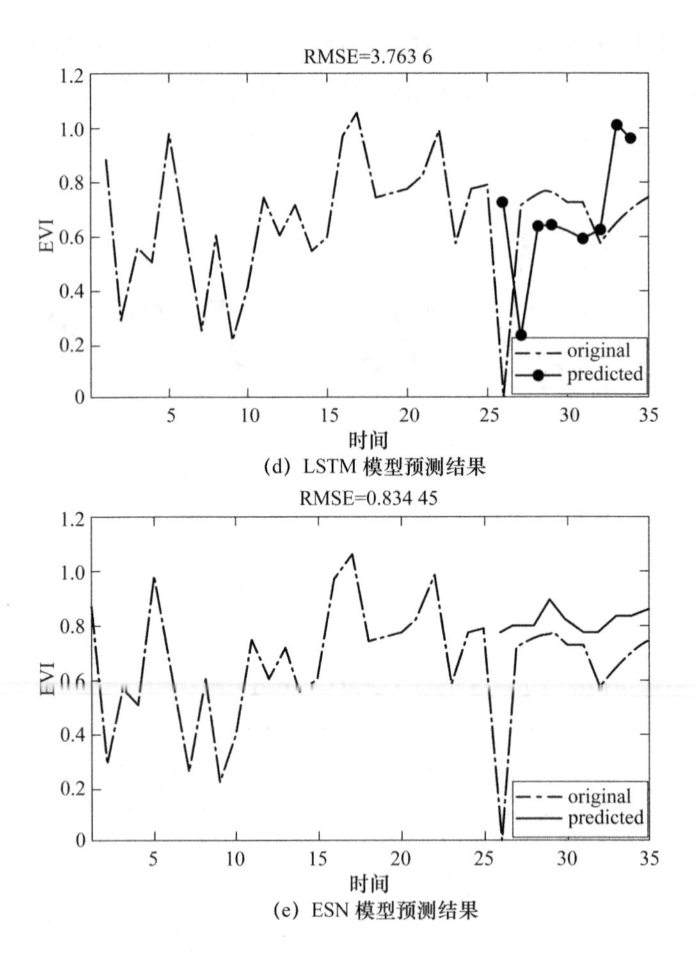

(d) LSTM 模型预测结果

(e) ESN 模型预测结果

图 9-12　某个观测点 EVI 指标的预测结果

表 9-2　不同模型对 NDVI、EVI 和 TDVI 的预测性能比较

模型	NDVI				EVI				TDVI			
	R2	MAE	MAPE	RMSE	R2	MAE	MAPE	RMSE	R2	MAE	MAPE	RMSE
ARIMA-ANN	0.02	0.14	0.1	0.92	−0.63	0.23	0.18	1.18	−1.76	19.79	0.09	1.37
ARIMA	0.26	0.09	0.17	0.85	0.6	0.12	168.34	0.62	0.99	9.71	21.84	0.08
LSTM	−1.51	0.14	0.16	1.49	−15.19	0.18	0.24	3.76	−1.47	14.13	61.1	1.48
ESN	0.03	0.01	0.12	0.96	0.28	0.01	0.63	0.83	−1.22	0.28	1.36	1.41
本章所提模型	0.71	0.35	0.85	0.41	0.63	0.08	0.11	0.48	0.01	0.03	0.26	0.21

本章小结

高维短时预测一直是时序预测的难点之一。本章提出了一种多变量时间序列预测模型,适用于遥感影像的高维短时预测。为提高储备池性能,本章研究了降维方法及双向的储备池计算架构，同时，将时空变换理论与 RC 结合，利用动力系统的延迟嵌入与非延迟嵌入之间的共轭特性，以及高维系统中变量间的相关性弥补短期数据的短板，实现 RC 模型的训练。将本章所提方法与其他 4 种现有的方法进行比较，实验说明本章所提方法能实现较优的性能。

第10章　遥感时间序列变化预测模型的优化方法

卫星影像时间序列是一个复杂系统，其中存在多个相互作用的时空尺度。即使是微波的初始误差，也会由于系统动力而按时间指数传播。可观测值的获得可能是不完整的，信息的损失将导致可观察的系统动态更加无规律，并增加建模的难度。由于没有一个准确的物理模型，因此，研究时不能使用卡尔曼滤波等经典方法来解决动态系统的预测。当数据以时间序列的形式出现时，循环神经网络通常有良好的预测表现，体现在网络节点之间具有反馈连接性，能够作为一个动态系统进行自我激励。网络的训练输入既可由已知的物理系统产生，也可来自系统动态规则未知的观测序列。但由于混沌系统对初始值敏感，故其具有短期的可预测性和长期的不可预测性，因此，混沌时间序列的预测是一个具有挑战性的课题。

卫星影像时间序列的特点是观测数据在不同时段的相互依赖性，如植被指数，由于植被生长特性，其冠层变化在较短的时间内是缓慢的，故植被生长特性曲线应为一条平滑的连续的曲线。但是由于遥感数据在传输和处理过程中产生的误差、云层及大气效应的影响，植被参数的质量和连续性受到影响，将严重制约其后续应用。混沌模型可以帮助我们更好地理解时间序列变化的动态行为，预测未来的趋势和变化，识别异常或极端事件。一种常用方法是使用时延嵌入技术来重构底层吸引子，底层吸引子代表系统的底层动态。通过这个吸引子，我们可以计算出各种复杂性度量，例如，分形维数或李雅普诺夫指数，以表征系统的行为。观测系统对初始条件极为敏感，例如，在植被时间序列的背景下，植被初始条件(土壤水分、温度或养分有效性等)的微小变化可能导致明显不同的植被生长模式。通过分析系统随时间的动态，识别混沌或其他非线性行为的存在。最大李雅普诺夫指数(LLE)是系统状态的任意小扰动随时间增加或减少的平均指数率。LLE 的负值意味着稳定的动态和较少的不确定性，正值则表示不稳定的行为。在一个混沌动力系统中，当系统的运动方程已知时，计算 LLE 的方法比较简单。但是在分析影像时间序列时，基本运动方程是未知的，这就意味着研究者不能使用传统的方法来求解问题。

本章将从两个方面对提升遥感混沌时间序列预测性能进行研究。首先是在如何设置储备池网络的重要参数上，本章研究了隐性神经元 N、入单元尺度 IS、层数 NL 和光谱半径 ρ 的参数优化方法；其次，本章对遥感时间序列的观测数据进行优化，应用集合卡尔曼滤波器和储备池网络来模拟隐藏动态并预测未来状态。

10.1　对混沌时间序列预测的回声状态网络参数的优化方法

10.1.1　引言

目前,非线性系统的混沌预测主要采用相图法、相关维度法和最大李雅普诺夫指数法等。上述方法的前提是对相空间进行重构。但是,重建的效果取决于嵌入维度和延迟时间的选择,而这两个参数一般都是根据经验设计的,计算非常复杂,影响了预测的准确性。循环神经网络(RNN)具有获取时间序列数据的时间相关性和逻辑特性的能力,常被用来解决与时间序列相关的预测任务。回声状态网络(ESN)作为 RNN 的一种新的训练方法,已经显示出其在预测无模型混沌系统方面的有效性,这得益于它们的结构优势,例如,ESN 拥有足够数量的内部节点、一个未经训练的动态蓄水池和简单的线性读出。蓄水池的输出是一个单一的节点,其完整的瞬时状态通常由内部变量的线性映射实现。ESN 的读出权重是唯一可训练的部分,它由非线性动态系统的当前状态和下一个状态训练。因此,它是一个自主系统,可以通过反馈输出到储能器来接近原始动态系统。ESN 模型具有良好的稳定性和丰富的动态特性,其中,大型水库可以显著提高拟合性能。然而,网络产生的大量冗余和不相关的特征容易导致过度拟合, ESN 存在多种问题,如模型复杂度不够,数据特征差等。因此,研究人员提出了更有效的技术来提高 ESN 的性能。例如,Rodan 和 Tino 研究了最小复杂度的 ESN,并提出了一个简单循环水库(SCR)。与传统的 ESN 相比, SCR 可以实现简单的结构和足够的储器特性。敏感迭代修剪算法(SIPA)被用来通过优化 SCR 的大小和权重,从而使 SCR 实现更好的性能。Qiao 等提出了一个块矩阵理论来重构 ESN 的储层结构,以减少储层中神经元之间的连接耦合。Chouikhi 采用粒子群优化(PSO)来优化训练阶段的 ESN 的确定性参数, 例如,存储库的大小、光谱半径、稀疏度等。在 PSO 中, 传统 ESN 的输出层连接被二元粒子群优化修剪,从而提高了泛化能力。通过进化算法优化的混合模型比传统的 ESN 模型具有更多优势,而内部神经元节点之间的输入层和储能器的权重连接一旦经过反复选择确定后就保持不变了, 这也是 ESN 的主要缺点。因此,如何确定最合适的输入权重和储能器权重仍是我们需要解决的重要问题。

灰狼优化(GWO)具有参数少、运算成本低、收敛速度快等特点,是一种新型的进化计算算法,已被广泛应用于神经网络结构优化、医学图像融合、 经济负荷调度问题、特征选择和分割等领域。架构和训练参数的适当配置是一项耗时且困难的工作。为了达到最低的学习误差,几种储备池重要参数(隐性神经元、输入比例、 层数和光谱半径)都要经过仔细调整。然而,这种随机设置初始值的方式可能无法保证最佳的训练结果。因此,本节研究引入了灰狼优化(GWO)算法来解决这些问题。

10.1.2 回声状态网络模型

回声状态网络(ESN)是一种独特的递归神经网络类型。它建立在一个水库之上,水库是一个稀疏的、随机的、巨大的隐藏基础设施。ESN 已经成功地处理了各种非线性问题,包括预测和分类。ESN 已被应用于各种架构,包括最近提出的多层感知机架构。此外,深层回声状态网络(DeepESN)模型是多层 ESN 模型,最近被证明可以成功预测高维复杂的非线性过程。DeepESN 架构和训练参数的适当配置是一项耗时且困难的工作。为了达到最低的学习误差,各种参数(隐性神经元 N、入单元尺度 IS、层数 NL 和光谱半径 ρ)都要仔细调整。然而,这种随意创造的工作可能无法保证最佳的训练结果。因此,本节研究工作引入了灰狼优化(GWO)算法来解决这些问题。基于 GWO 的 DeepESN(GWODESN)被用来预测时间序列,将其结果与普通 ESN、LSTM 和 ELM 模型进行了比较,结果表明,本小节所提模型在预测方面的表现最好。

回声状态网络作为一种新型的递归神经网络,无论是建模还是学习算法,都已经与传统的递归神经网络差别很大。ESN 的储备池如图 10-1 所示。

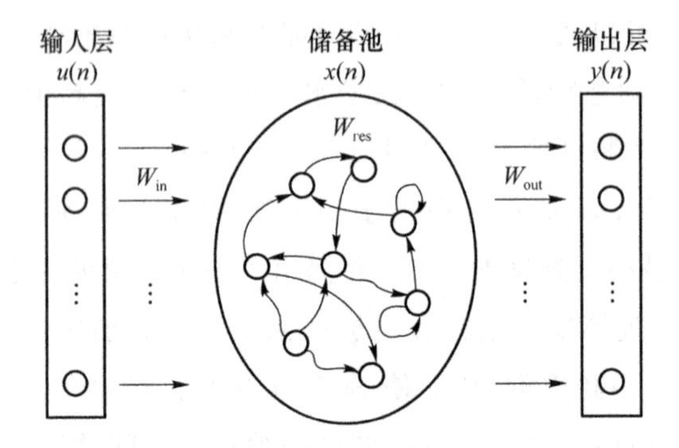

图 10-1 ESN 的储备池

ESN 的特点如下:

(1) 它的核心结构是一个随机生成且保持不变的储备池;

(2) 其输出权值是唯一需要调整的部分;

(3) 简单的线性回归就可完成网络的训练。

ESN 的储备池重要参数简介如下。

1. 储备池稀疏程度 SD 和储备池规模 N

储备池稀疏度表示为

$$\mathrm{SD}=\frac{n}{N} \tag{10.1}$$

其中,n 为储备池中相互连接的神经元数,N 为储备池中的总神经元数。

2. 储备池内部连接权谱半径 ρ

$$\rho(\boldsymbol{W}_{res})=\max|\text{eig}(\boldsymbol{W}_{res})| \tag{10.2}$$

其中,ρ 代表权值谱半径。当 $\rho<1$,ESN 才能具有回声状态属性,从而确保构建网络的稳定性,即网络状态和输入对网络的影响在经过足够长的时间后会消失。

3. 储备池输入单元尺度 IS

IS 表示储备池的输入信号连接到储备池内部神经元之前需要相乘的一个尺度因子。如果需要处理的任务的非线性越强,那么输入单元尺度越大。通过输入单元尺度 IS,将输入变换到神经元激活函数有效工作的范围。(注:神经元激活函数的不同输入范围,其非线性程度不同。)

ESN 的储备池建立步骤如下:

第一步,选择储备池的规模 N、内部连接权值矩阵 $\boldsymbol{W}_{res}$ 的稀疏度 SD,内部连接权值 $\boldsymbol{W}_{res}$ 的谱半径 $\rho(\boldsymbol{W}_{res})=\max|\text{eig}(\boldsymbol{W}_{res})|$,并初始化储备池网络。

一般来说,储备池的规模比传统的递归神经网络或者前馈网络的规模大得多,其内部连接权值 $\boldsymbol{W}_{res}$ 的稀疏度 SD 一般取值为 1%~5%,这是保证储备池丰富动态特性的措施之一。内部连接谱半径 $\rho(\boldsymbol{W}_{res})$ 取值为 0~1,但这不是必要条件,有时候,设置大于 1 的谱半径也许能得到更好的预测效果。当 $\rho(\boldsymbol{W}_{res})=0$ 时,问题就变成了求解静态模式识别。

第二步,选择储备池网络的输入输出样本,并用输入激发储备池内部状态。输入输出样本要一一对应,并满足较好的动态映射关系。对输入样本进行归一化处理,或者通过调整输入权值矩阵 $\boldsymbol{W}_{in}$ 的大小来使储备池的状态位于不同的工作点。储备池的初始状态可以随机选择,在网络的输入作用下,计算并记录各个时刻储备池的状态变量大小。当内部连接权值谱半径为零时,可以直接通过矩阵运算计算各个时刻的状态。

第三步,根据储备池状态变量和期望输出变量之间的线性回归关系,计算储备池输出权值向量。

按照传统的 ESN 模型,本节使用的模型是由多个动态储层组件组成的。具体来说,储层被组织成堆叠的重复层。对于每一层,输出是下一层的输入,如图 10-2 所示。在本节工作中,t 表示时间,$s(t)$ 表示时间 t 的模型输入,而 $r_i(t)$ 表示时间 t 的第 i 个蓄水池层的状态。多层 ESN 模型的蓄水池动力学的数学模型表示如下:

$$r_i(t+1)=F(r_i(t),s(t))=l\times f(\rho\boldsymbol{W}_{resi}r(t)+\sigma\boldsymbol{W}_{in}s(t))+(1-l)\times r_i(t) \tag{10.3}$$

$$\hat{y}(t+1)=G(r_i(t+1))=\boldsymbol{W}_{out}(r_i(t+1)) \tag{10.4}$$

其中,$\hat{y}(t+1)$ 是下一个时刻〔$(t+1)$ 时刻〕的系统状态预测。参数 ρ 确定储层邻接矩阵 $\boldsymbol{W}_{resi}$ 的谱半径,σ 缩放 $\boldsymbol{W}_{in}$ 并将其映射到储层空间的输入信号,l 是通过门控系统的“泄漏”参数。本小节使用 $f=\tan h$。在完成 RNN 模型参数的训练后,预测状态 $\hat{y}(t+1)$ 接近真实系统状态 $y(t+1)$。

在 ESN 中，通过梯度下降优化方法训练由式(10.3)和式(10.4)描述的系统的所有参数。对于储备池层，式(10.3) 中的所有模型参数都假定为固定的。然后迭代式(10.3)，以生成隐藏/储层状态的时间序列 $r_i(t)$，该序列对应于训练数据 $s(t)$。式(10.4)中的“读出”运算符 $\boldsymbol{W}_{\mathrm{out}}$ 通常被假定为线性的。

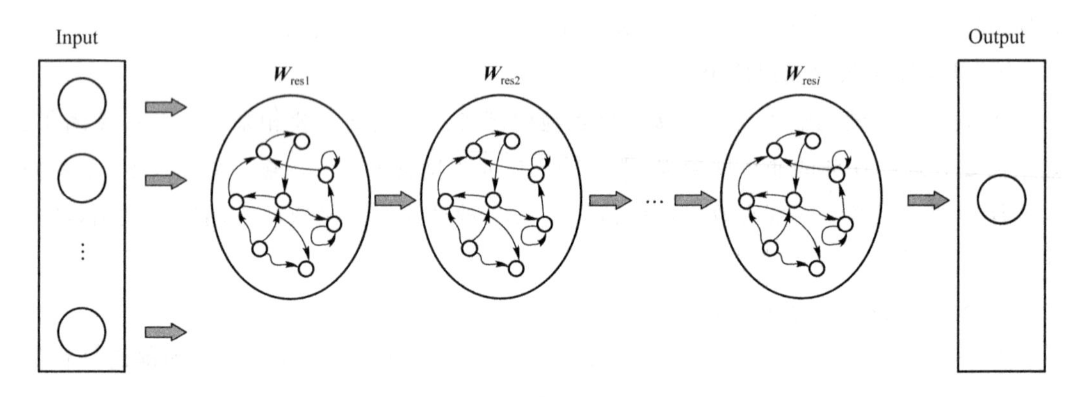

图 10-2 多层 ESN 模型

10.1.3 灰狼优化算法

灰狼优化(GWO)算法具有参数少、运算成本低、收敛速度快等特点，是一种新型的进化计算算法，已被广泛应用于神经网络结构优化、医学图像融合、经济负荷调度问题、特征选择和分割等领域。GWO 是一种受自然启发的算法，它模仿行政管理和日常工作的指挥系统。狼有 4 种种类：α、β、δ 和 ω。在这个算法中，首领 α 代表最优解，而 β 和 δ 分别代表次优解和第三优解，ω 灰狼则遵循这些领导者的指引，探索搜索空间。算法的运行过程就像灰狼群体协作狩猎一样，通过追踪、包围、攻击猎物的方式逐步逼近最优解。这种策略在许多领域中都很有用，特别是在需要找到最佳路径或最优配置的问题中，就像在策略游戏中寻找获取资源的最佳路线一样。GWO 算法在数学上可以表示为如下形式：

$$\boldsymbol{D}=|C\cdot\boldsymbol{X}_{\mathrm{P}}(t)-\boldsymbol{X}(t)| \tag{10.5}$$

$$\boldsymbol{X}(t+1)=\boldsymbol{X}_{\mathrm{P}}(t)-A\cdot\boldsymbol{D} \tag{10.6}$$

其中，t 是当前迭代，$\boldsymbol{X}_{\mathrm{P}}$ 表示猎物的位置向量，$\boldsymbol{X}$ 表示狼的位置向量。同时，A 和 C 可以被表示为

$$A=2a\cdot r_1-a \tag{10.7}$$

$$C=2\cdot r_2 \tag{10.8}$$

随着迭代次数的增加，收敛因子 a 从 2 线性减小到 0，r_1 和 r_2 是区间[0,1]中随机均匀分布的向量。在迭代过程中，算法考虑 3 个候选解决方案，即 α、β 和 δ。对于按适应度排序，α 将被视为最佳候选解决方案，β 被视为第二个候选解决方案，δ 是本次迭代中的最后候选解决方案，灰狼 ω 将被用来更新位置。

(1) 距离计算

距离计算是计算当前灰狼与 α、β 和 δ 之间的距离。这些距离用于模拟打工狼和狼首领,副手和军师之间的相对位置。距离的计算公式如下:

$$\boldsymbol{D}_\alpha = |\boldsymbol{C}_1 \cdot \boldsymbol{X}_\alpha - \boldsymbol{X}|$$
$$\boldsymbol{D}_\beta = |\boldsymbol{C}_2 \cdot \boldsymbol{X}_\beta - \boldsymbol{X}|$$
$$\boldsymbol{D}_\delta = |\boldsymbol{C}_3 \cdot \boldsymbol{X}_\delta - \boldsymbol{X}| \tag{10.9}$$

其中:$\boldsymbol{X}_\alpha$,$\boldsymbol{X}_\beta$,$\boldsymbol{X}_\delta$ 分别表示 α、β 和 δ 的位置;$\boldsymbol{X}$ 是当前打工狼的位置;$\boldsymbol{C}_1$,$\boldsymbol{C}_2$,$\boldsymbol{C}_3$ 是随机系数向量,用于模拟灰狼在猎物附近移动的随机性。这种随机性模拟了灰狼群在追踪猎物时可能的不确定行为和变化行为。$\boldsymbol{C}_1$,$\boldsymbol{C}_2$,$\boldsymbol{C}_3$ 的值通常在 0 到 2 之间随机生成,这有助于探索解空间的不同区域,避免算法过早陷入局部最优解。

(2) 位置更新

灰狼的位置更新是基于它们与 α、β 和 δ 的距离。这个更新模拟了灰狼在狩猎过程中对猎物位置的估计和相应的移动。位置更新的计算公式如下:

$$\boldsymbol{X}_1 = |\boldsymbol{X}_\alpha - \boldsymbol{A}_1 \cdot \boldsymbol{D}_\alpha|$$
$$\boldsymbol{X}_2 = |\boldsymbol{X}_\beta - \boldsymbol{A}_2 \cdot \boldsymbol{D}_\beta|$$
$$\boldsymbol{X}_3 = |\boldsymbol{X}_\delta - \boldsymbol{A}_3 \cdot \boldsymbol{D}_\delta| \tag{10.10}$$

$$\boldsymbol{X}(t+1) = \frac{\boldsymbol{X}_1 + \boldsymbol{X}_2 + \boldsymbol{X}_3}{3} \tag{10.11}$$

其中,$\boldsymbol{X}_1$,$\boldsymbol{X}_2$,$\boldsymbol{X}_3$ 是更新后的 α,β,δ 的位置,$\boldsymbol{X}(t+1)$是灰狼的新位置。$\boldsymbol{A}_1$,$\boldsymbol{A}_2$,$\boldsymbol{A}_3$ 是另一组动态系数,它们决定灰狼向猎物移动的强度和方向。$|\boldsymbol{A}|$大于 1 时,灰狼将偏离猎物;$|\boldsymbol{A}|$小于 1 时,灰狼将在整个迭代过程中处于最佳位置和当前位置之间。$\boldsymbol{A}_1$,$\boldsymbol{A}_2$,$\boldsymbol{A}_3$ 通常从 2 开始,在迭代过程中逐渐减小到 0。这个减小过程模拟了狩猎过程中灰狼群逐渐逼近猎物的行为。当 A 的值接近于 0 时,灰狼群更倾向于细致地搜索周围区域,寻找最优解;当 A 的值较大时,灰狼群可能在解空间中进行更广泛的搜索。

(3) 更新 α、β 和 δ 的位置

灰狼完成更新位置后,最优的 3 只灰狼分别评估为新的 α、β 和 δ。

(4) 求得最优解

最优解的求解有多种方式。例如,达到最大迭代次数后,α 代表的解被认为是最佳解;或者使用均值$\frac{\boldsymbol{X}_\alpha + \boldsymbol{X}_\beta + \boldsymbol{X}_\delta}{3}$来确定最优解。

GWO 的这种设计有效地平衡了探索(Exploration,即搜索新区域)和开发(Exploitation,即在已发现的有希望区域内寻找最优解)的需求。这种平衡是许多优化问题取得成功的关键。另外,由于灰狼算法在搜索过程中综合考虑了多个领导者(α、β 和 δ)的信息,故它可以适应解空间的多样性,对于不同类型的优化问题都有良好的适应性和鲁棒性。

10.1.4 基于灰狼算法的ESN网络参数的优化

通过GWO的全局搜索能力来优化ESN的复杂参数空间，其算法描述如下。

算法10-1 回声状态网络参数的优化

输入： 权重矩阵 $\boldsymbol{W}_{\mathrm{in}}$ 和储备池权重矩阵 $\boldsymbol{W}_{\mathrm{res}}$。

输出： 输出隐性神经元 N、入单元尺度IS、层数NL和光谱半径 ρ。

步骤1： 生成建模所需的混沌时间序列数据集，将数据分为训练数据和测试数据两类。

步骤2： 初始化ESN，输入权重矩阵 $\boldsymbol{W}_{\mathrm{in}}$ 和储备池权重矩阵 $\boldsymbol{W}_{\mathrm{res}}$ 在网络初始建立时随机初始化，在训练过程中保持不变。

步骤3： 初始化包含 a、A 和 C 的GWO算法，包括最大迭代次数、狼的位置、参数取值的上下界（[−10,10]）等信息。

步骤4： 设置代表储备池重要参数 N、IS、ρ 和NL的初始种群。

步骤5： 使用初始种群建立DeepESN模型。

步骤6： 利用灰狼的位置重构ESN输入连接（由均匀分布的值矩阵构成），本节以均方根误差和有效时间为适应度函数，计算每个灰狼的适应度。

步骤7： 每次迭代更新 α、β 和 δ 的位置，并计算其适应度函数得分。

步骤8： 重复循环，直到实现收敛或达到最大迭代次数，然后，确定最佳输入连接并重构ESN。

步骤9： 输出隐性神经元 N、入单元尺度IS、层数NL和光谱半径 ρ。

10.2 遥感时间序列混沌建模方法

10.2.1 引言

一个随时间变化的变量产生一个混沌时间序列，其中包含了丰富的非线性系统信息，有助于我们分析和理解混沌系统。将混沌理论应用于遥感图像，可以分析和理解图像数据的复杂和非线性行为。目前遥感图像的混沌研究主要分为两方面：一是侧重于遥感数据开发的基于混沌的图像加密模型，为遥感数据传输提供高级别的安全和保护；二是侧重于使用混沌理论来分析遥感图像的空间动态分布。卡尔曼滤波器是许多预测混沌系统方法的基础，广泛应用于数值天气预测中。卡尔曼滤波及其后继滤波方法的一个局限性是：该技术需要底层过程的详细物理模型，但这对于复杂系统来说是困难的。为解决这个问题，研究人员越来越倾向于通过使用“数据驱动模型”作为预测器来完全取代物理模型。这种数据驱动的模型属于机器学习的范畴，如自回归方法（ARMA）、多层感知器和递归神经网络等。混合模型能提高时间序列预测准确性，CTSP 提出一种支持向量机和回声状态网络结合的混合网络模型，Huang 等在 2020 年提出一种深度混合神经网络 DHNN，用 CNN 从由混沌时间序列重建的相空间中捕获空间特征，将时空特征融合在一起，再使用注意力机制提取包含关键信息的时空特征。这些方法提供了生成混合模型能提高时序预测准确性的有力证据。

混沌指标能对数据潜在动态的行为进行分析，有助于区分确定性和随机过程。常用的分析遥感时序数据的混沌特性指标有：分形维数、李雅普诺夫指数等。分形维数常用于遥感图像的纹理分析，如分形压缩，将图像分成较小的部分或“块”，然后使用分形维数分析找到一组描述每个块的自相似性规律，使用这些规律重建损失的信息。而李雅普诺夫指数则用于遥感数据的变化检测分析，它是动态系统中初始条件敏感性的度量，表示系统中附近轨迹随时间相互偏离的平均速率。李雅普诺夫指数提供了一个直接衡量初始条件敏感依赖的方法，能够量化吸引子上的相邻轨道随着系统时间演变而发散的指数率。一个 d 维一阶微分运动方程定义的系统有 d 个李雅普诺夫指数，每个指数代表沿该系统状态空间的每个主轴的小扰动的增长率或衰减率。将这些指数从大到小排序，最前面的是最大李雅普诺夫指数，$\lambda_1 \geqslant \lambda_2 \geqslant \cdots \geqslant \lambda_d$。状态空间中的线段随着 $e^{t\lambda_1}$ 增长（或衰减），面积随着 $e^{t(\lambda_1+\lambda_2)}$，体积随着 $e^{t(\lambda_1+\lambda_2+\lambda_3)}$ 增长。如果系统表现出了至少一个正的李雅普诺夫指数，那么可以说明系统是混沌的。最大李雅普诺夫指数说明了吸引子上轨迹的最大平均指数扩散率，用来衡量系统的局部不稳定性。具有高的最大李雅普诺夫指数比具有低的最大李雅普诺夫指数的系统更加混乱和不可预测。Kantz 提出了计算 LLE 估计值的方法，给定一个时间序列作为输入，并通过时间延迟将其嵌入到更高维空间。空间上接近但时间上不接近的两个点被视为两个不同的“初始条件”，比较从这两个点开始的两个子轨迹，并记录它们收敛或发散的速率。重复多次并取这些速率的对数平均值，然后给出系统 LLE 的估计值。还有一种估计 LLE 的方法是尝试拟合观察到的动态的函数，然后使用拟合函数的雅可比矩阵作为真实数据的雅可比行列式的近似值。拟合函数的选择包含局部线性函数、多项式、径向基函数、神经网络或储备池计算。Rappeport 等在 2022 年提出了用经过训练的深度学习模型计算最大李雅普诺夫指数的方法。使用深度学习算法把 LLE 估计转化为回归问题，首先拟合深度学习模型将输入轨迹直接映射到生成系统的 LLE 中，然后使用计算生成的轨迹及算法生成的 LLE 作为输入/输出训练对，最后用马修斯相关系数（Matthews correlation coefficient，MCC）评估模型的性能。

受到动力系统噪声等因素影响，并不是所有的动力系统都可以用李雅普诺夫指数来分析混沌特征。许小可等在 2008 年提出了研究海杂波的混沌特性的方法，该方法通过选择时间延迟和嵌入维度来重建海杂波相空间，再使用数值方法计算相空间重构的轨迹，用 Wolf 算法计算了最大李雅普诺夫指数，定量分析了海杂波的随机性。但这一方法对带有强噪声的海杂波计算敏感。Raffalt 等在 2020 年研究了滤波时间序列对计算最大李雅普诺夫指数计算的影响。根据记录的运动学数据他们分析出如对该运动学数据进行滤波，将导致其李雅普诺夫指数、嵌入维度及时间延迟计算的误差，这反映了滤波对相关指数计算的影响。

将混沌理论应用于遥感时序数据的预测分析中，解决卫星影像时序数据长期预测的问题，探索结合混沌理论模拟系统的长期行为。利用结合动力系统的李雅普诺夫指数或分形维数替代建模技术（如储备池网络），可能有助于对混沌系统的长期行为进行建模。低维混沌系统的建模是相对容易的，如用随机模型模拟系统行为。高维混沌系统一般涉及 5 个以上的变量，多个相互作用的变量共同作用构成系统运动轨迹，其建模具有一定难度。在不具备混沌系统基本运动方程的背景知识下，如何利用现有系统生成的时间序列估计动力系统的混沌模型，减轻延迟坐标嵌入的虚假李雅普诺夫指数的问题，是本节要研究的关键问题。我们将研究基于遥感时间序列的混沌系统动力学建模方法。我们还将研究时延嵌入技术构建代表系统底层动态的吸引子，以在混沌时间序列重构的相空间中，利用神经网络逼近相点演化规律，研究循环神经网络在构建混沌动力系统模型中的作用与方法，复现正确的状态演化中误差增长统计属性。

10.2.2 数据同化技术

数据同化（Data Assimilation，DA）作为一种数学工具，广泛应用于多个学科领域。数据同化不仅在大气科学和海洋科学中广泛使用，还被应用于天气预报、环境和地球物理流体动力学、燃烧系统、航空学、水文学、声学和流体力学等领域。数据同化的核心功能是帮助动态模型合理吸收已有的观测数据，甚至改进模型中那些无法直接观测的物理量，从而使模型的预测输出不断逼近真实情况。这使得数据同化成为许多科学和工程预测模型中不可或缺的组成部分。

在实际应用中，数据同化允许人们为一个带有噪声和观测值稀疏，以及动力学模型的不完善系统估计出更好的初始条件。动力学模型则利用这些初始条件来预测系统的未来状态，而预测准确性在很大程度上取决于初始条件的准确性。这一点在混沌系统中尤为重要，即使初始条件仅存在微小的误差，也会导致截然不同的预测结果。在这种情况下，准确的初始条件对于预测准确性至关重要。

数据同化算法主要分为两大类：基于集合的方法和基于变分的方法。例如，集合卡尔曼滤波器（Ensemble Kalman Filter，EnKF）是基于集合的 DA 算法之一，能够从假设高斯分布的观测噪声中估计出更好的初始条件。除集合方法外，还有基于变分的方法（如 3D-Var 和 4D-Var）和集合方法与变分方法的组合。

1. 四维变分数据同化方法

在数据同化过程中，四维变分数据同化（Four-Dimensional Variational Data Assimilation，4D-Var）需要系统动力学模型的伴随（Adjoint）模型。伴随模型在 4D-Var

中起着至关重要的作用，它用于计算目标函数对控制变量的梯度，这是进行最优化计算的关键步骤。

4D-Var 的目标是通过最小化一个目标函数，使模型预测与观测数据之间的差异最小化。目标函数定义为如下形式：

$$J(x_0)=\frac{1}{2}(x_0-x_b)^{\mathrm{T}}\boldsymbol{B}^{-1}(x_0-x_b)+\frac{1}{2}\sum_{i=0}^{N}(y_i-\boldsymbol{H}x_i)^{\mathrm{T}}\boldsymbol{R}^{-1}(y_i-Hx_i) \tag{10.12}$$

其中：x_0 是系统初始状态；x_b 是背景场，即初始状态的先验估计；$\boldsymbol{B}$ 是背景误差协方差矩阵；y_i 是在时刻 t_i 的观测数据；$\boldsymbol{H}$ 是观测算子，它将模型空间中的状态映射到观测空间；$\boldsymbol{R}$ 是观测误差协方差矩阵；x_i 是通过动力学模型从初始状态 x_0 演化到时刻 t_i 的模型状态。

在 4D-Var 中，系统的动力学模型用于将初始状态 x_0 演化到各个时刻 t_i，生成 x_i。但在求解最优化问题时，我们需要计算目标函数对初始状态 x_0 的梯度，这里就需要伴随模型。伴随模型是原始动力学模型的线性化逆问题，它可以高效地计算目标函数对初始状态 x_0 的梯度。这个梯度用于引导最优化算法更新初始状态，使目标函数逐渐减小。

伴随模型通常通过对动力学模型的线性化和逆向时间积分来推导，具体步骤如下。

步骤 1：线性化，即对原始动力学模型进行线性化，得到线性化方程。

步骤 2：反向积分，即求解线性化方程的反问题(伴随方程)，通常是反向时间积分。

4D-Var 需要通过伴随模型来计算目标函数对控制变量(初始状态)的梯度，从而进行最优化。伴随模型的准确性和效率直接影响 4D-Var 同化的效果。因此，构建和验证伴随模型是实施 4D-Var 的关键步骤。构建 4D-Var 所需的系统动力学模型的伴随模型通常是一项复杂且具有挑战性的任务。而且在优化成本函数时，4D-Var 的计算复杂度较高。

2. 集合卡尔曼滤波 EnKF

卡尔曼滤波通常用于估计动态系统的状态，适用于线性系统，包含两个步骤：预测和更新。预测步骤根据动态模型预测系统的未来状态，而更新步骤则结合新观测数据修正预测结果。

对于非线性系统，其结合集合变换(对多个可能状态采样)，可以更好地处理非线性系统的动态变化。这种方法被称为集合卡尔曼滤波(Ensemble Kalman Filter, EnKF)。它是一种基于序列数据的同化方法，利用蒙特卡洛积分理论，通过随机样本集合来近似误差协方差矩阵。由于 EnKF 无须使用切线线性算子或伴随方程，且不需要后向时间积分，因此，其受到研究人员的青睐。

EnKF 的工作步骤包括如下 4 步。

① 初始化集合，生成一组初始状态的样本。

② 状态预测，使用动态模型对每个样本进行预测，生成下一时刻的集合。

③ 更新集合，结合观测数据调整集合状态，使其更符合真实情况。

④ 重复循环，不断进行预测和更新，优化系统状态估计。

将数据同化方法与卡尔曼滤波结合使用，使用的3种协方差矩阵分别是背景协方差矩阵 $\boldsymbol{B}$、观测协方差矩阵 $\boldsymbol{R}$ 和分析误差协方差矩阵 $\boldsymbol{A}$。在卡尔曼滤波的背景下，背景误差协方差矩阵可以看作是系统状态在某个时刻的先验估计的误差协方差矩阵，也是卡尔曼滤波中的预测误差协方差矩阵。

背景误差协方差矩阵 $\boldsymbol{P}^{\mathrm{b}}$ 反映了模型预测背景状态中的不确定性，它是由背景集合成员扰动计算得到的，具体表示如下：

$$\boldsymbol{P}^{\mathrm{b}} \approx \frac{1}{N-1}\sum_{i=1}^{N} p_i p_i^{\mathrm{T}} \tag{10.13}$$

其中，$p_i = x_i - \overline{x}$ 是第 i 个集合成员相对于集合均值的扰动，$\overline{x}$ 是集合均值，N 是集合成员的数量，$\frac{1}{N-1}$ 是为了获得样本协方差的无偏估计。

N 是 EnKF 方法中的一个重要因素。一般来说，背景误差协方差矩阵的估计精度与集合成员的数量密切相关。如果 N 较小，说明背景误差协方差矩阵的估计可能不够准确。这是因为样本量不足以充分捕捉系统状态而产生变异性，可能导致估计出的协方差矩阵不稳定。

然而，EnKF 面临的一个主要挑战为在计算上生成和演化大量动态模型的集合成员是非常困难的。背景误差协方差矩阵的精度直接影响 EnKF 的性能，而这种精度又依赖于集合的大小。为了准确估计背景误差协方差矩阵，集合成员的数量应与系统状态的数量级相匹配。然而，在实际操作中，由于计算资源的限制，通常使用较少的集合成员，在高维系统中（如天气系统），准确估计误差协方差矩阵需要大量集合成员〔约 $O(10^7)\sim O(10^8)$〕。然而，计算资源的限制使得通常只使用较少的集合成员〔约 $O(50)$〕，这会导致协方差矩阵的秩亏及抽样误差，进而影响预报质量。为了解决这一问题，研究人员提出了多种策略来定位和减少虚假的长程空间相关性，但这同时也可能消除物理上真实的相关性，从而对 EnKF 的性能产生负面影响。

3. PCA 算法

在遥感图像中，高维数据包含了比低维数据更多的可提取信息，但同时，这也造成了大量信息冗余，提高了计算复杂度，增加了占存储空间量。降低维度是特征空间分析要解决的主要问题。特征提取的主要方法是找到一个高维空间到低维空间的映射函数，通过线性或非线性变换的方式，在低维空间中进行数据的分析和处理，通过变换达到减少计算量的目的 。降低维度的方法从有无标签的角度分为两大类，有监督和无监督。这两种方法的差别在于是否利用了标签信息，不利用标签信息的方法称为无监督降维法，否则就是有监督降维法。

主成分分析法（Principal Components Analysis，PCA）是一种无监督降维方法，通过将数据几何投影到主成分（PC）的较低维度来简化高维数据，主成分是原始变量的线性组合。其应用简单方便，使用较为广泛，是遥感图像处理常用的特征提取和数据压缩方法。它是基于线性子空间的特征提取法，基本思想是将采集到的高维数据用相对较少的不相关向量线性表示，通过线性变换找最优单位正交基，最后重建原始数据。在处理过程中设置限制条件，从而保证重建数据与原始数据的误差最小，重建后的数据称为主成分。对主成分进行信息度量，将其划分为第一主成分、第二主成分等等，判断的依据是计算方差并进行排序，直到所有主成分都划分完毕，如图 10-3 所示。

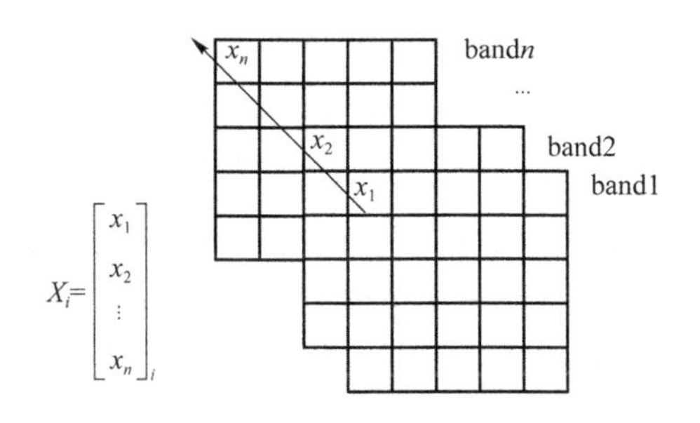

图 10-3　时间序列数据在 PCA 中的向量分配

PCA 的算法描述如下：

算法 10-2　主成分分析法

输入：①m 个样本集$\{x_1, x_2, \cdots, x_N\}$（每个样本 N 个维度）；②降维后的维度。

输出：降维后的样本集。

步骤 1：计算协方差矩阵 $\boldsymbol{C}$，$\boldsymbol{C} = \frac{1}{N}\sum_{i=1}^{N}(x_i - u)(x_i - u)^{\mathrm{T}}, u = \frac{1}{N}\sum_{i=1}^{N}x_i$。

步骤 2：对角化 $\boldsymbol{C}$，得 $\boldsymbol{C}=\boldsymbol{V\Lambda V}^{\mathrm{T}}$。

其中：$\boldsymbol{\Lambda}=\mathrm{diag}(\lambda_1, \lambda_2, \cdots, \lambda_m)$，$\lambda_i$ 表示 $\boldsymbol{C}$ 的特征值，降序排列；$\boldsymbol{V}=[v_1, v_2, \cdots, v_m]$，$v_i$ 表示特征值 λ_i 对应的特征向量，满足条件 $\boldsymbol{VV}^{\mathrm{T}}=\boldsymbol{I}$。特征向量 v_i 称为主元，v_1 包含的信息量最大，称为第一主元，其余依次类推。

步骤 3：找到序列中前 m' 个特征向量，$V_{m'}=[v_1, v_2, \cdots, v_{m'}]$，从而得到数据 x_i 在 m' 个基底上投影 $y_i=\boldsymbol{V}_{m'}^{\mathrm{T}}x_i$，基于公式 $\boldsymbol{V}_{m'}y_i$，利用 y_i 重建 x_i。

在标准 PCA 方法的基础上出现了许多改进方法，如单元 PCA（Modular PCA，mPCA），子模式 PCA（Sub-pattern PCA，SpPCA）。标准 PCA 方法基于图像的全局信息提取特征；mPCA 方法将图像划分为若干个子图像，对各子图像采用标准 PCA 法提取局部特征。SpPCA 和 mPCA 方法的相同之处在于，处理时都需要将图像划分为若干个子图

像;不同之处在于,SpPCA 将相同空间位置上的多个子图像组成图像集(也称子模式),对每一子模式执行标准 PCA 方法。

4. 集成模型 ESC-EnKF

为在数据同化过程中克服这些挑战,我们探索了基于储层计算(RC)范式的回声状态网络。ESN 可以用来替代传统的数值模型,以提供对动态误差增长的准确表示。本节提出了一种结合数据同化(DA)、降阶建模和回声状态网络(ESN)的综合方法。由于任何 DA 系统的观测需求都与系统中的非负 Lyapunov 指数的数量密切相关,因此,再现 Lyapunov 谱对于生成准确预测至关重要。如果偏离真实的 Lyapunov 谱,预测性能将会下降。基于此,我们假设,即使隐藏或储存器的状态空间很大,只要 ESN 被训练得足够准确,能够良好地近似真实的 Lyapunov 谱,那么限制隐藏状态空间动态所需的观测次数应与限制原始系统动态所需的观测次数相同。在这一假设下,我们将 DA 应用于 ESN 系统的隐藏或储存空间,并结合观察算子与读出算子,将隐藏或储存状态与原始系统的观测值进行比较。ESN 提供了一种简便且低成本的方式,用于在 DA 过程中生成所需的动态信息,如预测分析误差协方差矩阵、切线性模型和伴随模型的数据

通过 ESN 模型生成的集合预报统计数据,我们能够估计动态预测误差的方差,然后应用集合卡尔曼滤波来同化真实系统状态的噪声观测值,并估计分析误差协方差。为了约束确定性集合滤波器 EnKF 所需的最小集合大小,我们需要参考系统动力学的非负 Lyapunov 指数数量,与其保持一致。因此,若经过训练的 ESN 能够很好地近似正确的 Lyapunov 谱,约束 EnKF 所需的最小集合成员数将与约束原始系统所需的成员数相同。

我们通过组合常规观测算子 H 与读出算子,定义了一个新的修正观测算子,它能够将系统空间映射到观测空间。此修正算子用于定义一系列数学表达式,计算观测误差协方差矩阵、分析误差协方差矩阵及其相关参数,进而推导出用于 DA 的卡尔曼增益公式。

将新的修正观测算子从系统空间映射到观测空间,并将其与读出算子 $\boldsymbol{W}_{\text{out}}$(从隐藏/储存空间映射到系统空间)组合在一起,定义了一个新的改进的观测算子。设 $\overline{y}^{\text{b}}=\boldsymbol{H}(\boldsymbol{W}_{\text{out}}(\overline{s}^{\text{b}}))$,其中,$\overline{s}^{\text{b}}$ 是背景集合,它代表了隐藏/储存状态。$\boldsymbol{Y}^{\text{b}}=\boldsymbol{H}(\boldsymbol{W}_{\text{out}}(\boldsymbol{S}^{\text{b}}))$,其中,$\boldsymbol{S}^{\text{b}}$ 的列是围绕平均值的集合扰动,则

$$\widetilde{\boldsymbol{P}}^{\text{a}}=\left[\frac{k-1}{\gamma}I+(\boldsymbol{Y}^{\text{b}})^{\text{T}}\boldsymbol{R}^{-1}\boldsymbol{Y}^{\text{b}}\right]^{-1} \tag{10.14}$$

$$\boldsymbol{W}^{\text{a}}=[(k-1)\widetilde{\boldsymbol{P}}^{\text{a}}]^{\frac{1}{2}} \tag{10.15}$$

$$\boldsymbol{S}^{\text{a}}=\boldsymbol{S}^{\text{b}}\boldsymbol{W}^{\text{a}} \tag{10.16}$$

$$\overline{w}^{\text{a}}=\widetilde{\boldsymbol{P}}^{\text{a}}(\boldsymbol{Y}^{\text{b}})^{\text{T}}\boldsymbol{R}^{-1}(y^{0}-\overline{y}^{\text{b}}) \tag{10.17}$$

$$\overline{s}^{\text{a}}=\boldsymbol{S}^{\text{b}}\overline{w}^{\text{a}}+\overline{s}^{\text{b}} \tag{10.18}$$

其中,$\boldsymbol{R}$ 是观测误差协方差矩阵,k 是集合维数,γ 是乘性膨胀因子,$\widetilde{\boldsymbol{P}}^{\text{a}}$ 是集合扰动子空间

中表示的分析误差协方差矩阵。$\boldsymbol{W}^{a}$ 是变换算子，将背景集合扰动映射到分析集合扰动，$\overline{w}^{a}$确定列向量 $\boldsymbol{S}^{b}$的加权系数，这些加权系数用作线性基础，以形成新的集合平均分析状态向量 $\bar{s}^{a}$。作为参考，集成 ESN-EnKF 的卡尔曼增益结果如下：

$$\boldsymbol{K}=\boldsymbol{S}^{b}\left[\frac{k-1}{\gamma}I+[\boldsymbol{H}(\boldsymbol{W}_{out}(\boldsymbol{S}^{b}))]^{T}\boldsymbol{R}^{-1}[\boldsymbol{H}(\boldsymbol{W}_{out}(\boldsymbol{S}^{b}))]\right]^{-1}[\boldsymbol{H}(\boldsymbol{W}_{out}(\boldsymbol{S}^{b}))]^{-1}\boldsymbol{R}^{-1} \tag{10.19}$$

此外，回声状态网络的有限时间 Lyapunov 指数(FTLE)在 Lyapunov 时间尺度的瞬态周期内向源系统动态的 Lyapunov 指数收敛，尽管在短时间尺度上，回声状态网络模型的误差增长率与源系统的误差增长率不完全一致。虽然回声状态网络模型需要一段时间才能达到真实的误差增长率，但通过对预测误差协方差矩阵应用标量乘性膨胀，可以部分补偿这一缺陷。

在遥感时序数据的混沌建模上，动力系统作为耗散系统，最终将收缩到相空间的有限区域上。吸引子在系统收缩时，运动轨道的不稳定性用 Lyapunov 关联来描述，最终实现一个混沌系统的定量刻画。

奇异值分解法计算的耦合系统的李雅普诺夫指数谱，如图 10-4 所示。

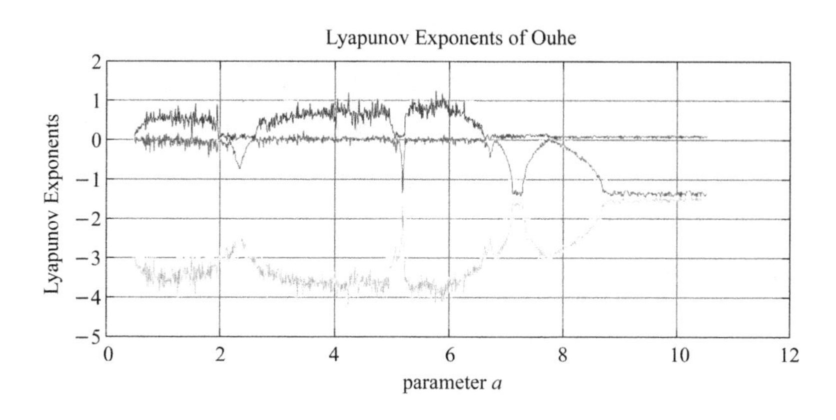

图 10-4　一个耦合系统的李雅普诺夫指数谱

对一般的实际时间序列，我们无法确切地知道该时间序列代表的原始动力学过程，因此，无法根据动力学方程求得其精确的李雅普诺夫指数。这时，采用 wolf 提出的基于相平面、相体积等演化来估计 Lyapunov。对于一个具有 16 384 个洛伦兹吸引子的混沌系统，采用 wolf 方法来监测轨道散度及运行指数估计值，如图 10-5 所示。

将上述方法应用于遥感时序数据，重构遥感时序数据的相空间，再采用前期的实验方法进行最大 Lyapunov 估计。

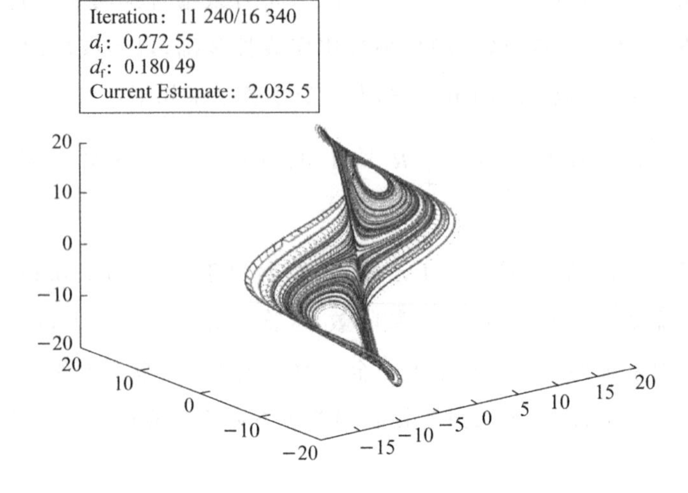

图 10-5 洛伦兹吸引子运行轨道监测图

本章小结

本章重点研究如何提升遥感混沌时间序列的预测性能，主要从两个方面展开探讨。首先，研究了储备池网络中关键参数的优化方法，包括隐性神经元数量(N)、输入单元尺度(IS)、网络层数(NL)和光谱半径(ρ)，以提高预测模型的性能；其次，通过优化遥感时间序列的观测数据，应用集合卡尔曼滤波器和储备池网络，模拟隐藏的动态过程，并预测未来的状态。通过数据同化，系统能够更好地整合观测数据，减少不确定性；降阶建模则简化了复杂系统的计算，使得模拟更为高效。

第11章　总结与展望

本章对本书的研究内容与研究结果进行归纳与总结，针对研究中未解决的问题进行讨论，并对未来的研究工作进行了展望。

11.1　研究工作总结

本书围绕遥感图像高层任务的深度学习方法展开研究。首先，提出了数据增强的遥感图像分类模型，研究了可微分架构搜索方法在遥感图像分类中的应用，包含神经网络架构的搜索空间、搜索策略及评估方法；然后，为提高深度学习的训练效率，对卷积神经网络的并行性及可靠性进行了研究，使用形式化方法验证了通信协议的正确性；最后，利用深度学习擅长捕捉遥感图像中上下文信息的优势，提出了一个适用于遥感图像时间序列的预测模型。以下是对本书研究工作的一个总结：

(1) 提出了结合粗糙集和小波阈值的启发式图像去噪方法，利用非局部均值算法和知识约简技术实现了图像去噪，并达到了预期效果。发展了遥感图像区域分割方法，考虑了全局特征和不确定性特征，通过自适应分水岭分割和基于云模型的分割方法提高了区域分割的精度和稳定性。

(2) 针对遥感图像高层语义信息的自动提取，提出了一种基于卷积神经网络的 SAR 图像分类方法，使用 SAR 图像的空间信息、波段信息及角度信息进行分类，构造了并行的遥感图像分类模型 CFRG-CNN。在方案的构建中，提出了卷积神经网络的数据增强方法，该方法结合了恒虚警算法(CFAR)等方法。然后进一步构建了卷积神经网络模型，以进行遥感图像的高层特征提取。模型采用数据增强来减少过拟合，并使用反卷积法研究了神经网络的参数变化与特征提取过程。实验对比显示了本书所提模型的优势，对该模型稍做扩展，可将其用于其他 SAR 图像目标识别分类中。

(3) 研究了一种应用于遥感图像分类的可微分神经网络架构搜索方法。可微分神经网络架构搜索允许通过反向传播优化网络架构，结合了手动设计的架构和自动架构搜索方法的优势。研究超网中部分通道连接及边规范化策略，通过求解双层优化问题，共同优化混合操作的概率、架构超参数和网络权重，得到适用于遥感图像分类的网络架构。

(4) 提出了卷积神经网络中的张量切分方法，研究了分配在多个工作节点的张量在进行更新时的通信量化方法。为了描述多个工作节点间的并行通信，提出了通信协议验证方法。研究了种群协议模型，明确了种群协议模型到带标签迁移系统间的投影规则。通过投影规则，提出 Petri 网对状态之间的变迁进行图形化描述，以及用线性时序逻辑 LTL 表示配置约束的方法，并将其应用于多个工作节点间的并行通信的形式化描述中。提出了 LTL 表示的通信模型约束规则，通过 SPIN 形式化验证了对目标约束的满足程度。本书所提的并行方法在 CPU 机群上利用 MPI 实现高效通信，提出了通信协议的形式化验证机制，提升了 RCS 计算中并行矩量法的计算速度和可靠性。

(5) 利用储备池计算和时空变换理论，提出一种新颖的储备池计算方法。利用遥感图像的时间维度信息，研究了高维短时序列的预测方法。在非线性动力系统理论模型基础上，基于时空变换方程及其共轭方程构建了一个多层的储备池计算模型，能实现时间维度上的多步预测。该模型只需要输入少量的短期样本，就能够预测动态的时序信息。相较于传统的神经网络训练过程，该模型的训练成本低。与传统的储备池计算不同，多层的储备池计算模型将观测到的高维数据转换到储备池计算中，利用观测/目标系统的内在动力学方法对遥感时序数据进行分析。该模型仅需要少量的样本，通过学习时空变换方程，能有效地产生目标的预测结果。同时，深入研究了储备池网络中的关键参数优化方法，并结合集合卡尔曼滤波器改进了遥感混沌时间序列预测模型的性能。

11.2 进一步的工作

在将深度学习方法运用于遥感图像处理的初步研究中，本书取得了一些阶段性的成果，但是仍存在一些问题没有得到很好的解决，需要进一步深入研究。

(1) 同其他图像处理领域一样，深度学习技术在遥感图像分类上取得了显著的成效，工业化势头良好。使用卷积神经网络理论与技术来指导遥感图像的分类，取得了良好效果，达到了预期要求。但在理论上，深度学习方法仍存在局限性，深度学习框架的可解释性、学习机理还有待进一步研究；在应用上，设计出判别性能强、稳定、具有语义特征的方法，使计算机的视觉能力能接近甚至达到人类的视觉水平，仍是一项任重而道远的任务。

(2) 虽然神经架构搜索能够实现网络参数的自动设置，但是架构参数仍是人工手动设计，如块的个数、通道数，等等，因此，模型并不能算是完全的自动搜索，搜索出的架构也可能不是最优架构。另外，搜索阶段是在浅模型上训练参数，而评估阶段是在深模型上训练参数，在搜索阶段得到的模型不一定是在评估阶段的最佳模型。粗糙解耦不可避免地导致了搜索和评估阶段的网络架构性能之间的差距，研究更好的方法以弥补浅模型搜索与深模型评估间的鸿沟仍是一项具有挑战性的任务。

(3) 加入并行化机制的目的是加速神经网络的训练过程，目前的研究工作仍然主要集中在单个设备或芯片的算法并行上。用软件手段实现深度学习加速可以在计算量稠密的任务中实现贴近设备的理论性能。然而，在多设备、多节点层面上的分布式框架并行方面，研究工作较少，算法性能的提升空间较大，这将成为下一步研究工作的重点。

(4) 对高维短时序列的研究虽取得了一些进展，但仍有如下需要改进的地方：一是在含有强噪声的情况下，本书所提方法不能实现准确预测；二是本书所提方法仅实现了部分RC中的参数的自学习调优。因此，未来我们希望在这些方面进行更深入的研究。

参考文献

[1] CHANG S G, YU B, VETTERLI M. Adaptive wavelet thresholding for image denoising and compression[J]. IEEE Transactions on Image Processing, 2000, 9(9): 1532-1546.

[2] ZHANG M, GUNTURK B K. Multiresolution bilateral filtering for image denoising[J]. IEEE Transactions on Image Processing: a Publication of the IEEE Signal Processing Society, 2008, 17(12): 2324-2333.

[3] BUADES A, COLL B, MOREL J M. Non-local means denoising[J]. Image Processing On Line, 2011, 1: 208-212.

[4] GOLDSTEIN T, OSHER S. The split bregman method for L1-regularized problems[J]. SIAM Journal on Imaging Sciences, 2009, 2(2): 323-343.

[5] SONG L, PETERS D K, HUANG W M, et al. Ship-iceberg discrimination from Sentinel-1 synthetic aperture radar data using parallel convolutional neural network[J]. Concurrency and Computation: Practice and Experience, 2021, 33(17):e6297.

[6] ANGLUIN D, ASPNES J, DIAMADI Z, et al. Computation in networks of passively mobile finite-state sensors[J]. Distributed Computing, 2006, 18(4): 235-253.

[7] ALISTARH D, ASPNES J, EISENSTAT D, et al. Time-space trade-offs in population protocols[C]//Proceedings of the Twenty-Eighth Annual ACM-SIAM Symposium on Discrete Algorithms. Philadelphia, PA: Society for Industrial and Applied Mathematics, 2017: 2560-2579.

[8] ASPNES J, RUPPERT E. An introduction to population protocols[M]// GARBINATO B, MIRANDA H, RODRIGUES L. Middleware for Network Eccentric and Mobile Applications. Berlin, Heidelberg: Springer, 2009: 97-120.

[9] PANG J, LUO Z Q, DENG Y X. On automatic verification of self-stabilizing population protocols[J]. Frontiers of Computer Science in China, 2008, 2(4): 357-367.

[10] JIANG H. Distributed systems of simple interacting agents[M]. Connecticut: Yale University, 2007.

[11] CHEN M, WU J J, LIU L Z, et al. DR-net: An improved network for building extraction from high resolution remote sensing image[J]. Remote Sensing, 2021, 13(2): 294.

[12] LI M, ZANG S Y, ZHANG B, et al. A review of remote sensing image classification techniques: The role of spatio-contextual information[J]. European Journal of Remote Sensing, 2014, 47(1): 389-411.

[13] ZHU Q Q, SUN X L, ZHONG Y F, et al. High-resolution remote sensing image scene understanding: A review [C]//IGARSS 2019-2019 IEEE International Geoscience and Remote Sensing Symposium. Yokohama, Japan. IEEE, 2019: 3061-3064.

[14] TOTH C, JÓŹKÓW G. Remote sensing platforms and sensors: A survey[J]. ISPRS Journal of Photogrammetry and Remote Sensing, 2016, 115: 22-36.

[15] GÓMEZ-CHOVA L, TUIA D, MOSER G, et al. Multimodal classification of remote sensing images: A review and future directions[J]. Proceedings of the IEEE, 2015, 103(9): 1560-1584.

[16] SELLAMI A, FARAH M. Comparative study of dimensionality reduction methods for remote sensing images interpretation[C]//2018 4th International Conference on Advanced Technologies for Signal and Image Processing (ATSIP). Sousse, Tunisia. IEEE, 2018: 1-6.

[17] GOYAL B, DOGRA A, AGRAWAL S, et al. Image denoising review: From classical to state-of-the-art approaches[J]. Information Fusion, 2020, 55: 220-244.

[18] CHENG G, XIE X X, HAN J W, et al. Remote sensing image scene classification meets deep learning: Challenges, methods, benchmarks, and opportunities[J]. IEEE Journal of Selected Topics in Applied Earth Observations and Remote Sensing, 2020, 13: 3735-3756.

[19] 涂序彦，韩力群，王洪泊. 广义人工生命[M]. 北京：科学出版社，2011.

[20] SCHMIDHUBER J. Deep learning in neural networks: An overview[J]. Neural Networks, 2015, 61: 85-117.

[21] DENG L, HINTON G, KINGSBURY B. New types of deep neural network learning for speech recognition and related applications: An overview[C]//2013 IEEE International Conference on Acoustics, Speech and Signal Processing.

Vancouver, BC, Canada. IEEE, 2013: 8599-8603.

[22] DENG J, DONG W, SOCHER R, et al. ImageNet: A large-scale hierarchical image database[C]//2009 IEEE Conference on Computer Vision and Pattern Recognition. Miami, FL, USA. IEEE, 2009: 248-255.

[23] COLLOBERT R, WESTON J, BOTTOU L, et al. Natural language processing (almost) from scratch[J]. Journal of Machine Learning Research, 2011, 12: 2493-2537.

[24] DEAN J, CORRADO G S, MONGA R, et al. Large scale distributed deep networks[J]. Advances in Neural Information Processing Systems, 2012, 2: 1223-1231.

[25] PATHAK J, LU Z X, HUNT B R, et al. Using machine learning to replicate chaotic attractors and calculate Lyapunov exponents from data[J]. Chaos, 2017, 27(12): 121102.

[26] DABOV K, FOI A, KATKOVNIK V, et al. Image denoising by sparse 3-D transform-domain collaborative filtering [J]. IEEE Transactions on Image Processing, 2007, 16(8): 2080-2095.

[27] REDDY P L, PAWAR S. Multispectral image denoising methods: A literature review[J]. Materials Today: Proceedings, 2020, 33: 4666-4670.

[28] XU P, CHEN B Q, ZHANG J C, et al. A new HSI denoising method via interpolated block matching 3D and guided filter[J]. PeerJ, 2021, 9: e11642.

[29] SHAHDOOSTI H R, RAHEMI Z. Edge-preserving image denoising using a deep convolutional neural network[J]. Signal Processing, 2019, 159: 20-32.

[30] YAN C G, LI Z S, ZHANG Y B, et al. Depth image denoising using nuclear norm and learning graph model [J]. ACM Transactions on Multimedia Computing, Communications, and Applications (TOMM), 2020, 16(4): 1-17.

[31] AL-AMRI S S, KALYANKAR N V, D K S. Image Segmentation by Using Threshold Techniques[J]. Computer Vision and Pattern Recognition Journal of Computing, 2010, 2(5).

[32] ABUTALEB A S. Automatic thresholding of gray-level pictures using two-dimensional entropy[J]. Computer Vision, Graphics, and Image Processing, 1989, 47(1): 22-32.

[33] ABDEL-KHALEK S, BEN ISHAK A, OMER O A, et al. A two-dimensional image segmentation method based on genetic algorithm and entropy[J]. Optik, 2017, 131: 414-422.

[34] 艾加秋，齐向阳，禹卫东. 改进的 SAR 图像双参数 CFAR 舰船检测算法[J]. 电子与信息学报，2009，31(12)：2881-2885.

[35] 刘建华，毛政元. 高空间分辨率遥感影像分割方法研究综述[J]. 遥感信息，2009，24(6)：95-101.

[36] 刘永学，李满春，毛亮. 基于边界的多光谱遥感图像分割方法[J]. 遥感学报，2006，10(3)：350-356.

[37] SMITH S M，BRADY J M. SUSAN—a new approach to low level image processing[J]. International Journal of Computer Vision，1997，23(1)：45-78.

[38] 陈秋晓，陈述彭，周成虎. 基于局域同质性梯度的遥感图像分割方法及其评价[J]. 遥感学报，2006，10(3)：357-365.

[39] 哈斯巴干，马建文，李启青，等. 模糊 c-均值算法改进及其对卫星遥感数据聚类的对比[J]. 计算机工程，2004，30(11)：14-15，91.

[40] DU G Y，MIAO F，TIAN S L，et al. Remote sensing image sequence segmentation based on the modified fuzzy C-means[J]. Journal of Software，2010，5(1)：28-35.

[41] REN，MALIK. Learning a classification model for segmentation [C]//Proceedings Ninth IEEE International Conference on Computer Vision. Nice，France. IEEE，2003：10-17.

[42] ACHANTA R，SHAJI A，SMITH K，et al. SLIC superpixels compared to state-of-the-art superpixel methods[J]. IEEE Transactions on Pattern Analysis and Machine Intelligence，2012，34(11)：2274-2282.

[43] SUBUDHI S，PATRO R N，BISWAL P K，et al. A survey on superpixel segmentation as a preprocessing step in hyperspectral image analysis[J]. IEEE Journal of Selected Topics in Applied Earth Observations and Remote Sensing，2021，14：5015-5035.

[44] YANG F T，SUN Q，JIN H L，et al. Superpixel segmentation with fully convolutional networks[C]//2020 IEEE/CVF Conference on Computer Vision and Pattern Recognition (CVPR). Seattle，WA，USA. IEEE，2020：13961-13970.

[45] BOSER B E，GUYON I M，VAPNIK V N. A training algorithm for optimal margin classifiers [C]//Proceedings of the fifth annual workshop on Computational learning theory. Pittsburgh Pennsylvania USA. ACM，1992：144-152.

[46] SCHÖLKOPF B，SMOLA A J. Learning with kernels[M]. Berlin，Germany：

GMD-Forschungszentrum Informationstechnik, 1998.

[47] LI J, DING L X, XING Y. Differential evolution based parameters selection for support vector machine [C]//2013 Ninth International Conference on Computational Intelligence and Security. Emeishan, China. IEEE, 2013: 284-288.

[48] MOUSTAKIDIS S, MALLINIS G, KOUTSIAS N, et al. SVM-based fuzzy decision trees for classification of high spatial resolution remote sensing images [J]. IEEE Transactions on Geoscience and Remote Sensing, 2012, 50(1): 149-169.

[49] WANG Q, LIN J Z, YUAN Y. Salient band selection for hyperspectral image classification via manifold ranking[J]. IEEE Transactions on Neural Networks and Learning Systems, 2016, 27(6): 1279-1289.

[50] LI C H, KUO B C, LIN C T, et al. A spatial-contextual support vector machine for remotely sensed image classification[J]. IEEE Transactions on Geoscience and Remote Sensing, 2012, 50(3): 784-799.

[51] NOGUEIRA K, PENATTI O A B, DOS SANTOS J A. Towards better exploiting convolutional neural networks for remote sensing scene classification [J]. Pattern Recognition, 2017, 61: 539-556.

[52] WANG M W, WAN Y C, YE Z W, et al. Remote sensing image classification based on the optimal support vector machine and modified binary coded ant colony optimization algorithm[J]. Information Sciences, 2017, 402: 50-68.

[53] HE J R, DING L X, JIANG L, et al. Kernel ridge regression classification[C]// 2014 International Joint Conference on Neural Networks (IJCNN). Beijing, China. IEEE, 2014: 2263-2267.

[54] JI S P, WEI S Q, LU M. Fully convolutional networks for multisource building extraction from an open aerial and satellite imagery data set [J]. IEEE Transactions on Geoscience and Remote Sensing, 2019, 57(1): 574-586.

[55] LUO S, LI H F, SHEN H F. Deeply supervised convolutional neural network for shadow detection based on a novel aerial shadow imagery dataset[J]. ISPRS Journal of Photogrammetry and Remote Sensing, 2020, 167: 443-457.

[56] TARVAINEN A, VALPOLA H. Mean teachers are better role models: Weight-averaged consistency targets improve semi-supervised deep learning results[J]. Advances in neural information processing systems, 2017, 30.

[57] YUN S, HAN D, CHUN S, et al. CutMix: regularization strategy to train

strong classifiers with localizable features[C]//2019 IEEE/CVF International Conference on Computer Vision (ICCV). Seoul, Korea (South). IEEE, 2019: 6022-6031.

[58] OLSSON V, TRANHEDEN W, PINTO J, et al. ClassMix: segmentation-based data augmentation for semi-supervised learning [C]//2021 IEEE Winter Conference on Applications of Computer Vision (WACV). Waikoloa, HI, USA. IEEE, 2021: 1368-1377.

[59] HE Y J, WANG J F, LIAO C H, et al. ClassHyPer: ClassMix-based hybrid perturbations for deep semi-supervised semantic segmentation of remote sensing imagery[J]. Remote Sensing, 2022, 14(4): 879.

[60] GOODFELLOW I, POUGET-ABADIE J, MIRZA M, et al. Generative adversarial networks[J]. Communications of the ACM, 2020, 63(11): 139-144.

[61] RADFORD A. Unsupervised representation learning with deep convolutional generative adversarial networks[J]. arXiv preprint arXiv:1511.06434, 2015.

[62] ZHANG H, XU T, LI H S, et al. StackGAN: text to photo-realistic image synthesis with stacked generative adversarial networks [C]//2017 IEEE International Conference on Computer Vision (ICCV). Venice, Italy. IEEE, 2017: 5908-5916.

[63] LI Y, ZHANG H K, XUE X Z, et al. Deep learning for remote sensing image classification: A survey[J]. WIREs Data Mining and Knowledge Discovery, 2018, 8(6): 1-17.

[64] 徐从安，吕亚飞，张筱晗，等. 基于双重注意力机制的遥感图像场景分类特征表示方法[J]. 电子与信息学报，2021，43(3)：683-691.

[65] ZOPH B. Neural architecture search with reinforcement learning[J]. arXiv preprint arXiv:1611.01578, 2016.

[66] REALE, MOORE S, SELLE A, et al. Large-scale evolution of image classifiers [C]//International conference on machine learning. PMLR, 2017: 2902-2911.

[67] ZOPH B, VASUDEVAN V, SHLENS J, et al. Learning transferable architectures for scalable image recognition[C]//2018 IEEE/CVF Conference on Computer Vision and Pattern Recognition. Salt Lake City, UT, USA. IEEE, 2018: 8697-8710.

[68] REAL E, AGGARWAL A, HUANG Y P, et al. Regularized evolution for image classifier architecture search [J]. Proceedings of the AAAI Conference on Artificial Intelligence, 2019, 33(1): 4780-4789.

[69] PHAM H, GUAN M Y, ZOPH B, et al. Efficient neural architecture search via parameters sharing[C]//International conference on machine learning. PMLR, 2018: 4095-4104.

[70] LIU H X, SIMONYAN K, YANG Y M. Darts: Differentiable architecture search[J]. arXiv preprint arXiv:1806.09055, 2018.

[71] FINN C, ABBEEL P, LEVINE S. Model-agnostic meta-learning for fast adaptation of deep networks[C]//International conference on machine learning. PMLR, 2017: 1126-1135.

[72] XU Y H, XIE L X, ZHANG X P, et al. Pc-darts: Partial channel connections for memory-efficient architecture search [J]. arXiv preprint arXiv: 1907.05737, 2019.

[73] YANG L X, HU Y, Lu S, et al. DDSAS: Dynamic and Differentiable Space-Architecture Search[C]//Asian Conference on Machine Learning. PMLR, 2021: 284-299.

[74] MORENO-ALVAREZ S, HAUT J M, PAOLETTI M E, et al. Heterogeneous model parallelism for deep neural networks[J]. Neurocomputing, 2021, 441: 1-12.

[75] GONZÁLEZ G, EVANS C L. Biomedical image processing with containers and deep learning: An automated analysis pipeline[J]. BioEssays, 2019, 41(6): 1-10.

[76] RYBALKIN V, NEY J, TEKLEYOHANNES M, et al. When massive GPU parallelism ain't enough: A novel hardware architecture of 2D-LSTM neural network[J]. ACM Trans Reconfigurable Technol Syst, 2022, 15: 2: 1-2: 35.

[77] TANG F X, ZHANG W C, TIAN X G, et al. Optimization of convolution neural network algorithm based on FPGA[C]//BI Y, CHEN G, DENG Q, et al. National Conference on Embedded System Technology. Singapore: Springer, 2018: 131-140.

[78] OYAMA Y, NOMURA A, SATO I, et al. Predicting statistics of asynchronous SGD parameters for a large-scale distributed deep learning system on GPU supercomputers[C]//2016 IEEE International Conference on Big Data (Big Data). Washington, DC, USA. IEEE, 2016: 66-75.

[79] KIM S, YU G I, PARK H, et al. Parallax: sparsity-aware data parallel training of deep neural networks[C]//Proceedings of the Fourteenth EuroSys Conference 2019. Dresden Germany. ACM, 2019: 1-15.

[80] ASPRI M, TSAGKATAKIS G, TSAKALIDES P. Distributed training and inference of deep learning models for multi-modal land cover classification[J]. Remote Sensing, 2020, 12(17): 2670.

[81] LIU N, GUO B, LI X J, et al. Gradient clustering algorithm based on deep learning aerial image detection[J]. Pattern Recognition Letters, 2021, 141: 37-44.

[82] SEIDE F, FU H, DROPPO J, et al. 1-bit stochastic gradient descent and its application to data-parallel distributed training of speech DNNs[C]//Interspeech 2014. ISCA: ISCA, 2014: 1058-1062.

[83] CHEN K, HUO Q. Scalable training of deep learning machines by incremental block training with intra-block parallel optimization and blockwise model-update filtering[C]//2016 IEEE International Conference on Acoustics, Speech and Signal Processing (ICASSP). Shanghai, China. IEEE, 2016: 5880-5884.

[84] CHEN C F R, LEE G G C, XIA Y L, et al. Efficient multi-training framework of image deep learning on GPU cluster[C]//2015 IEEE International Symposium on Multimedia (ISM). Miami, FL, USA. IEEE, 2015: 489-494.

[85] ZHU W T, ZHAO C, LI W Q, et al. LAMP: large deep nets with automated model parallelism for image segmentation[C]//International Conference on Medical Image Computing and Computer-Assisted Intervention. Cham: Springer, 2020: 374-384.

[86] LENG J B, LI T, BAI G, et al. Cube-CNN-SVM: A novel hyperspectral image classification method[C]//2016 IEEE 28th International Conference on Tools with Artificial Intelligence (ICTAI). San Jose, CA, USA. IEEE, 2016: 1027-1034.

[87] LU Y, XIE K P, XU G B, et al. MTFC: A multi-GPU training framework for cube-CNN-based hyperspectral image classification[J]. IEEE Transactions on Emerging Topics in Computing, 2021, 9(4): 1738-1752.

[88] BEN-NUN T, HOEFLER T. Demystifying parallel and distributed deep learning [J]. ACM Computing Surveys, 2020, 52(4): 1-43.

[89] CHEW A W Z, JI A K, ZHANG L M. Large-scale 3D point-cloud semantic segmentation of urban and rural scenes using data volume decomposition coupled with pipeline parallelism[J]. Automation in Construction, 2022, 133: 103995.

[90] NARAYANAN D, HARLAP A, PHANISHAYEE A, et al. PipeDream: generalized pipeline parallelism for DNN training[C]//Proceedings of the 27th

ACM Symposium on Operating Systems Principles. Huntsville Ontario Canada. ACM, 2019: 1-15.

[91] HUANG Y P, CHENG Y L, BAPNA A, et al. Gpipe: Efficient training of giant neural networks using pipeline parallelism[J]. Advances in neural information processing systems, 2019, 32.

[92] MORENO-ÁLVAREZ S, HAUT J M, PAOLETTI M E, et al. Training deep neural networks: A static load balancing approach [J]. The Journal of Supercomputing, 2020, 76(12): 9739-9754.

[93] GOEL A, TUNG C, HU X, et al. Efficient computer vision on edge devices with pipeline-parallel hierarchical neural networks[C]//2022 27th Asia and South Pacific Design Automation Conference (ASP-DAC). Taipei, China. IEEE, 2022: 532-537.

[94] WU H, PRASAD S. Convolutional recurrent neural networks forHyperspectral data classification[J]. Remote Sensing, 2017, 9(3): 298.

[95] ULLAH F, NAEEM M R, NAEEM H, et al. CroLSSim: Cross-language software similarity detector using hybrid approach of LSA-based AST-MDrep features and CNN-LSTM model[J]. International Journal of Intelligent Systems, 2022, 37(9): 5768-5795.

[96] WANG L, ZOU H F, SU J, et al. An ARIMA-ANN hybrid model for time series forecasting[J]. Systems Research and Behavioral Science, 2013, 30(3): 244-259.

[97] CHATTOPADHYAY S, CHATTOPADHYAY G. Univariate modelling of summer-monsoon rainfall time series: Comparison between ARIMA and ARNN [J]. Comptes Rendus Géoscience, 2010, 342(2): 100-107.

[98] ÖMER FARUK D. A hybrid neural network and ARIMA model for water quality time series prediction[J]. Engineering Applications of Artificial Intelligence, 2010, 23(4): 586-594.

[99] NAKAJIMA K. Reservoir computing: Theory, physical implementations, and applications[J]. IEICE Technical Report; IEICE Tech. Rep., 2018, 118(220): 149-154.

[100] TANAKA G, YAMANE T, HÉROUX J B, et al. Recent advances in physical reservoir computing: A review[J]. Neural Networks, 2019, 115: 100-123.

[101] MA H F, LENG S Y, AIHARA K, et al. Randomly distributed embedding making short-term high-dimensional data predictable[J]. Proceedings of the

National Academy of Sciences of the United States of America, 2018, 115(43): E9994-E10002.

[102] CHEN P, LIU R, AIHARA K, et al. Autoreservoir computing for multistep ahead prediction based on the spatiotemporal information transformation[J]. Nature Communications, 2020, 11: 4568.

[103] 顾煜洁. 遥感图像特征提取与匹配关键技术研究[D]. 南京：南京理工大学，2017.

[104] 郝胜勇,邹同元,宋晨曦,等. 国外遥感卫星应用产业发展现状及趋势[J]. 卫星应用,2013,(01):44-49.

[105] 李树涛,李聪妤,康旭东. 多源遥感图像融合发展现状与未来展望[J]. 遥感学报,2021,25(01):148-166.

[106] KHOSRAVI M R, AKBARZADEH O, SALARI S R, et al. An introduction to ENVI tools for Synthetic Aperture Radar (SAR) image despeckling and quantitative comparison of denoising filters[C]//2017 IEEE International Conference on Power, Control, Signals and Instrumentation Engineering (ICPCSI). Chennai, India. IEEE, 2017: 212-215.

[107] 张云鑫. SAR 图像特征数据提取与 SAR 图像分割研究[D]. 成都：电子科技大学，2012.

[108] IAN G C, FRANK H W. 合成孔径雷达成像算法与实现[M]. 洪文，胡东辉，等译. 北京：电子工业出版社，2019.

[109] QU G H, ZHANG D L, YAN P F. Information measure for performance of image fusion[J]. Electronics Letters, 2002, 38(7): 313.

[110] LI J J, ZHANG J C, YANG C, et al. Comparative analysis of pixel-level fusion algorithms and a new high-resolution dataset for SAR and optical image fusion [J]. Remote Sensing, 2023, 15(23): 5514.

[111] 高贵,周蝶飞,蒋咏梅,等. SAR 图像目标检测研究综述[J]. 信号处理,2008,24(06):971-981.

[112] 高贵. SAR 图像统计建模：模型及应用[M]. 北京：国防工业出版社，2013.

[113] 张建,邱杰,张芳. 机载脉冲多普勒雷达海杂波仿真及加速[J]. 海军航空工程学院学报,2006,(03):342-346.

[114] 胡文琳，王永良，王首勇. Log-normal 分布杂波背景下有序统计恒虚警检测器性能分析[J]. 电子与信息学报，2007，29(3)：517-520.

[115] AI J Q, YANG X Z, ZHOU F, et al. A correlation-based joint CFAR detector using adaptively-truncated statistics in SAR imagery[J]. Sensors, 2017, 17(4): 686.

[116] AI J Q, QI X Y, YU W D, et al. A new CFAR ship detection algorithm based on 2-D joint log-normal distribution in SAR images[J]. IEEE Geoscience and Remote Sensing Letters, 2010, 7(4): 806-810.

[117] WANG C C, LIAO M S, LI X F. Ship detection in SAR image based on the alpha-stable distribution[J]. Sensors, 2008, 8(8): 4948-4960.

[118] JAKEMAN E, PUSEY P. A model for non-Rayleigh sea echo[J]. IEEE Transactions on Antennas and Propagation, 1976, 24(6): 806-814.

[119] 胡文琳，王永良，王首勇. 基于矩方法的K分布杂波参数估计研究[J]. 雷达科学与技术，2007，5(3)：194-198.

[120] BLACKNELL D, TOUGH R J A. Parameter estimation for the K-distribution based on[z log(z)[J]. IEE Proceedings-Radar, Sonar and Navigation, 2001, 148(6): 309.

[121] 李永晨，刘浏. SAR图像统计模型综述[J]. 计算机工程与应用，2013，49(13)：180-186，227.

[122] ISKANDER D R, ZOUBIR A M. Estimation of the parameters of the K-distribution using higher order and fractional moments[radar clutter[J]. IEEE Transactions on Aerospace and Electronic Systems, 1999, 35(4): 1453-1457.

[123] ROBERTS W J J, FURUI S. Maximum likelihood estimation of K-distribution parameters via the expectation-maximization algorithm[J]. IEEE Transactions on Signal Processing, 2000, 48(12): 3303-3306.

[124] YU H, SHUI P L, LU K. Outlier-robust tri-percentile parameter estimation of K-distributions[J]. Signal Processing, 2021, 181: 107906.

[125] CHEN C, LI W, TRAMEL E W, et al. Reconstruction of hyperspectral imagery from random projections using multihypothesis prediction[J]. IEEE Transactions on Geoscience and Remote Sensing, 2014, 52(1): 365-374.

[126] SRINIVAS U, CHEN Y, MONGA V, et al. Exploiting sparsity in hyperspectral image classification via graphical models[J]. IEEE Geoscience and Remote Sensing Letters, 2013, 10(3): 505-509.

[127] WEI Q, BIOUCAS-DIAS J, DOBIGEON N, et al. Hyperspectral and multispectral image fusion based on a sparse representation[J]. IEEE Transactions on Geoscience and Remote Sensing, 2015, 53(7): 3658-3668.

[128] KETTIG R L, LANDGREBE D A. Classification of multispectral image data by extraction and classification of homogeneous objects[J]. IEEE Transactions on Geoscience Electronics, 1976, 14(1): 19-26.

[129] 姜枫，顾庆，郝慧珍，等. 基于内容的图像分割方法综述[J]. 软件学报，2017，28(1)：160-183.

[130] ZAHN C T. Graph-theoretical methods for detecting and describing gestalt clusters[J]. IEEE Transactions on Computers，1971，C-20(1)：68-86.

[131] FELZENSZWALB P F，HUTTENLOCHER D P. Efficient graph-based image segmentation[J]. International Journal of Computer Vision，2004，59(2)：167-181.

[132] WU Z，LEAHY R. An optimal graph theoretic approach to data clustering：Theory and its application to image segmentation[J]. IEEE Transactions on Pattern Analysis and Machine Intelligence，1993，15(11)：1101-1113.

[133] 刘松涛，殷福亮. 基于图割的图像分割方法及其新进展[J]. 自动化学报，2012，38(6)：911-922.

[134] SHI J B，MALIK J. Normalized cuts and image segmentation[J]. IEEE Transactions on Pattern Analysis and Machine Intelligence，2000，22(8)：888-905.

[135] LI Z Q，CHEN J S. Superpixel segmentation using Linear Spectral Clustering[C]//2015 IEEE Conference on Computer Vision and Pattern Recognition (CVPR). Boston，MA. IEEE，2015：1356-1363.

[136] BEN SALAH M，MITICHE A，BEN AYED I. A continuous labeling for multiphase graph cut image partitioning[M]//Lecture Notes in Computer Science. Berlin，Heidelberg：Springer Berlin Heidelberg，2008：268-277.

[137] BEN SALAH M，MITICHE A，BEN AYED I. Multiregion image segmentation by parametric kernel graph cuts[J]. IEEE Transactions on Image Processing：a Publication of the IEEE Signal Processing Society，2011，20(2)：545-557.

[138] CHAUDHURI B，DEMIR B，BRUZZONE L，et al. Region-based retrieval of remote sensing images using an unsupervised graph-theoretic approach[J]. IEEE Geoscience and Remote Sensing Letters，2016，13(7)：987-991.

[139] 李德毅，杜鹢. 不确定性人工智能[M]. 2版. 北京：国防工业出版社，2014.

[140] 许凯，秦昆，刘修国，等. 高斯混合模型云变换算法及其在图像分割中的应用[J]. 武汉大学学报(信息科学版)，2013，38(10)：1163-1166.

[141] 宋岚，堂柳，黎海生，等. 基于云模型、图论和互信息的遥感影像分割方法[J]. 电子学报，2015，43(8)：1518-1525.

[142] 傅鹏，孙权森，纪则轩. 基于光谱-空间信息的高光谱遥感图像混合噪声评估[J]. 红外与毫米波学报，2015，34(2)：236-242.

[143] DONOHO D L, JOHNSTONE I M. Ideal spatial adaptation by wavelet shrinkage[J]. Biometrika, 1994, 81(3): 425-455.

[144] DONOHO D L. De-noising by soft-thresholding[J]. IEEE Transactions on Information Theory, 1995, 41(3): 613-627.

[145] LENG K Q. An improved non-local means algorithm for image denoising[C]// 2017 IEEE 2nd International Conference on Signal and Image Processing (ICSIP). Singapore. IEEE, 2017: 149-153.

[146] BUADES A, COLL B, MOREL J M. A non-local algorithm for image denoising [C]//2005 IEEE Computer Society Conference on Computer Vision and Pattern Recognition (CVPR'05). San Diego, CA, USA. IEEE, 2005: 60-65.

[147] LIU G C, ZHONG H. Nonlocal means filter for polarimetric SAR data despeckling based on discriminative similarity measure[J]. IEEE Geoscience and Remote Sensing Letters, 2014, 11(2): 514-518.

[148] ZHONG H, ZHANG J J, LIU G C. Robust polarimetric SAR despeckling based on nonlocal means and distributed lee filter[J]. IEEE Transactions on Geoscience and Remote Sensing, 2014, 52(7): 4198-4210.

[149] XU F, BAI X, ZHOU J. Non-local similarity based tensor decomposition for hyperspectral image denoising[C]//2017 IEEE International Conference on Image Processing (ICIP). Beijing, China. IEEE, 2017: 1890-1894.

[150] 徐伟华，张晓燕. 序信息系统中基于粗糙熵的不确定性度量[J]. 工程数学学报，2009，26(2)：283-289.

[151] LV J N, SHEN Q, LV M Z, et al. Deep learning-based semantic segmentation of remote sensing images: A review[J]. Frontiers in Ecology and Evolution, 2023, 11: 1201125.

[152] 周四龙. 基于图论的遥感图像分割算法研究[D]. 合肥：安徽大学，2010.

[153] 刘帅奇. 基于多尺度几何变换的遥感图像处理算法研究[D]. 北京：北京交通大学，2013.

[154] VINCENT L, SOILLE P. Watersheds in digital spaces: An efficient algorithm based on immersion simulations[J]. IEEE Transactions on Pattern Analysis and Machine Intelligence, 1991, 13(6): 583-598.

[155] LI G, WAN Y C. Adaptive watershed segmentation of remote sensing image based on wavelet transform and fractal dimension[C]//JIANG L. Proceedings of the 2011, International Conference on Informatics, Cybernetics, and Computer Engineering (ICCE2011) November 19-20, 2011, Melbourne,

Australia. Berlin, Heidelberg: Springer, 2011: 57-67.

[156] CHANG S K. Visual languages: A tutorial and survey[M]//Lecture Notes in Computer Science. Berlin, Heidelberg: Springer Berlin Heidelberg, 1987: 1-23.

[157] SUN W, XU G, GONG P, et al. Fractal analysis of remotely sensed images: A review of methods and applications [J]. International Journal of Remote Sensing, 2006, 27(22): 4963-4990.

[158] HARRIS C, STEPHENS M. A combined corner and edge detector[C]// Proceedings ofthe Alvey Vision Conference 1988. Manchester. Alvey Vision Club, 1998, 6(1):121-128.

[159] MIKOLAJCZYK K, SCHMID C. Performance evaluation of local descriptors [J]. IEEE Transactions on Pattern Analysis and Machine Intelligence, 2005, 27 (10): 1615-1630.

[160] 蒋嵘，李德毅，范建华. 数值型数据的泛概念树的自动生成方法[J]. 计算机学报，2000, 23(5): 470-476.

[161] 马建华，陈武凡，黄静，等. 基于最大互信息量熵差分割的 CT 金属伪影消除[J]. 电子学报，2009, 37(8): 1779-1783.

[162] BAATZ M. Multiresolution segmentation: an optimization approach for high quality multi-scale image segmentation [J]. Angewandte geographische informationsverarbeitung, 2000: 12-23.

[163] MURTAGH F. A survey of recent advances in hierarchical clustering algorithms[J]. The Computer Journal, 1983, 26(4): 354-359.

[164] PAVAN M, PELILLO M. A new graph-theoretic approach to clustering and segmentation[C]//2003 IEEE Computer Society Conference on Computer Vision and Pattern Recognition, 2003. Proceedings. IEEE, 2003, 1: I-I.

[165] KIRKPATRICK S, GELATT C D Jr, VECCHI M P. Optimization by simulated annealing[J]. Science, 1983, 220(4598): 671-680.

[166] 王一达，沈熙玲，谢炯. 遥感图像分类方法综述[J]. 遥感信息，2006, 21(5): 67-71.

[167] AHN J, KO E, KIM E Y. Highway traffic flow prediction using support vector regression and Bayesian classifier[C]//2016 International Conference on Big Data and Smart Computing (BigComp). Hong Kong, China. IEEE, 2016: 239-244.

[168] WAN E A. Neural network classification: A Bayesian interpretation[J]. IEEE Transactions on Neural Networks, 1990, 1(4): 303-305.

[169] PAL M. Random forest classifier for remote sensing classification [J]. International Journal of Remote Sensing, 2005, 26(1): 217-222.

[170] SI S, ZHANG H, KEERTHI S S, et al. Gradient boosted decision trees for high dimensional sparse output [C]//International conference on machine learning. PMLR, 2017: 3182-3190.

[171] FRIEDL M A, BRODLEY C E. Decision tree classification of land cover from remotely sensed data [J]. Remote Sensing of Environment, 1997, 61(3): 399-409.

[172] JOACHIMS T. Text categorization with Support Vector Machines: Learning with many relevant features[M]//Lecture Notes in Computer Science. Berlin, Heidelberg: Springer Berlin Heidelberg, 1998: 137-142.

[173] HSU C W, LIN C J. A comparison of methods for multiclass support vector machines[J]. IEEE Transactions on Neural Networks, 2002, 13(2): 415-425.

[174] COVER T, HART P. Nearest neighbor pattern classification [J]. IEEE Transactions on Information Theory, 1967, 13(1): 21-27.

[175] POWER D, YOUDEN J, LANE K, et al. Iceberg detection capabilities of RADARSAT synthetic aperture radar[J]. Canadian Journal of Remote Sensing, 2001, 27(5): 476-486.

[176] MÄKYNEN M, KARVONEN J. Incidence angle dependence of first-year sea ice backscattering coefficient in sentinel-1 SAR imagery over the kara sea[J]. IEEE Transactions on Geoscience and Remote Sensing, 2017, 55(11): 6170-6181.

[177] HUANG W M, YANG Z D, CHEN X W. Wave height estimation from X-band nautical radar images using temporal convolutional network[J]. IEEE Journal of Selected Topics in Applied Earth Observations and Remote Sensing, 2021, 14: 11395-11405.

[178] MA N N, ZHANG X Y, ZHENG H T, et al. ShuffleNet V2: practical guidelines for efficient CNN architecture design [M]//Lecture Notes in Computer Science. Cham: Springer International Publishing, 2018: 122-138.

[179] MOREIRA A, PRATS-IRAOLA P, YOUNIS M, et al. A tutorial on synthetic aperture radar[J]. IEEE Geoscience and Remote Sensing Magazine, 2013, 1(1): 6-43.

[180] GAO G, LIU L, ZHAO L J, et al. An adaptive and fast CFAR algorithm based

on automatic censoring for target detection in high-resolution SAR images[J]. IEEE Transactions on Geoscience and Remote Sensing, 2009, 47 (6): 1685-1697.

[181] ZEILER M D, TAYLOR G W, FERGUS R. Adaptive deconvolutional networks for mid and high level feature learning [C]//2011 International Conference on Computer Vision. Barcelona, Spain. IEEE, 2011: 2018-2025.

[182] WU L, CUI P, PEI J, et al. Graph neural networks: Foundation, frontiers and applications[C]. NETTO M A s, CALHEIROS R N, RODRIGUES E R, et al. HPC cloud for scientific and business applications: taxonomy, vision, and research challenges[J]. ACM Computing Surveys(CSUR), 2018, 51(1):1-29.

[183] ZHANG Y H, QIU Z F, LIU J G, et al. Customizable architecture search for semantic segmentation[C]//2019 IEEE/CVF Conference on Computer Vision and Pattern Recognition (CVPR). Long Beach, CA, USA. IEEE, 2019: 11633-11642.

[184] MIIKKULAINEN R, LIANG J, MEYERSON E, et al. Evolving deep neural networks[M]//Artificial intelligence in the age of neural networks and brain computing. Academic Press, 2024: 269-287.

[185] QIN X, WANG Z. Nasnet: A neuron attention stage-by-stage net for single image deraining[J]. arXiv preprint arXiv:1912.03151, 2019.

[186] ZHONG G, JIAO W, GAO W. Structure Learning of Deep Neural Networks with Q-Learning[J]. arXiv preprint arXiv:1810.13155, 2018.

[187] REN P Z, XIAO Y, CHANG X J, et al. A comprehensive survey of neural architecture search[J]. ACM Computing Surveys, 2022, 54(4): 1-34.

[188] ABADI M, BARHAM P, CHEN J M, et al. TensorFlow: A system for large-scale machine learning[J]. Proceedings of the 12th USENIX Symposium on Operating Systems Design and Implementation, OSDI 2016, 2016: 265-283.

[189] ABADI M, AGARWAL A, BARHAM P, et al. Tensorflow: Large-scale machine learning on heterogeneous distributed systems[J]. arXiv preprint arXiv:1603.04467, 2016.

[190] XIA X L, XU C, NAN B. Inception-v3 for flower classification[C]//2017 2nd International Conference on Image, Vision and Computing (ICIVC). Chengdu. IEEE, 2017: 783-787.

[191] WANG F Y, ZHANG J J, ZHENG X H, et al. Where does AlphaGo go: From church-turing thesis to AlphaGo thesis and beyond[J]. IEEE/CAA Journal of

Automatica Sinica, 2016, 3(2): 113-120.

[192] SILVER D, SCHRITTWIESER J, SIMONYAN K, et al. Mastering the game of Go without human knowledge[J]. Nature, 2017, 550: 354-359.

[193] DRYDEN N, MOON T, JACOBS S A, et al. Communication quantization for data-parallel training of deep neural networks[C]//2016 2nd Workshop on Machine Learning in HPC Environments (MLHPC). Salt Lake City, UT, USA. IEEE, 2016: 1-8.

[194] TZES A, KIM S, MCSHANE W R. Applications of Petri networks to transportation network modeling [J]. IEEE Transactions on Vehicular Technology, 1996, 45(2): 391-400.

[195] 原菊梅. 复杂系统可靠性 Petri 网建模及其智能分析方法[M]. 北京：国防工业出版社, 2011: 39-122.

[196] Holzmann G J. The SPIN model checker: primer and reference manual[M]. New Jersey: Addison-Wesley, 2003.

[197] HARRINGTON R. Origin and development of the method of moments for field computation[J]. IEEE Antennas and Propagation Magazine, 1990, 32(3): 31-35.

[198] MUR G. Absorbing boundary conditions for the finite-difference approximation of the time-domain electromagnetic-field equations[J]. IEEE Transactions on Electromagnetic Compatibility, 1981, EMC-23(4): 377-382.

[199] OSKOOI A F, ROUNDY D, IBANESCU M, et al. MEEP: A flexible free-software package for electromagnetic simulations by the FDTD method[J]. Computer Physics Communications, 2010, 181(3): 687-702.

[200] SURANA K S, REDDY J N. The Finite Element Method for Boundary Value Problems: Mathematics and Computations[M]. Boca Raton: CRC Press, 2017. CRC Press, 2016.

[201] WILTON D, RAO S, GLISSON A, et al. Potential integrals for uniform and linear source distributions on polygonal and polyhedral domains [J]. IEEE Transactions on Antennas and Propagation, 1984, 32(3): 276-281.

[202] RAO S, WILTON D, GLISSON A. Electromagnetic scattering by surfaces of arbitrary shape[J]. IEEE Transactions on Antennas and Propagation, 1982, 30(3): 409-418.

[203] MACKENZIE A I, RAO S M, BAGINSKI M E. Electromagnetic scattering from arbitrarily shaped dielectric bodies using paired pulse vector basis functions

and method of moments[J]. IEEE Transactions on Antennas and Propagation, 2009, 57(7): 2076-2083.

[204] YU C Q, HOU W G, GUO L, et al. Parallel virtual machine migration in WDM optical data center networks[J]. Optical Switching and Networking, 2016, 20: 46-54.

[205] YOU J, BHATTACHARYA P. A wavelet-based coarse-to-fine image matching scheme in a parallel virtual machine environment[J]. IEEE Transactions on Image Processing, 2000, 9(9): 1547-1559.

[206] QU J X, ZHANG G Y, FANG Z, et al. A parallel algorithm of string matching based on message passing interface for multicore processors[J]. International Journal of Hybrid Information Technology, 2016, 9(3): 31-38.

[207] VLACHAS P R, PATHAK J, HUNT B R, et al. Backpropagation algorithms and reservoir computing in recurrent neural networks for the forecasting of complex spatiotemporal dynamics[J]. Neural Networks, 2020, 126:191-217.

[208] 吴哲辉. Petri 网导论[M]. 北京：机械工业出版社，2006：10-30.

[209] Holzmann GJ. The spin model checker: Primer and reference manual[M]. New Jersey: Addison-Wesley. 2003:95-123.

[210] WISCOMBE W J. Improved Mie scattering algorithms[J]. Applied Optics, 1980, 19(9): 1505-1509.

[211] BIANCHI F M, SCARDAPANE S, LOKSE S, et al. Reservoir computing approaches for representation and classification of multivariate time series[J]. IEEE Transactions on Neural Networks and Learning Systems, 2021, 32(5): 2169-2179.

[212] LUKOŠEVIČIUS M, JAEGER H. Reservoir computing approaches to recurrent neural network training[J]. Computer Science Review, 2009, 3(3): 127-149.

[213] DEYLE E R, SUGIHARA G. Generalized theorems for nonlinear state space reconstruction[J]. PLoS One, 2011, 6(3): e18295.

[214] TAKENS F. Detecting strange attractors in turbulence[M]//Lecture Notes in Mathematics. Berlin, Heidelberg: Springer Berlin Heidelberg, 1981: 366-381.

[215] 张淑清，贾健，高敏，等. 混沌时间序列重构相空间参数选取研究[J]. 物理学报，2010，59(3)：1576-1582.

[216] 王安良，杨春信. 评价奇怪吸引子分形特征的 Grassberger-Procaccia 算法[J]. 物理学报，2002，51(12)：2719-2729.

[217] 韩敏，史志伟，郭伟. 储备池状态空间重构与混沌时间序列预测[J]. 物理学报，

2007, 56(1): 43-50.

[218] BANNARI A, ASALHI H, TEILLET P M. Transformed difference vegetation index (TDVI) for vegetation cover mapping[C]//IEEE International Geoscience and Remote Sensing Symposium. Toronto, ON, Canada. IEEE, 2002: 3053-3055.

[219] BUIZZA C, QUILODRÁN CASAS C, NADLER P, et al. Data learning: Integrating data assimilation and machine learning[J]. Journal of Computational Science, 2022, 58: 101525.

[220] YASUDA Y, ONISHI R. Spatio-temporal super-resolution data assimilation (SRDA) utilizing deep neural networks with domain generalization[J]. Journal of Advances in Modeling Earth Systems, 2023, 15(11): 1-21.

[221] CHATTOPADHYAY A, NABIZADEH E, BACH E, et al. Deep learning-enhanced ensemble-based data assimilation for high-dimensional nonlinear dynamical systems[J]. Journal of Computational Physics, 2023, 477: 111918.

[222] CATO A S, VOLPIANI P S, MONS V, et al. Comparison of different data-assimilation approaches to augment RANS turbulence models[J]. Computers & Fluids, 2023, 266: 106054.

[223] PENNY S G, SMITH T A, CHEN T C, et al. Integrating recurrent neural networks with data assimilation for scalable data-driven state estimation[J]. Journal of Advances in Modeling Earth Systems, 2022, 14(3): 1-24.

[224] ROZET F, LOUPPE G. Score-based data assimilation[J]. Advances in Neural Information Processing Systems, 2023, 36: 40521-40541.

[225] BRAJARD J, CARRASSI A, BOCQUET M, et al. Combining data assimilation and machine learning to emulate a dynamical model from sparse and noisy observations: A case study with the Lorenz 96 model [J]. Journal of Computational Science, 2020, 44: 101171.

[226] BARTHÉLÉMY S, BRAJARD J, BERTINO L, et al. Super-resolution data assimilation[J]. Ocean Dynamics, 2022, 72(8): 661-678.

[227] XIAO D, HEANEY C E, MOTTET L, et al. A reduced order model for turbulent flows in the urban environment using machine learning[J]. Building and Environment, 2019, 148: 323-337.

[228] CHENG S B, QUILODRÁN-CASAS C, OUALA S, et al. Machine learning with data assimilation and uncertainty quantification for dynamical systems: A review[J]. IEEE/CAA Journal of Automatica Sinica, 2023, 10(6): 1361-1387.

[229] BOCQUET M. Surrogate modeling for the climate sciences dynamics with machine learning and data assimilation[J]. Frontiers in Applied Mathematics and Statistics, 2023, 9: 1133226.

[230] GOTTWALD GEORG A, SEBASTIAN R. Supervised learning from noisy observations: Combining machine-learning techniques with data assimilation[J]. Physica D: Nonlinear Phenomena, 2021(prepublish): 132911-.

[231] FABLET R, OUALA S, HERZET C. Bilinear residual neural network for the identification and forecasting of geophysical dynamics[C]//2018 26th European Signal Processing Conference (EUSIPCO). Rome, Italy. IEEE, 2018: 1477-1481.

[232] ARCUCCI R, ZHU J C, HU S, et al. Deep data assimilation: Integrating deep learning with data assimilation[J]. Applied Sciences, 2021, 11(3): 1114.

[233] RASP S, DUEBEN P D, SCHER S, et al. WeatherBench: A benchmark data set for data-driven weather forecasting[J]. Journal of Advances in Modeling Earth Systems, 2020, 12(11):1-17.

[234] PAWAR S, SAN O. Data assimilation empowered neural network parametrizations for subgrid processes in geophysical flows[J]. Physical Review Fluids, 2021, 6(5): 050501.

[235] WATSON P A G. Applying machine learning to improve simulations of a chaotic dynamical system using empirical error correction[J]. Journal of Advances in Modeling Earth Systems, 2019, 11(5): 1402-1417.

[236] ABARBANEL H D I, ROZDEBA P J, SHIRMAN S. Machine learning: Deepest learning as statistical data assimilation problems[J]. Neural Computation, 2018, 30(8): 2025-2055.

[237] HATFIELD S, CHANTRY M, DUEBEN P, et al. Building tangent-linear and adjoint models for data assimilation with neural networks[J]. Journal of Advances in Modeling Earth Systems, 2021, 13(9): NG24A-2.

[238] BOCQUET M, BRAJARD J, CARRASSI A, et al. Data assimilation as a learning tool to infer ordinary differential equation representations of dynamical models[J]. Nonlinear Processes in Geophysics, 2019, 26(3): 143-162.

[239] PAWAR S, SAN O, RASHEED A, et al. A nonintrusive hybrid neural-physics modeling of incomplete dynamical systems: Lorenz equations[J]. GEM-International Journal on Geomathematics, 2021, 12(1): 17.

[240] FARCHI A, BOCQUET M, LALOYAUX P, et al. A comparison of combined

data assimilation and machine learning methods for offline and online model error correction[J]. Journal of Computational Science, 2021, 55: 101468.

[241] KASHINATH K, MUSTAFA M, ALBERT A, et al. Physics-informed machine learning: Case studies for weather and climate modelling [J]. Philosophical Transactions Series A, Mathematical, Physical, and Engineering Sciences, 2021, 379(2194): 20200093.

[242] FARCHI A, LALOYAUX P, BONAVITA M, et al. Using machine learning to correct model error in data assimilation and forecast applications[J]. Quarterly Journal of the Royal Meteorological Society, 2021, 147(739): 3067-3084.

[243] BRAJARD J, CARRASSI A, BOCQUET M, et al. Combining data assimilation and machine learning to infer unresolved scale parametrization[J]. Philosophical Transactions Series A, Mathematical, Physical, and Engineering Sciences, 2021, 379(2194): 20200086.

[244] GEER A J. Learning earth system models from observations: Machine learning or data assimilation? [J]. Philosophical Transactions Series A, Mathematical, Physical, and Engineering Sciences, 2021, 379(2194): 20200089.

[245] CHEN H C, WEI D Q. Chaotic time series prediction using echo state network based on selective opposition grey wolf optimizer[J]. Nonlinear Dynamics, 2021, 104(4): 3925-3935.

[246] CHEN X J, ZHANG H Y. Grey wolf optimization-based deep echo state network for time series prediction[J]. Frontiers in Energy Research, 2022, 10: 858518.

[247] KALMAN R E. A new approach to linear filtering and prediction problems[J]. Journal of Basic Engineering, 1960, 82(1): 35-45.

[248] PLATT J A, PENNY S G, SMITH T A, et al. A systematic exploration of reservoir computing for forecasting complex spatiotemporal dynamics [J]. Neural Networks, 2022, 153: 530-552.

[249] ABDULKADIR S J, YONG S P. Lorenz time-series analysis using a scaled hybrid model[C]//2015 International Symposium on Mathematical Sciences and Computing Research (iSMSC). Ipoh, Malaysia. IEEE, 2015: 373-378.

[250] SHI Z W, HAN M. Support vector echo-state machine for chaotic time-series prediction[J]. IEEE Transactions on Neural Networks, 2007, 18(2): 359-372.

[251] HUANG W J, LI Y T, HUANG Y. Deep hybrid neural network and improved differential neuroevolution for chaotic time series prediction[J]. IEEE Access,

2020，8：159552-159565.

[252] WOLF A，SWIFT J B，SWINNEY H L，et al. Determining Lyapunov exponents from a time series[J]. Physica D：Nonlinear Phenomena，1985，16(3)：285-317.

[253] KDD'23：The 29th ACM SIGKDD Conference on Knowledge Discovery and Data Mining. Long Beach，CA，USA. ACM，2022：5831-5832.

[254] RAPPEPORT H，LEVIN REISMAN I，TISHBY N，et al. Detecting chaos in lineage-trees：A deep learning approach[J]. Physical Review Research，2022，4：013223.

[255] 许小可. 基于非线性分析的海杂波处理与目标检测[D]. 大连：大连海事大学，2008.

[256] RAFFALT P C，SENDERLING B，STERGIOU N. Filtering affects the calculation of the largest Lyapunov exponent[J]. Computers in Biology and Medicine，2020，122：103786.

[257] ZHAO W Z，DU S H. Spectral-spatial feature extraction for hyperspectral image classification：A dimension reduction and deep learning approach[J]. IEEE Transactions on Geoscience and Remote Sensing，2016，54(8)：4544-4554.

[258] SMITH L I. A tutorial on principal components analysis[J]. 2002.

[259] LI M，YUAN B Z. 2D-LDA：A statistical linear discriminant analysis for image matrix[J]. Pattern Recognition Letters，2005，26(5)：527-532.

[260] GOTTUMUKKAL R，ASARI V K. An improved face recognition technique based on modular PCA approach[J]. Pattern Recognition Letters，2004，25(4)：429-436.

[261] CHEN S C，ZHU Y L. Subpattern-based principle component analysis[J]. Pattern Recognition，2004，37(5)：1081-1083.

[262] JOLLIFFE I T，CADIMA J. Principal component analysis：A review and recent developments[J]. Philosophical Transactions of the Royal Society of London Series A，2016，374(2065)：20150202.

[263] ROWEIS S. EM algorithms for PCA and SPCA[J]. Advances in neural information processing systems，1997，10.

[264] LAN S，DU L L，LI H S，et al. Prediction of thermophysical properties of oxygen using linear prediction and multilayer feedforward neural network[J]. Journal of Chemical and Pharmaceutical Research，2014，6(6)：1521-1528.

[265] SONG L, LEI L X, LI H S, et al. The heuristic algorithm of wavelet image denoising based on rough set [J]. International Journal of Signal Processing, Image Processing and Pattern Recognition, 2014, 7(6): 221-230.

[266] SONG L, ZHAO Y, ZHOU Y M, et al. Thermal-stress analysis and calculation of single and dual chip set double-sided circuit board based on three-dimensional finite element algorithm [J]. Circuit World, 2015, 41(2): 49-54.

[267] 宋岚，堂柳，黎海生，等. 基于云模型、图论和互信息的遥感影像分割方法[J]. 电子学报，2015，43(8)：1518-1525.

[268] SONG L, XUE J Y, WANG B, et al. The research of adaptation watershed segmentation based on wavelet transform and fractal dimension[J]. Journal of Computational and Theoretical Nanoscience, 2016, 13(9): 6403-6408.

[269] 宋岚，薛锦云，胡启敏，等. 无线射频 RFID 识别协议自动验证方法研究[J]. 计算机科学，2017，44(9)：99-104.

[270] SONG L, DING L X, WEN T L, et al. Time series change detection using reservoir computing networks for remote sensing data[J]. International Journal of Intelligent Systems, 2022, 37(12):10845-10860.

[271] SONG L, DING L X, YIN M J, et al. Remote sensing image classification based on neural networks designed using an efficient neural architecture search methodology[J]. Mathematics, 2024, 12(10): 1563.

[272] SONG L, PETERS D K, HUANG W M, et al. Parallel communication mechanisms in solving integral equations for electromagnetic scattering based on the method of moments[M]//Lecture Notes in Computer Science. Cham: Springer International Publishing, 2018: 498-507.